JN274775

アルゼンチンアリ

史上最強の侵略的外来種

田付貞洋──［編］

東京大学出版会

The Argentine Ant :
The Strongest Invasive Animal in History
Sadahiro TATSUKI, Editor
University of Tokyo Press, 2014
ISBN978-4-13-060224-2

はじめに

　アルゼンチンアリは体長3mm足らず，チョコレート色をした小さいごく普通のアリだ．強大なキバや毒針もない．それなのに，過去150年余りの間に原産地南米の一隅から世界中に分布を拡大して，「史上最強の侵略的外来種」とまでいわれる存在になった．原産地で問題にならないアリが，短期間のうちに世界の大害虫になったのは不思議なことではないか．この150年間にこのアリになにが起こったのか，どうやって急速に世界中に拡がったのか，小さくて武器もないのにどうして「侵略的」なのか，なぜ侵入地で防除がむずかしいのか．こういった多くの疑問が湧き起こる．本書は，約10年間さまざまな研究活動を通してアルゼンチンアリに向かい合ってきた編者らの研究グループが，これらの疑問に答えることでこのアリの全体像を浮き彫りにし，さらに研究グループのユニークな成果を紹介することを目的として企画された．

　本書は，大別すると基礎編（第1章から第7章）と対策編（第8章から第11章）の二部構成からなる．ただし，基礎編の前に序章を置いてアルゼンチンアリの全体像を広く紹介する．これはアルゼンチンアリハンドブックともいうべき性格の章であり，アルゼンチンアリについて予備知識をもたない読者には，まずここから読んでいただきたい．また，対策編の後には終章を設け，そこでは全体を総括することからアルゼンチンアリの将来を展望する．

　基礎編は，まず第1章と第2章で形態・分類・生態などこのアリの基本的な生物学的特徴を解説する．続く第3章では日本での分布拡大を，第4章では国内に拡がった生息地のコロニー構成を取り上げて，これらの2章で国内での侵入・定着の歴史から現在の生息状況までをくわしく紹介する．なお，第4章で取り上げる，研究グループによる神戸港個体群の研究では，世界に類例をみない特殊なスーパーコロニー構造をもつことを解明して内外に大きなインパクトを与えた．第5章と第6章では視野を世界に拡げて世

界各地の侵入の歴史と現在の生息状況を扱う．世界各地の生息地を紹介する第5章には，研究グループのメンバーが原産地を含めて広く国外の生息地でアルゼンチンアリの生態を調査して得た貴重な知見が含まれる．第6章では，研究グループが海外の研究者の協力を得て日本で実施した研究を紹介するが，そこでは，日本・ヨーロッパ・北米それぞれの主要スーパーコロニーがいずれも世界に卓越する超巨大"メガコロニー"に所属する，という驚くべき事実が明らかになり，世界から大きな注目を集めた．基礎編最後の第7章では，研究グループによる，スーパーコロニーのアイデンティティーの維持に果たすオスアリとワーカー（働きアリ）の役割解明，という斬新な視点から展開された研究を紹介する．

対策編は，侵入地で難防除害虫となったアルゼンチンアリへの対策を取り扱う．第8章では，アルゼンチンアリがなぜ侵入地で害虫になるのか，そこでどのような被害が生じるのかなど，侵入地の特性と影響の実態をさまざまな角度から解説する．第9章では，アルゼンチンアリを防除するために，これまでどのような方法がとられ，どのような問題があったのかを総括して，今後の効果的な防除法について提言を行なう．また，これまでに国内で実施された防除の試みの代表例を紹介する．第10章と第11章の2章は，研究グループがもっとも多くのエネルギーを費やして行なってきたアルゼンチンアリの防除実験の様子を紹介することに費やす．第10章では，編者らによる「世界初の道しるべフェロモンを使った防除法」について，着想から実証実験によって有効性を確認するまでを追う．つぎの第11章では，実証実験の成果をふまえ，新たに生息が確認された横浜港の個体群を対象にした，道しるべフェロモン剤とベイト剤の組み合せによって根絶を目指す防除実験を紹介する．

各章では扱いきれないエピソードや特定の課題についてのくわしい解説などを随所にコラムとして掲載している．各章の理解を深めるものとしてお読みいただきたい．

以上紹介したように，本書は大まかな流れ（基礎から対策）に従って構成されているものの，各章ごとにかなりの独立性をもって執筆されている．読者には自分の興味ある章から読んでいただいても支障はないと思われる（上に書いたように予備知識のない読者にはまず序章をお読みいただきたいが）．

しかし，このことはまた，全体を通してある程度の重複部分が存在することも意味する．この点をあらかじめご了解いただければ幸いである．

田付貞洋

目　　次

はじめに　i ……………………………………………………………… 田付貞洋

序章　なぜアルゼンチンアリなのか　1 ………………………………… 寺山　守
　1　世界が注目する難防除害虫　2
　2　環境攪乱者　7
　3　農業害虫　8
　4　家屋・衛生・生活害虫　9
　5　日本での研究例　10

I　基礎編

第1章　分類と分布　23 …………………………………………………… 寺山　守
　1.1　世界のアリ科の概要　23
　1.2　カタアリ亜科の分類と分布　28
　1.3　アルゼンチンアリ属の分類と分布　28
　1.4　近似種との識別　33

第2章　特異な生態　41 ……………………………………… 森　英章・砂村栄力
　2.1　途切れない行列──空間の利用方法　42
　2.2　類まれなる増殖力──コロニーの一生　47
　2.3　超・大家族──スーパーコロニー　51
　2.4　好き嫌いをしない食いしんぼう──食性　56
　2.5　寒さにもマケズ，暑さにもマケズ──利用環境　58
　2.6　敵はだれなのか──種間関係　61

目　次　v

第 3 章　日本での分布拡大　68 ………………………………………寺山　守
　3.1　日本での人為的移入種と放浪種　68
　3.2　日本への侵入　70
　3.3　分布の拡大　71
　3.4　分布の拡大予想　79

第 4 章　日本のスーパーコロニー　85 ………………………………砂村栄力
　4.1　アルゼンチンアリの巣仲間認識　85
　4.2　筆者らの研究へのイントロダクション　89
　4.3　行動実験による日本のアルゼンチンアリのスーパーコロニー分類　91
　4.4　日本のスーパーコロニーの体表炭化水素分析および遺伝解析　96
　4.5　日本のスーパーコロニーの侵入履歴　102
　4.6　日本国内における現在のスーパーコロニー分布　105
　コラム-1　ゲノム解読からみえてくること　109 ………………坂本洋典

第 5 章　世界の生息地とスーパーコロニー　114 ……砂村栄力・坂本洋典
　5.1　原産地南米　114
　5.2　北米　118
　5.3　ハワイ　123
　5.4　ヨーロッパ　128
　5.5　マカロネシア・オセアニア・アフリカ　132
　コラム-2　原産地のスーパーコロニー　141 ……………………坂本洋典
　コラム-3　縮尺によって異なるヨーロッパ二大スーパーコロニーの
　　　　　　勢力比　144 ……シャビエール・エスパダレール Xavier Espadaler
　　　　　　　　　　　　　　　　　　　　　　　　　（砂村栄力　訳）

第 6 章　メガコロニー　150 …………………………………………砂村栄力
　6.1　体表炭化水素分析から得られたヒント　150
　6.2　海外からのアルゼンチンアリ生体の輸入　154

6.3　メガコロニーの発見　157
 6.4　マデイラ起源説　163
 6.5　その後の研究　166
 6.6　なぜ100年以上経っても1つのコロニーのままなのか　168

第7章　ワーカーによるオスの選択　173　　　　　　　　　　砂村栄力
 7.1　スーパーコロニー間の交配を抑制する仕組みとはなにか　173
 7.2　ワーカーによるオスへの攻撃　178
 7.3　ワーカーとオスの体表炭化水素の類似性　183
 7.4　ワーカーによるオスへの攻撃が遺伝子流動におよぼす影響　186
 7.5　アルゼンチンアリはスーパーコロニーごとに別種か　188

II　対策編

第8章　アルゼンチンアリによる影響・被害　197　　　岸本年郎・寺山　守
 8.1　生態系への影響の概要　197
 8.2　在来アリの駆遂　207
 8.3　農業への影響・被害　214
 8.4　生活への影響・被害　217

第9章　アルゼンチンアリの防除［概論］　229　　　　　　　　岸本年郎
 9.1　アルゼンチンアリとどう戦ってきたか　229
 9.2　防除の方法　231
 9.3　防除の実際　240
 9.4　国内の防除事例　246
 9.5　今後の課題　248
 コラム-4　アリ用ベイト剤の開発　254　　　　　　　　　　　内海與三郎
 コラム-5　チリチリマタンギ島の防除事例　258　　　　　　　　坂本洋典

第10章　道しるべフェロモンによる防除法　261　　　　　　　田付貞洋
 10.1　道しるべフェロモン成分——Z9-ヘキサデセナール　261

10.2　ニカメイガのメス性フェロモン成分と交信攪乱防除への利用　265

　10.3　道しるべフェロモンで行列攪乱が可能か　266

　10.4　岩国市での実証実験から横浜港での防除実験へ　267

　10.5　国内外への影響――普及の可能性　275

　コラム-6　岩国市での予備実験　280………**西末浩司・田中保年・寺山　守**

　コラム-7　フェロモンディスペンサーの開発　284………………**福本毅彦**

第11章　根絶を目指す防除――横浜港の事例　287……………**鈴木　俊**

　11.1　横浜という侵入地　287

　11.2　根絶防除プラン　290

　11.3　防除の実際と効果　296

　コラム-8　横浜港におけるアルゼンチンアリの発見　307………**砂村栄力**

終章　これからのアルゼンチンアリ　311……………………………**田付貞洋**

　1　国内でのこれからの分布拡大　311

　2　これからの対策　315

　3　残された研究課題　320

　おわりに　325……………………………………………………**田付貞洋**

　事項索引　327

　生物名索引　330

　執筆協力者一覧　333

　執筆者一覧　334

序章　なぜアルゼンチンアリなのか

寺山　守

　アルゼンチンアリ（学名：*Linepithema humile*）は，南米アルゼンチンなどが原産地だが，ここ150年の間に人類の交易に付帯して世界各地に侵入し，家屋害虫，農業害虫，生態系の攪乱者としてさまざまな被害をもたらし，国際自然保護連合（IUCN）の「世界の侵略的外来種ワースト100」にも登載されている世界的害虫になった．日本では1993年に広島県廿日市市で生息が確認された後，兵庫県，山口県でも生息地が確認され，2005年施行の「外来生物法」で「特定外来生物」に指定された．しかし，その後も大阪府，愛知県，岐阜県，神奈川県，京都府，兵庫県，静岡県への侵入が認められ，2010年以降も東京都，徳島県，岡山県で確認されるにおよび，もはや猶予が許されない状況にある．侵入地のアルゼンチンアリには，古くから殺虫剤やベイト剤（毒餌剤）などによる防除が試みられてきたが，現在まで確実な防除手段がない「難防除害虫」である．今後，ほかの生物に強い影響を与えずに，侵入地のアルゼンチンアリ個体群を根絶できるような根本的な防除法を開発する必要がある．

　序章では，アルゼンチンアリの生態や本種が与える影響，防除への取り組みなど，本種に関する全体像を簡易に紹介する．個々のテーマの詳細な内容は，第1章以降で述べられる．

1　世界が注目する難防除害虫

（1）アルゼンチンアリの分布拡大

　本種の従来の世界各地への分布拡大は，おもに船荷と鉄道に付随してのものである．今日ではそれらに加えて，航空貨物が運搬媒体として重要視されており，木材や植物，食料品コンテナ，建築材，家内製品などに紛れ込んでの侵入が考えられる．そして，アルゼンチンアリは侵入先を起点にして，さらに地域内の交通網に付帯することで，二次的，三次的に分布を拡大し，著しく生息域を拡めていく．この分散様式を人為的長距離移動（long-distance jump dispersal），あるいは跳躍的分散（jump dispersal）ととくに呼んでいる．

　北米では 1891 年に，コーヒーを運搬する船に便乗して，ミシシッピ州のニューオリンズに最初に侵入したとされている．そこを足がかりにその後，急速にかつ広域に拡まっていった．ヨーロッパでは，南米貿易の当時の中継地となるポルトガル領のマデイラ諸島で 1847 年には侵入が認められており，おそらく，そこからヨーロッパ大陸に侵入し，今日のように分布を著しく拡大させたと推定されている（第 5 章参照）．オーストラリアでは 1941 年に，ニュージーランドでは少なくとも 1990 年には本種の定着が確認されている（第 5 章参照）．

　アルゼンチンアリが，世界規模で被害を与え，かつ防除が著しく困難である原因は，侵入先での繁殖力が並外れて大きく，きわめて高密度になることと，ワーカー（働きアリ）の行動がきわめて活発で攻撃的である点であろう．通常の防除法で個体数を減少させても，その並外れた繁殖力により，速やかにもとの状態に戻ってしまうのだ．しかも根絶は，本種のもつ多女王制，多巣制といった生態的特性から，分布を拡げた地域においてはほとんど不可能に近い．さらに，アルゼンチンアリのもつ大きな特徴として，巨大なスーパーコロニーをつくり，世界に分布を拡大させていることがあげられよう（第 2 章参照）．

（2）アルゼンチンアリの生態

多女王制と多巣制

アルゼンチンアリでは，羽化した多数の女王が巣外へ結婚飛行に出ることなく，巣内で交尾をすませ，翅を落として産卵を開始する（図1）．これによって，1つの巣のなかには多数の女王が存在することになる．極端な多女王制である．大きな巣では1000頭を優に超す女王がみられる．南フランスでの調査では，4，5月はワーカー1000頭あたり，女王は3頭以下であるが，7月から12月までの女王数はワーカー約70頭につき1頭の割合で存在し，現存量で示すと巣全体の10％ほどにもなる．オスアリは1回のみの交尾であるが，女王の多くは何度も交尾を行なう．幼虫期間は約2カ月（ただし，条件によって変動幅が大きい）．ワーカーの寿命は半年ほどで，最長で10-12カ月と報じられている．女王の寿命はアリとしては短く，ワーカーとほぼ同様の10カ月程度である．これは冬から春にかけて女王がワーカーに殺されることによる．南カリフォルニアでは1-2月に女王が大量に殺され，フランスでも5月までに90％の女王がワーカーによって殺される（第2章参照）．

コロニーは巨大になり，かつ大小さまざまな数多くの巣が，網目状にはりめぐらされるようにして存在する．また，行列で離れた巣間がつながってもいる．営巣場所は土中から物陰，果ては壁のひび割れと幅広い．およそ，あらゆるものの下や隙間が利用されると考えてよい．巣は浅く，地表付近に多

図1　アルゼンチンアリ（写真提供：島田　拓氏）．女王アリ（A）と幼虫をくわえて運ぶワーカー（B）．

くの個体が集中して生活している．乾燥時や冬期でもワーカーは土中 30 cm 程度の比較的浅いところにみられる．これらの巣は頻繁に新しい巣をつくりつつ拡まっていく．食物や水があると，これらのすぐ近くに前線基地のような小型の巣を容易につくる．このような巣は頻繁に移動する．また，本種の女王は巣外のアリ道をたどり，容易に前線の巣にたどり着くことができる．このような分巣により地域の生息範囲を拡げ，密度をどんどん上げていく．

　カリフォルニア北部でのアルゼンチンアリのある調査地域での個体群密度は，10 m^2 に約 77 万頭とのことである（Heller et al., 2008）．古い記録（1918）になるが，ルイジアナ州の 7.7 ha（19 エーカー）ほどのオレンジ畑で，アルゼンチンアリの駆除目的で，アリに巣をつくらせる箱を「わな」として設置し，それを使って 1 年間アルゼンチンアリの除去を試みたところ，なんと 130 万頭の女王が採集され，さらに「わな」の箱に入り，採集されたワーカーと女王および幼虫を含めたアルゼンチンアリの全量は 1000 ガロン（約 3790 リットル）を超えたという驚くべき報告がある（Horton, 1918 ; Tsutsui and Suarez, 2003）．

　さらには，女王のいない小さな巣であっても，そこに幼虫がいれば，それを女王に育て上げることができる．この習性もおそらく分布拡大能力を大きくしている．なお，女王は結婚飛行を行なわないことから，自力での分布拡大速度はけっして大きくない．年間最大で 300 m ほどである（第 2 章参照）．北米で 15-170 m/年，山口県岩国市で 70-180 m/年，愛知県田原市で 50-150 m/年という値が報告されている（第 3 章参照）．前述のように，アルゼンチンアリは人の交通網に付帯してなされる人為的長距離移動によって一気に分布を拡大していく．これによると，その分布拡大速度はなんと年間 100 km 以上にもなる．

スーパーコロニー制

　通常，アリでは血縁認識機能が働き，同じ種であっても巣が異なるとワーカーどうしが激しく争う．ところが，原産地から他地域に侵入したアルゼンチンアリでは広範囲で巣間の敵対性がなくなり，遠く離れた巣の個体でも容易に巣中に迎え入れられる．こうして侵入地ではしばしば広い範囲に多数の巣からなる巨大な 1 つのコロニー（スーパーコロニーと呼ぶ）が形成され

表1 巣とコロニーについて（Pedersen *et al*., 2006；砂村，2011より）．

用語	定義
巣	コロニーによって居住空間として使われている物理的構造のこと．通常，複数の部屋とそれをつなぐ通路からなる．
コロニー	たがいに協力的に振る舞う個体の集まりで，1個体の，あるいは複数個体の女王から産み出された個体からなる血縁集団である．1つのコロニーは単一の巣，あるいは個体の行き来によって連結された複数の巣からなる．
スーパーコロニー	多数の巣からなり，かつしばしば個体間で直接協力しあうことが困難なほど遠く離れた巣を含むコロニーのこと．同じスーパーコロニーに所属する個体間では，行動面の境界（敵対性）が存在せず，個体間の血縁度は高い．

る（第2，5章参照；巣，コロニー，スーパーコロニーの用語については表1を参照）．アルゼンチンアリが侵入先で形成するスーパーコロニーのサイズは異常である．ヨーロッパでは南イタリアからポルトガルを経てスペイン北部までの地中海沿岸に6000 km以上もの巨大なスーパーコロニーが形成されており（コラム-3参照），米国のカリフォルニアで900 km以上の，ニュージーランドでも2つの島を横断する900 kmにわたるスーパーコロニーが存在し，当地の生態系へ大きな影響を与えている（第5章参照）．このようなスーパーコロニーが，ヨーロッパや米国ではいくつかみつかっている．なお，異なるスーパーコロニー間の個体は，出会うと激しく争う（第4，6章参照）．

さらに近年，1つのスーパーコロニーが大陸間で成立していることが判明し，地球を覆う世界最大の血縁集団であることが明らかとなった．これにはメガコロニー（mega-colony）という用語までつくられた（第6章参照）．

一方，原産地である南米中部の生息地では，敵対性がみられる多くの小さなスーパーコロニーがみられ，多女王制・多巣制ではあるが，巨大なスーパーコロニーは認められず，1つのコロニーのサイズは数百mほどで，基本的にほかのスーパーコロニーと近接している（コラム-2参照）．近年の研究により，アルゼンチンアリがもつ，多女王制，多巣制，異常に高い繁殖力，高い移動性，幅広い食性といった特徴は，原産地でのアルゼンチンアリの生活に由来をもち，それが原産地以外の場所において，高い侵略性へとつながっていったことが推定されている．

活動性

ワーカーは頻繁に 100 m を超える行列をつくって，さかんに巣と餌場や新たな営巣場所との間を往復する．行列は，ワーカーの腹部にあるパバン腺から分泌される道しるべフェロモンに誘導される．主成分は Z9-ヘキサデセナールである（第 10 章参照）．ワーカーが行列のなかを歩く速度は非常に速く，高密度で活発な動きをするために餌の摂取効率は非常に高い．在来種の多くは餌の摂取能力を高めるか，武器や毒で他種との競合で優位に立つかのどちらかに進化する傾向がみられるが，アルゼンチンアリは圧倒的な数の優位性と活動性・攻撃性の高さの両方によって，コロニーレベルでは餌の摂取と他種との競合のどちらにも高い能力を発揮する．

本種は約 5℃ でも巣外の活動個体がみられるが，一般に 10-35℃ で活動し，冬眠の習性がないことから，日本では真冬でも，昼間の温度が上がるときや家屋内で活動が認められる．ただし，10℃ 以下になると急速に活動性が低下する．また，低温に対する生理的な適応は未発達であることから，積雪などによって凍死する個体も多いようである（亀山，2012）．しかし，休眠性をもたないことで，アルゼンチンアリは春先の在来アリとの競争を有利にしているとも思われる．最適活動温度は 26-27℃ であるという報告がある．夏場は，昼間でもくもりのときや，直射日光のあたらない場所で活動がみられるが，夜間の活動のほうがさかんであり，冬期は昼間の活動が主体となる（第 2 章，コラム-5 参照）．

食性

アルゼンチンアリは雑食性でさまざまな餌をとっている．さらに，小動物を積極的に襲って餌とする．在来アリやアシナガバチの巣も襲われ，幼虫や蛹が餌として奪われていく．幅広く，柔軟な餌資源の利用を行なうが，基本的には液体質を好み，食物の約 92% はアブラムシやカイガラムシの出す甘露や植物の花蜜などの液体成分である．高い個体群密度を維持するために，探餌活動は非常に活発で，利用できる餌資源はなんでも利用している．そのために，頻繁に家屋内に侵入し，肉や野菜，菓子などに群がる被害が生じる（第 2，8 章参照）．

2　環境攪乱者

アルゼンチンアリは家屋・衛生害虫，農業害虫，そして生態系の攪乱者としてさまざまな被害を世界規模でもたらしている（図2）．そのなかでも，本種の生態系攪乱者としての影響は大きく，侵入先の生物群集に甚大な影響を与え，アルゼンチンアリの侵入によって生物群集が大きく攪乱されてしまうといった報告が多くなされている．影響を受けたと報じられた生物はおよそつぎのように要約される（第8章参照）．

（1）アリ類

本種の侵入によって，在来のアリ類が大きな被害を受け，ごく一部の種を除いて，ことごとく駆逐されたことが，米国のカリフォルニアやハワイ，ヨーロッパ，オーストラリア，アフリカなどで報じられている．北カリフォルニアでの調査では，本種が高い確率で餌を占領するとともに，他種アリ類の新しいコロニー形成を妨げ，さらに半数以上の土着種を駆逐してしまった．また，フランスのラングドッグルション地域の海岸線では本種がほぼすべての在来種を駆逐している．ハワイでは，第二次世界大戦前に侵入したアルゼンチンアリが個体数を増し，数で圧倒的に優位になり，他種のアリや各種の節足動物を駆逐して，ハワイの生態系にさまざまな影響を与えている．

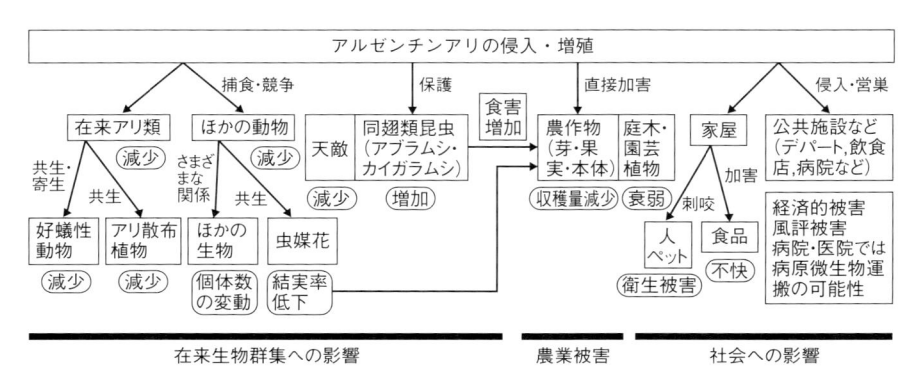

図2　アルゼンチンアリがもたらすさまざまな被害（寺山，2006；頭山，2007をもとに描く）．

（2）アリ以外の節足動物

双翅目，革翅目，鞘翅目，鱗翅目，粘管目，クモ目など，多くの節足動物が影響を受けていることがカリフォルニアやハワイで報告されている．その影響はアシナガバチなどの攻撃性のある社会性昆虫にまでおよんでおり，アルゼンチンアリによる捕食やアルゼンチンアリとの競争により，生息密度の低下や絶滅を引き起こし群集構造の変化をきたしている．影響は生態系の広範にわたり，分解者，捕食者，植食者，腐食者といったひととおりの生態系の機能群におよんでいる．

（3）脊椎動物

カリフォルニアでは，アルゼンチンアリがカリフォルニアブユムシクイ *Polioptila lembeyei* の営巣を妨げたり，ひなを襲うことが報じられている．また，アルゼンチンアリの生息密度の高い場所ではツノトカゲの一種であるコーストツノトカゲ *Phynosoma coronata* がみられず，トガリネズミの一種 *Notiosorex crawfordi* の密度は低くなることが報じられている．

（4）植物

種子散布をアリに依存している植物が少なくないが，南アフリカや地中海沿岸では，これらの植物と関係していた土着のアリがアルゼンチンアリに駆逐された結果，これらの植物が著しく減少していることが報告されている．ハワイにおいても，アルゼンチンアリの活動によって，クモなどの捕食者や送粉者となるハチ類が減少し，それによってハワイ固有の植物が影響を受けているという報告がある．また，南アフリカの研究では，アルゼンチンアリは，植物の蜜腺をめぐってミツバチの強力な競争者となっているとされており，受粉の攪乱，結実率の低下が引き起こされる可能性が指摘されている．

3　農業害虫

アルゼンチンアリは多くの小動物を駆逐する一方で，甘露を分泌するアブラムシやカイガラムシなどの同翅類昆虫をよく保護する．それゆえ，農作物

の害虫であるアブラムシやカイガラムシが保護されることによって，これらが密度を増し，農作物が被害を受けることが米国や南米，南アフリカなどで報じられており，重要な農業害虫とみなされている．カリフォルニアでのカンキツ類の果樹園では，アルゼンチンアリにより同翅類昆虫がしばしば大発生し，このような被害は 1950 年代にはすでに頻発して問題となっていた（Nixon, 1951；Bartlett, 1961；Way, 1963）．Markin（1970）は，カリフォルニアのカンキツ園では，最初にアルゼンチンアリを駆除しなければ多数の同翅類昆虫を防除することは不可能だと述べている．

また，本種は，農作物の芽やつぼみ，花などの植物体を傷つけ，果実に来襲し，種子を盗み取ることが知られている．北米ではカンキツ類やイチジクの芽を弱らせ，キャベツやサトウキビ，トウモロコシなどの種子を食べる被害が出ている．さらに，同翅類昆虫の甘露を運ぶことから，アルゼンチンアリが，そこに含まれる植物の病原微生物の運搬者になっている可能性も指摘されている（第 8 章参照）．

南アフリカでは養蜂に本種による被害が出ている．アルゼンチンアリの生息地にミツバチの巣群を置いた場合，ミツバチの巣がアルゼンチンアリに襲われる，あるいは巣が奪われる被害に見舞われる．アルゼンチンアリの防除に際して，ミツバチの生息環境に悪影響をおよぼす可能性があることから農薬散布は好ましくなく，殺虫剤に代わる防除法の開発が望まれている（第 8 章参照）．

4　家屋・衛生・生活害虫

本種は，頻繁に家屋に侵入し，生活に支障をきたす不快害虫でもある．生息密度が高い場所になると，居住地域ではおびただしい数のアリが，行列をつくってわずかな隙間から室内へ頻繁に侵入し，家屋のいたるところを歩き回る．食べものや生ゴミに集まる被害も多く報告されている．また，人やペットに集団で咬みつくなど，人畜への直接的な被害もみられ，安眠が妨げられる被害も出ている．

さらに，冬場はしばしば家屋内への集団移動が認められ，とくに蓄熱効果のある風呂場周辺へ巣を移動させる．そのために家屋内で本種が活動するこ

とによる被害が冬期でもみられる．

　米国では，アルゼンチンアリが害虫駆除業者によるアリ駆除記録のなかで高い割合を占めている．ガーデニングがさかんなニュージーランドでは，アルゼンチンアリが植物を弱らせる，人に咬みつくといったことでガーデニングに被害が生じている．薬剤を安易に散布すると，ニュージーランド固有の動物や昆虫類に被害がおよぶ可能性があり，非常に厄介な存在となっている．また，病院内への本種の侵入により，院内感染が引き起こされる危険性が指摘されている（第8章参照）．

　海外では本種の圃場での防除研究と家屋侵入に対する防除研究が古くから行なわれてきた．圃場では，薬剤を巣や行列に散布し撃退する方法や，化学物質による防壁を施すことによりアリの侵入を食い止めようとする方法などが研究されてきた．薬剤では，ベイト剤（駆除対象とする動物が好む餌や誘引物質に殺虫成分を混入させたもの．今後，公的な書類ではおもに「餌剤」が使用される見込み）を用いることや，巣口への殺虫剤の直接散布を行なうこと，あるいは土壌灌注剤の散布が試みられている．誘引効果の高いベイト剤の開発も行なわれてきた．防壁を施す研究では，果樹園で忌避剤をしみこませたひもを幹に縛りつけることで，アルゼンチンアリの被害を減じさせようとする研究などが行なわれてきた（第9章参照）．

　Silverman and Brightwell（2008）に，これまでに試みられてきた防除に関する研究がまとめられている．現段階で，広域に拡大したアルゼンチンアリの根絶は現実的ではないものの，生息範囲が局所的な場合はベイト剤や殺虫剤による防除は効果があり，根絶も可能であろうと述べられている（コラム-4参照）．しかし，多量の薬剤を用い，長期的，戦略的に取り組む必要があることから，費用対効果や防除費用の確保，実施体制の構築など十分に留意しなければならないとしている．

5　日本での研究例

（1）生態研究

　ヨーロッパやカリフォルニアと同様に，日本でも巨大スーパーコロニー化

が進行しており，柳井，岩国，四日市，広島，神戸の一部，大阪，愛知，横浜，東京の大田区城南島の個体どうしは敵対性がなく争わない．まさに巨大なスーパーコロニーが太平洋岸に形成されつつあり，その規模は，アルゼンチンアリの生息地域の密な瀬戸内沿岸の柳井–神戸であっても，300 km 以上ということになるし，さらには柳井–東京の太平洋岸に，ヨーロッパやカリフォルニアのように 500 km 以上の巨大スーパーコロニーができつつあるともいえよう．現在，日本ではこの巨大スーパーコロニーを"Japanese main supercolony"（ジャパニーズ・メインスーパーコロニー）と呼んでおり，じつは大陸をまたいだメガコロニーの一部分であることが筆者らの研究から明らかになった（第 4, 6 章参照）．日本ではこのほか，神戸市に 3 つの小さなスーパーコロニーがあり，さらに東京都で発見された 2 カ所のコロニーのうち，大田区東海と品川区八潮にまたがるものが，以上の 4 つとは別のコロニーであることが判明している．よって，海外から少なくとも 5 回の別々な侵入を受けたということになる（第 4 章参照）．また，筆者らによるオスの研究によって，スーパーコロニー間で遺伝子流入を抑制するメカニズムが存在することも明らかとなってきた（第 7 章参照）．

　筆者らの岩国市における巣の周年経過の調査から，女王生産は同調的で，ほぼ同時に育ち，比較的短い期間に女王の羽化が集中することが判明した（図 3）．つまり，女王の幼虫は 4 月下旬に多く，5 月上旬には蛹化，中旬から下旬にかけて大量に羽化し，6 月上旬までにほぼすべてが成虫になる．オスアリは女王よりも羽化時期が早く，成虫は 5 月上旬に多く，6 月まで巣中にみられる．幼虫と蛹の数は冬場がもっとも少なく，女王アリが羽化した後

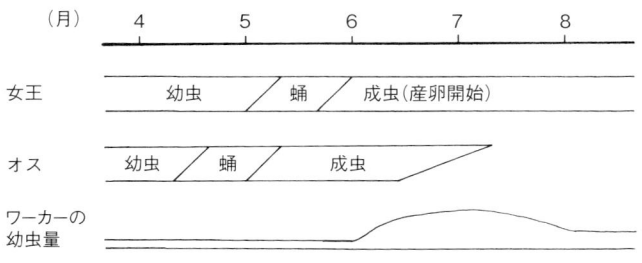

図 3　日本におけるアルゼンチンアリの巣内の幼虫，新女王数，オスアリ個体数の周年経過の概略．

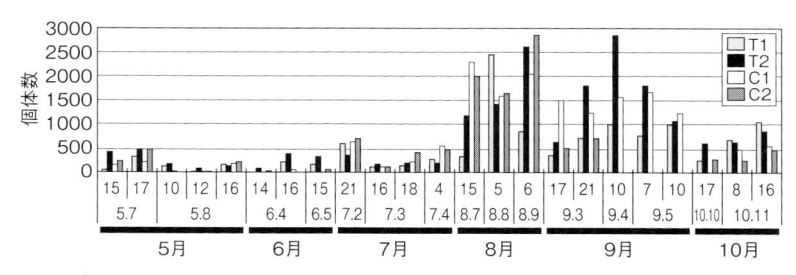

図4 年間のワーカーの採餌活動性(岩国市黒磯町での2004年5月から10月までの実験結果を表示).T1-C2:実験区.グラフは各実験区における実験皿(n=9)に集まったアルゼンチンアリの総個体数.横軸の数字は,上段が調査時間,下段が調査月日を示す.

の6月にワーカーの幼虫と蛹がもっとも多くみられる.したがってワーカーの密度は盛夏に最高に達し,高温と相まって活動のピークとなる(図4).

(2) 被害

日本における苦情の例は,家屋に侵入し,食料に群がる,人やペットに集団で咬みつく,夜中に頻繁に侵入され安眠を妨げる,といった家屋侵入による心理的,経済的ダメージが中心である.しかし海外と同様に,日本においても明らかに生態系破壊が引き起こされ(図5),農業害虫としても重要なものと判断される.

生態系攪乱

日本でもアルゼンチンアリの侵入により,在来の地上徘徊性のアリ類が著しく排除されることが報じられており,広島市,廿日市市,岩国市,神戸市,大阪市などでの調査結果がある(たとえばMiyake *et al.*, 2002;Touyama *et al.*, 2003).これらの調査はいずれも,多くの地上徘徊性のアリ類を駆逐している結果が示されている.とくに,アルゼンチンアリの生息密度が高い地域ほど,アリ群集の種多様度は急速に低下していき,アルゼンチンアリが優占する高密度生息地域では,ほとんどの在来種が駆逐されていた.

在来アリが種子を運搬するアリ散布植物もアルゼンチンアリの侵入により影響を受けている.同様に,多くの好蟻性昆虫類が負の影響を受けていよう.

図5 羽化直後のモンシロチョウを襲うアルゼンチンアリ(写真提供:本郷智明氏).

一方,アリを好んで捕食するクモ,アオオビハエトリ *Siler vittatus* は,アルゼンチンアリ侵入地域では,むしろ増えたという報告もある.

いずれにせよ,アルゼンチンアリの侵入した地域の生態系への影響は重大で,アリ群集のみに終わらず,節足動物を中心とした在来の動物相に甚大な影響を与えると同時に,捕食者や送粉者,種子運搬者の減少により植物への影響も危惧される(第8章参照).

農業被害

日本での農作物への直接的な被害として,イチゴやイチジク,スイカなどの果実にアルゼンチンアリが来集する被害が観察されている.また,農作物でのアブラムシやカイガラムシの異常繁殖が確認されている.アルゼンチンアリがこれらの同翅類昆虫を捕食者などの天敵から積極的に保護しており(図6),これによって同翅類昆虫は個体数の増加をきたし,農作物へ被害を与えるものと推定される.これら同翅類昆虫による二次的被害は,農作物のみならず,住宅の庭の植栽にもおよんでいよう(第8章参照).

図6 アルゼンチンアリの保護により増殖したアブラムシ（A）とアブラムシの天敵のナナホシテントウを襲うアルゼンチンアリ（B）（写真提供：西末浩司氏（A），本郷智明氏（B））．

家屋・衛生・生活害虫

今日，日本でアルゼンチンアリの被害としてもっとも多く報じられているものは，頻繁な家屋への侵入により生活が脅かされることであろう．家屋への侵入は地上部のみからではなく，壁を登って，さらには電線を伝わっての侵入までみられ，ビルでは1階から侵入し，8階にまで行列がのびた例までも知られる．

廿日市市や岩国市では，駅のプラットホームなどでさえ普通にみかけられる．居住地域ではおびただしい数のアリが，わずかな隙間から室内へ頻繁に侵入し，食品に群がり，生活に支障をきたすなどの不快昆虫となっている．亀山（2012）には，廿日市市と岩国市の侵入地域の住民から得られた被害証言が掲載されているが，それによると，人体への直接的害はないという認識があるがそれはまちがいで，日常生活の平穏が脅かされるという大きな精神的被害を受けている．

米国では，アルゼンチンアリの侵入地の不動産価値が下落したといった記録があり，日本でも，本種の侵入に悩まされ，入居者が出ていき，家賃収入が減少した事例が出ている（竹中ほか，2006）．アルゼンチンアリは，イエヒメアリ *Monomorium pharaonis* の問題と同様に貸者・借者間でのトラブル

や，不動産売買の際のトラブルが生じてもおかしくない存在である．よって風評被害という問題も生じてくる．また，都市域では，飲食店や百貨店などへの侵入により，経済的被害が生じる可能性もある．病院や医院への頻繁な侵入による被害も生じている．病院側は潜在的な病原微生物媒介者として対処せざるをえず，少なからずの負担となっている例もある（第8章参照）．

（3）新しい防除の試み

合成道しるべフェロモンによる防除

これまで試みられてきた多くの方法は，いずれも対症的防除法であり，生息域のアルゼンチンアリ個体群を根絶できない限り，薬剤散布を繰り返すことになってしまう．アルゼンチンアリの高い増殖性，環境への適応性，巣の侵入性あるいは易移動性が防除を困難にしていることは前述したが，それを超える根本的防除法の開発が必要とされている．

日本では従来の対策として，家屋の周囲に粉状の殺虫剤を帯状に散布することで家屋への侵入に対応してきた．また家屋内に侵入した行列に対しては，スプレー式の殺虫剤で対処してきた．しかし，家の周囲への帯状散布は雨が降ると流れてしまい，効果が低下する．それ以上に，このような大量の殺虫剤散布は，まわりの環境や地下水を汚染し，ひいては住民の健康をも損なう可能性もあり，多くの問題を含んでいる．スプレー式の殺虫剤散布も家屋に侵入した行列に対して実施しても，翌日また行列の侵入が起こり，それの繰り返しとなっている（第9章参照）．

筆者ら東京大学のアルゼンチンアリの研究グループは，これまでの薬剤による防除研究とはまったく異なったアプローチを考え，アルゼンチンアリの防除を目指した研究を開始した．それは，アリのフェロモン物質による防除である．フェロモン物質は微量で特定の種のみに効果をおよぼす．フェロモン利用による防除は，農薬や殺虫剤散布とは大きく異なり，生態系や人体におよぼす影響を著しく低く抑えることのできる方法である．よって，生態系のバランスを考慮しつつ害虫管理を目指す今世紀の社会の要求に合致する防除法の1つであろう（第10章参照）．

本種の道しるべフェロモンの主成分はZ9-ヘキサデセナール（Z9-16：Ald）であり，幸い日本には，Z9-ヘキサデセナールを大量に合成する技術

があり，これをフェロモン製剤として利用できる環境にある（コラム-7 参照）．このような背景から，「合成道しるべフェロモンをアリの生息地に高濃度で放散させ，ワーカーどうしの餌場情報伝達を攪乱できれば，アリは行列をつくれず，餌不足から巣が衰退するだろう」というアイデアに至り，岩国市において 2003 年から野外実験を開始し，比較的良好な結果を得た．合成道しるべフェロモンを用いての防除実験は，世界でも初めての試みであった（第 10 章参照）．

　アルゼンチンアリなどの侵略的外来種に対しては，根絶を目指す防除を行なうのが本来である．アリゼンチンアリの場合も，侵入して日が浅く，生息範囲が限定されている地域では，集中的な防除により根絶を目指すべきである（第 9，10 章参照）．しかし，侵入してから時間が経過して分布が拡がり，高密度状態となった地域では，ただちに根絶を目指すことははなはだ困難であり，現実的ではない．そのような地域では，一気に根絶を目指すよりも，まずは問題が生じないレベルまで生息密度を低下させることを目標に防除を行なうほうが現実的である．そのような目的には，「総合的有害生物管理（IPM）」の考え方が大いに役立つ．IPM は，複数の防除方法を組み合わせることで殺虫剤の使用をできるだけ抑えつつ，害虫の根絶よりは生息密度を経済的被害許容水準以下に管理しようという考え方である．さらに，アルゼンチンアリがもつ生態系の攪乱者という特徴を考慮すると，IPM の概念に生物多様性保全をも包括した「総合的生物多様性管理（IBM）」の方向性が重要であろう（Kiritani, 2000；桐谷，2005；第 9 章参照）．

根絶への挑戦

　筆者らは，これまでに開発してきた合成道しるべフェロモンとベイト剤を併用する方法を用いて，神奈川県横浜市のアルゼンチンアリ個体群を標的に，2008 年 4 月から根絶実験を実施している．横浜市の生息地は横浜港の埠頭にあり，長径約 700 m の細長い形状をしている．今回の実験ではとくに，生息地と市街地の境界部分に合成道しるべフェロモンを含むフェロモンディスペンサーを設置して，生息地がこれ以上拡がらないようにしながら，ベイト剤の効率的な使用によって根絶を目指した（第 11 章，コラム-8 参照）．もし根絶に成功すれば，生息範囲がまだ拡がっていないほかの侵入地では，

この方法で根絶を進めていくことが可能となってくる．また，侵入後長期間が経過して生息面積が拡がってしまった地域であっても，合成道しるべフェロモンとベイト剤の併用により，殺虫剤の使用を軽減しつつ個体群密度を抑制できる可能性がある．

モニタリングと防除計画

　今後，ほかの生物に強い影響を与えずに，地域全体のアルゼンチンアリ個体群を管理するシステムの構築や，さらには個体群を根滅へと追いやるための根本的防除方法の開発が必要である．横浜市の根絶実験では，どのくらいの時間と薬剤の分量，および費用が必要であるかの試算が可能となったし，実験後のモニタリングについても，有効な示唆が与えられた．また，アルゼンチンアリのような難防除害虫に対しては，なんといっても初期根絶がもっとも有効である．アルゼンチンアリの国内への侵入・定着の早期発見や，侵入地においては個体群密度の変動を常時掌握するためのモニタリングシステ

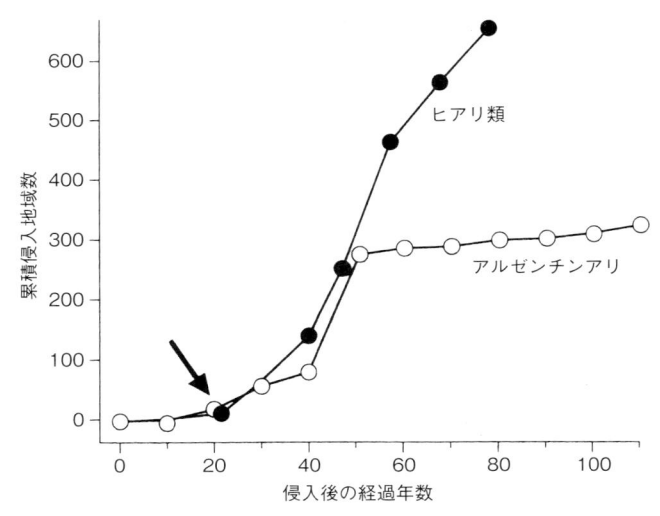

図7　北米におけるアルゼンチンアリ（○）とヒアリ類（アカヒアリとクロヒアリ：●）の侵入後の分布拡大状況．矢印は，侵入後20年が経過し，指数関数的な分布拡大が始まる起点を示す（Tsutsui and Suarez, 2003より改変）．

ムの開発が必要である．東京都大田区・品川区（大井埠頭）のアルゼンチンアリ個体群の発見は自然環境研究センターによる2010年度のモニタリング調査によるものである（第9章参照）．

人為的侵入が原因であるとはいえ，分布を拡大し続けるアルゼンチンアリの侵略性は強大である．今日，アルゼンチンアリやほかの侵略的外来生物による生態系攪乱を食い止めるための積極的な手立てが，法的な整備も含めて早急に必要な状況にある．これらの侵略性の高い外来の生物が地域に入り込むことは，地誌的な長い歴史をふまえてできあがった生態系を急速かつ容易に破壊することにつながる．

米国でのアルゼンチンアリとヒアリ類の侵入後の国内への分布拡大の様相を図7に示した．どちらの侵略的外来アリも侵入後ほぼ20年で，急激に分布が拡大する相に入り，指数関数的に生息地域を拡大させている．日本もアルゼンチンアリの侵入後約20年が経過した．しかも近年，各地への二次的，三次的侵入による分布拡大が頻繁となっている．米国と同じ轍を踏まないためにも，今後の対策はとりわけ緊急かつ重要である（終章参照）．

引用文献

Bartlett, B. R. 1961. The influence of ants upon parasites, predators and scale insects. Annals of the Entomological Society of America, 54 : 543-551.
Heller, N. E., K. K. Ingram and D. M. Gordon. 2008. Nest connectivity and colony structure in unicolonial Argentine ants. Insectes Sociaux, 55 : 397-403.
Horton, J. R. 1918. The Argentine Ant in Relation to Citrus Groves. Buttetin 647. U.S. Department of Agriculture, Washington, D.C.
亀山　剛．2012．特定外来生物「アルゼンチンアリ」の侵入と防除の現状．（石谷正宇，編：環境アセスメントと昆虫）pp. 182-206．北隆館，東京．
Kiritani, K. 2000. Integrated biodiversity management in paddy field : shift of paradigm from IPM toward IBM. IPM Review, 5 : 175-183.
桐谷圭治．2005．農業生態系におけるIBM（総合的生物多様性管理）にむけて．日本生態学会誌，55：506-513．
Markin, G. P. 1970. Foraging behavior of the Argentine ant in a California citrus grove. Journal of Economic Entomology, 63 : 740-744.
Miyake, K., T. Kameyama, T. Sugiyama and F. Ito. 2002. Effect of Argentine ant invasion on Japanese ant fauna in Hiroshima Prefecture, western Japan : a preliminary report (Hymenoptera : Formicidae). Sociobiology, 39 : 465-474.
Nixon, G. E. J. 1951. The Association of Ants with Aphids and Coccids. Commonwealth Institute of Entomology, London.

Pedersen, J. S., M. J. B. Krieger, V. Vogel, T. Giraud and L. Keller. 2006. Native supercolonies of unrelated individuals in the invasive Argentine ant. Evolution, 60 : 782-791.

Silverman, J. and R. J. Brightwell. 2008. The Argentine ant : challenges in managing an invasive unicolonial pest. Annual Review of Entomology, 53 : 231-252.

砂村栄力．2011．侵略的外来種アルゼンチンアリの社会構造解析および合成道しるべフェロモンを利用した防除に関する研究．東京大学博士論文．

竹中宏樹・吉田政弘・藤島隆年・佐々木敏幸．2006．アルゼンチンアリの被害実態調査について．第22回日本ペストロジー学会大会プログラム・抄録集．

寺山　守．2006．外来昆虫の脅威——アリ類を中心として．農業，1488：6-22．

頭山昌郁．2007．侵略的外来種アルゼンチンアリの侵入とその影響について．ペストコントロール，2007年4月号：1-4．

Touyama Y., K. Ogata and T. Sugiyama. 2003. The Argentine ant, *Linepithema humile*, in Japan : assessment of impact on species diversity of ant communities in urban environments. Entomological Science, 6 : 57-62.

Tsutsui, N. D. and A. V. Suarez. 2003. The colony structure and population biology of invasive ants. Conservation Biology, 17 : 48-58.

Way, M. J. 1963. Mutualism between ants and honey-dew producing Homoptera. Annual Review of Entomology, 8 : 307-344.

I
基礎編

わずか150年ほどの間に，小さなアリが原産地の南米の一隅から海を越えて世界中に分布を拡大し，多くの侵入地で爆発的な増殖を果たしている現実には，重要な2つの要因が考えられている．1つは，ほかの多くの外来生物と同様に，知らず知らずのうちに人がアリを運搬してしまうことである．とくに過去150年は，近代文明，とくに生産手段と交通手段の急速な進歩があって，人と物の動きのグローバル化が進んだ時期だった．つぎに，人手によって未知の場所に運ばれたアリが，その地に定着して大増殖できたのは，おそらく，アルゼンチンアリが進化の過程で身につけてきた特殊な生態によるところが大きかった．そこでのキーワードは「スーパーコロニー」である．基礎編では，スーパーコロニーを軸とした特殊な生態がどうやって獲得され，分布拡大と大増殖にどのように役立ってきたかに焦点をあて，日本と世界の侵入地でのスーパーコロニー構造の特徴を，原産地と比較することで侵入地の特殊性を浮き彫りにする．

第1章　分類と分布

寺山　守

　アリ類は，基本的にすべての種が女王を中心に，複数個体が巣のなかで集団生活を送る真社会性昆虫で，昆虫綱（Class Insecta）のなかで，スズメバチ，アシナガバチ類やミツバチ，マルハナバチ類と同様に膜翅目（Order Hymenoptera）に位置づけられる．なかには女王がみられないものや，女王のみがみられる種もいるが，これらは社会性を獲得した後の二次的な特徴である．世界で21亜科308属に約12800種が報告されている（Bolton, 2013）．

　アルゼンチンアリは，カタアリ亜科 Dolichoderinae のアルゼンチンアリ属 Linepithema に位置づけられる．本属は，新熱帯区の属で，今日世界に19種が知られている．

　本章で，アリ類の基本形態や概略的な生態，系統関係を紹介し，さらにアルゼンチンアリの分類，形態，分布情報を提示する．

1.1　世界のアリ科の概要

1.1.1　生態の概要と基本形態

　アリ類の巣の構成員は，オスと2つの階級（カースト）からなるメス（すなわち女王とワーカー（働きアリ））に分けられる．これら3つの構成員は通常形態的に大きく異なっている．女王は通常もっともサイズが大きく，交尾前には翅をもつ．ワーカーは性的にはメスであるが，産卵能力がないか，あるいは著しく劣り，産卵を除くコロニー内外のさまざまな仕事に従事する．

野外でもっとも頻繁にみかけるのがワーカーである．同一コロニー内であってもワーカーのサイズには変異があり，極端な場合には2つ，あるいはいくつかの亜階級（サブカースト）に分けられる．大型のワーカーは，巣の防衛に関する仕事を行なう場合が多く，とくに兵アリとも呼ぶ．

生態

巣でつくりだされた処女女王は，母巣から飛びだして結婚飛行を行なう．オスとの交尾を終えると脱翅して物陰に潜み，そこから巣を創設していくのが一般的である（アルゼンチンアリは例外となる）．巣の大きさは種類によってさまざまで，ワーカー十数個体から構成されるものから，数十万個体になるものまで存在する．構成個体数の小さい種は，1つの巣が1つのコロニーである場合が多いが，個体数の大きな種では，構成個体をあちこちに分散させて生息する場合が多く，複数の巣によって1つのコロニーが構成されていることが多い（多巣制）．コロニーの構成員が増大すると，コロニーを維持させるためにより効率よく餌を探し，獲得しなければならない．そのために，このような種では大量にワーカーを動員する方法を進化させており，その主要なものは，道しるべフェロモンによる大量動員である．

巣が新女王をつくりだせる大きさになるまでには通常数年かかる（日本では，創巣4，5年目で新女王が生産される種が多い）．1つの巣に女王が1個体のみ生息するとは限らず，多女王制（多雌制）と呼び，複数の女王が1つの巣中に生息している種も多くみられる．女王の寿命は通常長く，ワーカーの寿命がせいぜい1年であるのに対して，10年以上生存するものもめずらしくない（アルゼンチンアリは例外となる）．顕著な多巣制の種は同時に多女王制でもある．

アリ類は陸上のさまざまな環境に適応して繁栄しており，とくに熱帯や亜熱帯地域では，種数のみならず現存量（バイオマス）においても非常に大きな値を示す．有名な例では，南米の熱帯雨林での全動物の現存量のうちの6分の1がアリであったといった報告があり（Wilson, 1990），さまざまな食性をもつアリ類は，生物群集の構造に広範に，かつ大きな影響度をもってかかわっており，ほかの昆虫類にとっては強力な捕食者でもある．

形態

　昆虫類は，体が頭部，胸部，腹部の 3 部分からなるが，ハチ・アリの体は，腹部第 1 節が胸部に付着し，胸部と腹部第 1 節（この部分を前伸腹節と呼ぶ）で外見上の胸部を形成するやや特殊な体形になっている．アリ類は膜翅目で，アリ科を構成する系統群である．ハチのなかには翅を退化させて一見アリのようにみえるものも少なくないが，アリ類は，これらのハチとは形態的に，前伸腹節側面の後端下部に後胸腺と呼ばれる部分があることと，外見上の胸部と腹部との間にこれらをつなぐ独立した節が 1 節か 2 節存在し（腹柄部と呼ぶ），かつこれらの節の背面が普通，山状に盛り上がることで区別される．

　ワーカーでは，頭部に 1 対の触角，複眼があり，単眼は消失しているものが多いが，一部の種やグループではみられる．触角は 4-12 節からなり，一番基方の節は長く，柄節と呼ぶ．柄節のつぎに梗節が続き，その後の節は鞭節である．鞭節の先端の 2-5 節は大きく発達する場合が多く，とくに棍棒部あるいは棍棒節と呼ぶ．複眼は大きく発達するものから，退化して完全に消失している種まである．また，単眼は，ワーカーでは消失しているものが多いが，大あごはよく発達するものが多く，大あごの上に頭盾と呼ばれる構造がみられる．頭部の中央部付近には，額葉と呼ぶ突出部があり，これの外縁を額稜と呼ぶ．

　胸部は前胸と中胸が発達し，後胸は小さい．また，真の胸部の後に，もと腹部第 1 節であった前伸腹節が付着しており，これで胸部を形づくっている．前胸と中胸は背板と側板が認められ，とくに中胸側板はよく発達する．後胸背板は小さく，背面で溝になっている場合，これを後胸溝と呼ぶ．後胸側板は前伸腹節の前側面から下面にかけて存在する．前伸腹節後背縁に 1 対の刺，あるいは突起をもつ場合，これを前伸腹節刺と呼ぶ（アルゼンチンアリにはない）．

　胸部と腹部との間には，これらをつなぐ腹柄節と呼ばれる結節が 1 節，あるいは 2 節みられる．2 節ある場合は，後方のものを後腹柄節と呼ぶ．これらは，もとは腹部の体節で，腹部第 2 節と第 3 節が変形したものである．腹柄節の下部には突起がみられる場合が多く，腹柄節下部突起と呼ぶ．アリ類は，腹柄節および後腹柄節を発達させたことで，腹部の可動範囲を著しく

拡げて，土中生活を容易にしている．

アリの腹部（膨腹部）は，真の腹部の第3節あるいは第4節以降の節から成り立っている（以下では膨腹部の第1節を腹部第1節とする）．腹部の体節は，背側の背板と腹側の腹板からできている．メスの腹端に，種によっては刺針が発達する．オスでは交尾器がみられる．

前脚は前胸から，中脚は中胸から，後脚は後胸から出ており，基方から，基節，転節，腿節，脛節，付節からなり，付節の先端に2本の爪がみられる．

1.1.2　アリ科の高次分類

アリの各属を亜科に所属せしめた最初の論文は Roger（1863）によるものである．ただし，Subfamily Formicidae 中に今日のヤマアリ亜科 Formicinae とカタアリ亜科 Dolichoderinae の属が含まれ，Subfamily Poneridae のなかには今日の多くのグループが包含されており，現行の分類体系からはひどく外れたものになっている（亜科名が接尾辞"-inae"で統一されてくるのは，1895年以降である）．アリ類の亜科レベルでの基本的な体系が成立したのは，Emery や Forel による19世紀から20世紀初頭にかけての多くの研究業績が出された成果を受けてのものである．

Emery と Forel は，アリ類を5亜科に分けていたが，Wheeler（1922）は7亜科に大別した．その後，Clark（1951）が15亜科に区分する考えを提出したが，Brown（1954）は化石亜科を除き，9亜科に区分する分類体系を提出した．一方，Wilson et al.（1967a，1967b）では，Brown のハリアリ亜科とクビレハリアリ亜科をハリアリ亜科にまとめ，カタアリ亜科をカタアリ亜科とハリルリアリ亜科に区分しての9亜科の設定を行なった．その後，Brown and Taylor（1970）では8亜科とみなし，Wilson（1971）では，10亜科としている．

1990年以降，さかんに高次系統解析がなされるようになり，分岐分類学的手法による亜科レベルでの系統解析による研究がいくつも発表された．これらの系統解析の結果を反映させ，1994年に Bolton は，亜科レベルの分類として16亜科プラス4化石亜科の体系を発表した．その後さらに Bolton（2003）は，これまでに発表された亜科レベルでの系統解析の結果を反映さ

せ，現生のアリ類に6つの亜科群を認め，21亜科プラス4化石亜科に区分する分類体系を提出している．アルゼンチンアリが含まれるカタアリ亜科はハリルリアリ亜科，ヤマアリ亜科と姉妹群を構成し，ヤマアリ型亜科群と呼んでいる．ヤマアリ型亜科群は，腹部を膨大させることが可能で，大量の液体性の餌を腹部に取り込めるようになっている．一方，Ouellette *et al.* (2006)による，40属を用いての28S rRNAによる系統解析の結果によると，カタアリ亜科は，ヤマアリ亜科，キバハリアリ亜科と系統的に近縁であることが示された（ハリルリアリ亜科は系統解析に加えられていない）．図1.1にWard（2007）による，最近のいくつかの分子系統解析の結果に準拠したアリ科の亜科レベルでの系統仮説を示した．

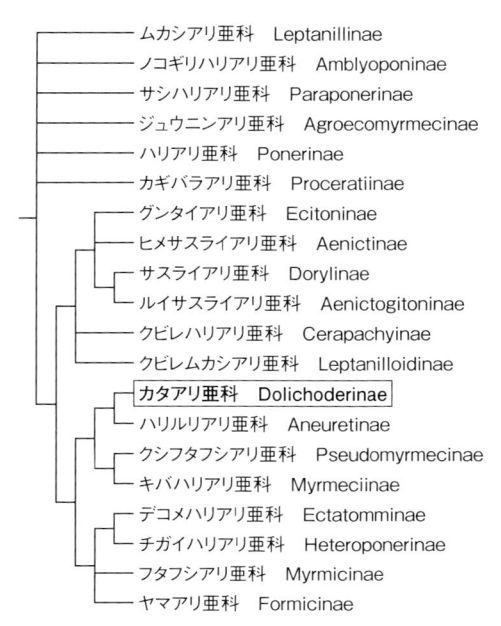

```
├── ムカシアリ亜科　Leptanillinae
├── ノコギリハリアリ亜科　Amblyoponinae
├── サシハリアリ亜科　Paraponerinae
├── ジュウニンアリ亜科　Agroecomyrmecinae
├── ハリアリ亜科　Ponerinae
├── カギバラアリ亜科　Proceratiinae
├── グンタイアリ亜科　Ecitoninae
├── ヒメサスライアリ亜科　Aenictinae
├── サスライアリ亜科　Dorylinae
├── ルイサスライアリ亜科　Aenictogitoninae
├── クビレハリアリ亜科　Cerapachyinae
├── クビレムカシアリ亜科　Leptanilloidinae
├── カタアリ亜科　Dolichoderinae
├── ハリルリアリ亜科　Aneuretinae
├── クシフタフシアリ亜科　Pseudomyrmecinae
├── キバハリアリ亜科　Myrmeciinae
├── デコメハリアリ亜科　Ectatomminae
├── チガイハリアリ亜科　Heteroponerinae
├── フタフシアリ亜科　Myrmicinae
└── ヤマアリ亜科　Formicinae
```

図 1.1　Ward（2007）によるアリ科の亜科間の系統関係（WardはWard and Brady, 2003；Saux *et al.*, 2004；Brady *et al.*, 2006；Moreau *et al.*, 2006；Ouellette *et al.*, 2006を参照している）．

1.2 カタアリ亜科の分類と分布

アルゼンチンアリが含まれるカタアリ亜科 Dolichoderinae は，ワーカーで普通，複眼が発達するが単眼はない．触角は通常 12 節だが，11 節や 10 節の属もみられる．腹柄部は腹柄節 1 節のみからなるが，形態は多様で，こぶ状もしくは鱗片状のものから筒状で丘部を欠くものまである．膨腹部は卵形で，第 1 節と第 2 節の境界はくびれない．第 1 節背板と腹板は融合せず，筒状にはならない．また，末端に刺針はない．腹部末端の孔は偏平でスリット状となり，周毛をもたない．一般形態はヤマアリ亜科に似るが，腹部末端の形状で区別される．日本産の種で腹柄節の丘部が未発達なものはすべて本亜科のものである．

一般に地中あるいは地表の石や倒木下などに営巣し，地上徘徊性のものが多いが，植物体の空洞，枯れ枝，樹皮下などに営巣し，樹上生活を行なうものも多い．植物と強い共生関係を結び，特定の植物体の一部を巣として利用するものも海外ではみられる．

世界に 28 属約 700 種が記載されている．熱帯・亜熱帯を中心に分布するが，亜寒帯地域にも分布する．日本には 5 属 7 種が記録されている．

1.3 アルゼンチンアリ属の分類と分布

1.3.1 アルゼンチンアリ属 *Linepithema*

分類

アルゼンチンアリ属 *Linepithema* は，ペルーで得られたオス個体の標本をもとに，*L. fuscum* をタイプ種として Mayr によって 1866 年に創設された．*L. fuscum* がオスのみで記載されたこともあって，その後長い間，種の追加はなく，正体不明の謎の属の取り扱いをされ続けた．2 種目が記載されたのは 100 年以上経った 1969 年の *L. gallardoi* であった（Kusnezov, 1969）．一方，*Hypoclinea* 属や *Iridomyrmex* 属のものとして 19 世紀の後半から複数の種が新熱帯で記載されていった．Shattuck（1992a）は新熱帯の *Iridomyrmex* 属のオスを含む多くの標本を検討し，新世界の *Iridomyrmex* 属の種は

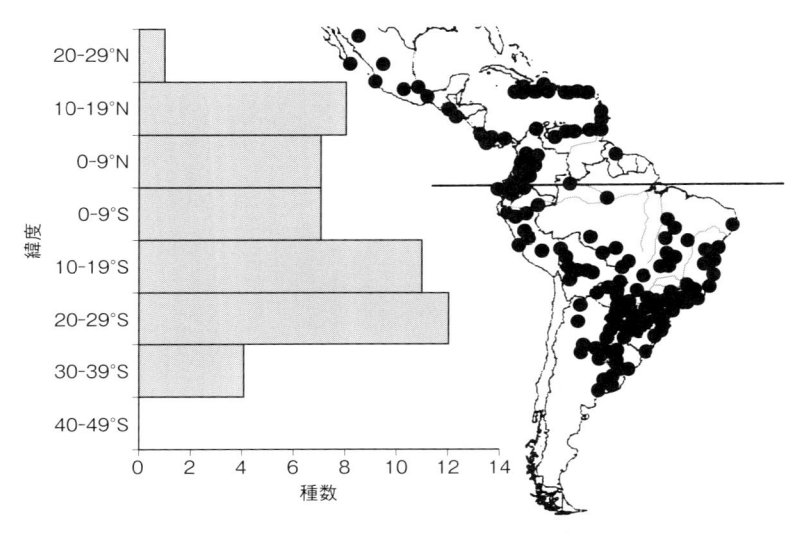

図 1.2　中南米における緯度を 10 度単位で分割した際の各ゾーンでのアルゼンチンアリ属の所産種数（Wild, 2007 より改変）．アルゼンチンアリの人為的移入個体の分布記録は除いた．●はアルゼンチンアリ属の分布地点．

Linepithema 属のものであることを明らかにした．以上の経緯があり，今日アルゼンチンアリ属 Linepithema のアリは，Hypoclinea 属あるいは Iridomyrmex 属の一種として記載されたものがほとんどである．

　アルゼンチンアリ属は，新熱帯区原産の属で，今日世界に 19 種が知られている．図 1.2 に新熱帯区での本属の分布状況を示した．これらのなかで，アルゼンチンアリ L. humile は人為的移入により世界に分布を拡大させている．また，L. iniquum も人為的に分布を拡げる種で，ヨーロッパなどで温室内での生息が記録されている．本属には Wild（2007）による分類学的総説がある．

　形態

　アルゼンチンアリ属は，ワーカーで体長 2.5-4 mm ほどの小型から中型のアリである．複眼は通常発達し，やや前方に位置する．ただし，複眼の小さな種もあり，個眼数 17-110 の幅をとる．大あごの咀嚼縁には，発達した先

端歯と亜先端歯があり，それに続いてのこぎり状の小歯が複数並ぶ．頭盾前縁は切断状で，中央部はほぼ平らか若干へこむ．触角柄節は長く，頭部後縁を明瞭に越える．前胸背板の立毛は 10 本以下．後胸溝は明瞭に刻みつけられる．前伸腹節後背縁は弱く角ばるものから，丸みを帯び明瞭な角とならないものまである．斜面は側方からみて弧状となる．腹柄節は鱗片状で薄く高い．腹部はこれに覆いかぶさらない．

生態

土中に営巣する種が多いが，一部樹上性の種がみられる（少なくとも *L. inquum* と *L. leucomelas*）．雑食性であるが，植物の蜜やアブラムシの甘露などの液体成分を好んで集める．コロニーは大きくなり，1000 個体以上からなる．大多数の種で多女王制である．結婚飛行は日暮れに行なわれる．ただし，アルゼンチンアリは結婚飛行を行なわず，巣内で交尾を行う（Krieger and Keller, 2000）．本属のオスはサイズに変化が大きく，種によってワーカーより小型のものやより大型のものがあり，多様な交尾行動がみられる可能性がある（Wild, 2007）．

1.3.2 アルゼンチンアリ *Linepithema humile*（Mayr, 1868）

分類

本種は Mayr によって 1868 年にワーカーをもとに *Hypoclinea humilis* として南米のブエノスアイレスから記載された．後に *Iridomyrmex* 属に移され（Emery, 1888），*Iridomyrmex humilis* の学名で多くの論文に登場し，よく知られるに至った．その後，Shattuck（1992a）により *Iridomyrmex* 属が複数の属に細分され，現在 *Linepithema humile* の学名が適用されている．Wild（2004）による本種の詳細な記載が存在する．*Iridomyrmex humilis arrogans* および *I. riograndensis* は本種の同物異名である．

形態

①ワーカー

体長 2.5-3 mm 程度の小型のアリ．褐色から淡褐色．頭部は正面からみて，長さが幅よりも長く，前方に向かうにつれ幅が狭くなる．側縁は緩やかな弧

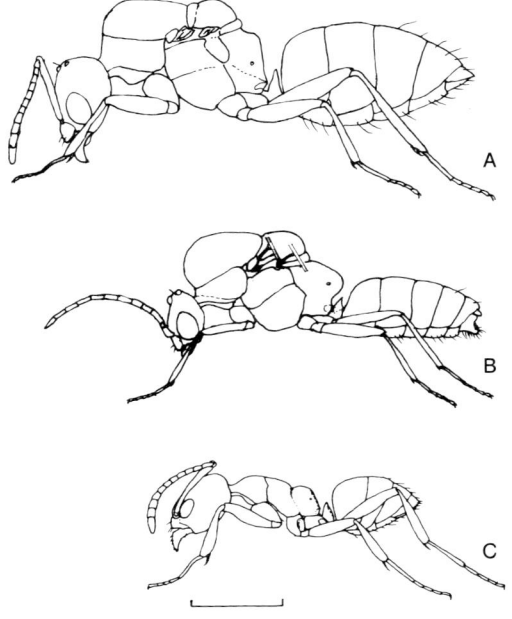

図 1.3 アルゼンチンアリの女王（A），オス（B），ワーカー（C）．バーの長さは 1 mm．

状となる．後縁は小型の個体ではほぼ直線状で，大型の個体では中央部で弱くへこむ．大あごは先端歯と亜先端歯をもち，それに続いてのこぎり状の小歯が複数並ぶ．眼は大きく，通常 100 個以上の個眼からなる．触角柄節は長く，長さは頭長とほぼ等しいかいくぶんより長い．中胸背板は側方からみてほぼ直線状で，後胸溝は強くへこむ．前伸腹節の後背縁はいくぶん角ばる．

頭部，胸部背面，腹部の第 1 節，第 2 節には明瞭な立毛はない．腹部の第 3 節，第 4 節にはいく本かの長い立毛がある．

②女王（メス）

体長 4.5-5.0 mm 程度．暗褐色．大あごはワーカーと同様，咀嚼縁に発達した先端歯と亜先端歯があり，それに続いてのこぎり状の小歯が複数並ぶ．頭盾前縁は中央部で弱くへこむ．触角柄節は長く，正面からみて，柄節の先端が頭部後縁を越える．複眼は発達して大きい．単眼は小さい．三角板（Axilla）の中央に 1 本の条刻がある．中胸盾板は軟毛を密に生やす．翅は

透明で翅脈は淡褐色，前翅の長さは 4.4-4.5 mm．

③オス

小型で体長 2.5-3.5 mm 程度．暗褐色を呈し，翅をもつ．頭部は正面からみて長さと幅がほぼ等しい．大あごは小さく 4-8 個の小さな歯をそなえる．頭盾前縁はほぼ直線状であるが，個体によっては弱くへこむ．触角柄節は短く，触角第 3 節の約 3 分の 2 の長さ．複眼は大きい．単眼も大きく，側単眼は複眼の後縁の位置よりも上部に位置する．中胸盾板は軟毛を密に生やす．前伸腹節の後縁は上方が後方へ突出し，下方は強くへこみ，上方は腹柄節の上部を覆う．

分布

南米中部のブラジル南部からウルグアイ，パラグアイ，アルゼンチン北部にかけてのパラナ（Paraná）川の流域が原産地で，基本的に河川敷を中心とした主流から 10 km 以内が生息域である（図 1.4）．ここ 150 年の間に人

図 1.4 アルゼンチンアリの南米での分布（Wild, 2004 より改変）．▲：原産地．●：侵入地．原産地はパラナ川流域に限られている．

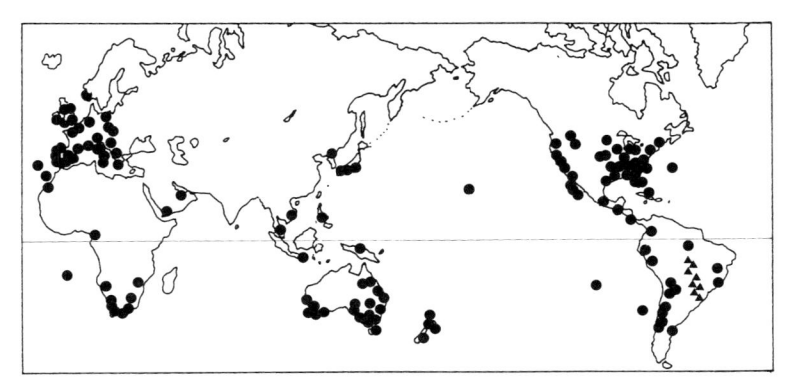

図 1.5 アルゼンチンアリの世界の分布（Wetterer *et al.*, 2009 を主に，Shattuck, 1992b；Suarez *et al.*, 2001；Tsutsui *et al.*, 2003；Wild, 2004, 2007 を参照して作成）．▲：原産地．●：侵入地．

類の交易に付帯して世界に分布を拡げた（図 1.5．詳細は第 5，6 章を参照）．アジア地域では，インドネシアからの古い記録（1944 年；Donisthorpe, 1950）があるが，近年，フィリピン（1999 年），マレーシア（2000 年以前），ベトナム（2005 年以前）と記録され（Wetterer *et al.*, 2009），さらに朝鮮民主主義人民共和国の元山からも記録されている（Radchenko, 2005）．

国内での分布は現在，12 都府県にわたってみられる．本州では，最初の侵入地である廿日市市のある広島県，山口県，岡山県，兵庫県，大阪府，京都府，岐阜県，愛知県，静岡県，神奈川県，東京都に侵入しており，四国では徳島県で生息が確認されている．九州ではまだ発見されていない（国内分布の詳細については第 3 章を参照）．

生態については第 2 章を参照してほしい．

1.4　近似種との識別

1.4.1　アルゼンチンアリ属内の種

今日知られているアルゼンチンアリ属の 19 種は，Wild（2007）によれば 4 種群に分けられ，かつ所属群不詳の 2 種が存在する（表 1.1）．アルゼ

表 1.1 アルゼンチンアリ属の4種群の特徴（Wild, 2007 より作成）．

種群 （ ）：種数	ワーカーの形質			オスの形質	
	後胸腺付近の 軟毛の密度	前伸腹節の 形状	小顎鬚の長さ （HL：頭長）	前伸腹節の 形状	前翅亜縁室 の数
Humile-group (5)	密	背縁はほぼ平らで 前方で下方に曲がる	<1/2HL	強くくぼみ，腹柄節 の上に覆いかぶさる	1
Fuscum-group (7)	疎-なし	いろいろ	いろいろ	弧状に膨らむ	2
Iniquum-group (3)	疎-なし	いろいろ	>1/2HL	弧状に膨らむ	1
Neptropicum- group（2）	中程度-疎	丸みを帯び，低く 背縁は後縁よりも長い	>1/2HL	弱くくぼむ	1

L. aztecoides と *L. pulex* は所属種群不明．

ンチンアリはこれらのうちの，*humile*-group に入り，5 種がここに含まれる．

　Humile-group は，ワーカーにおいて，後胸の後方から気門より前方の前伸腹節側面は軟毛で密に覆われる（軟毛間の距離は軟毛の長さよりも短い）ことでほかの種群と区別される．さらに，中胸側板も前伸腹節と同様の軟毛に覆われることでも *L. gallardoi*（Brethes）を除く 4 種が近似種としてまとめられる．本種群の 5 種は，以下の検索表で識別される．SI は触角柄節示数で，触角柄節長/頭幅×100 で示される．

- 1a.　中胸側板は前伸腹節側面と同様に密に軟毛で覆われる．
- 1b.　触角柄節は長く，正面からみて，柄節の先方の 6 分の 1 以上の部分が頭部後縁を越える（図 1.6A，C，D）．
  ……………………………………………………………………… 2
- 1aa.　中胸側板の軟毛は前伸腹節側面よりも疎である．
- 1bb.　触角柄節はより短く，正面からみて，柄節の先方部は多少頭部後縁を越える程度（図 1.6B）．
  ……………………………………………… *L. gallardoi*（Brethes）
- 2a.　腹部第 2-4 背板の軟毛はやや疎で，そのために膨腹部表面の光沢が強い．
- 2b.　胸部は長く（図 1.6I），触角柄節が長い（SI＝120-139）．
- 2c.　前胸背板に 1-3 本の立毛をもつ．

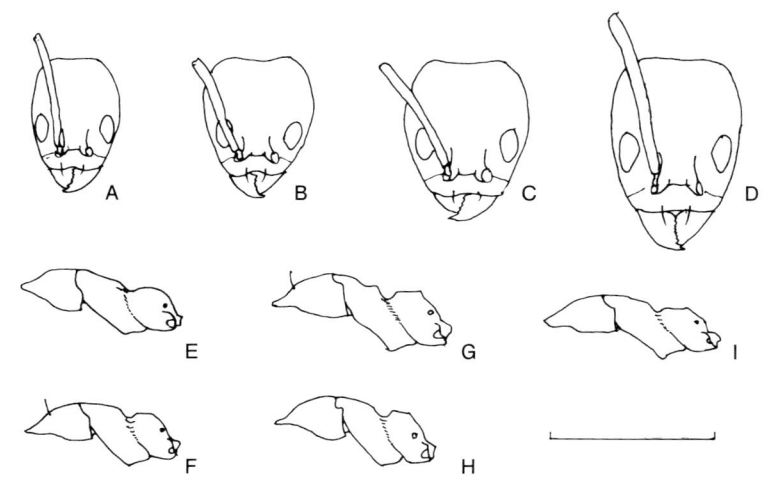

図 1.6 アルゼンチンアリ属の *humile*-group におけるアルゼンチンアリを除く 4 種の形態（Wild, 2007 より改変）．A-D：ワーカー，頭部，正面，E-I：ワーカー，胸部，側面．A, E：*Linepithema anathema*, B, F：*L. gallardoi*, C, G, H：*L. micans*, D, I：*L. oblongum*. バーの長さは 1 mm.

　　　　　　　　　　……………………………………… *L. oblongum*（Santschi）
2aa.　腹部第 2-4 背板に密に軟毛を生やす．
2bb.　胸部はより短く，触角柄節は SI 値が 130 を超えることはない．
2cc.　前胸背板に立毛をもつ場合ともたない場合がある．
　　　　………………………………………………………………………… 3
3a.　腹部第 1 背板，第 2 背板に立毛はない．
　　　　……………………………………………………… *L. humile*（Mayr）
3aa.　腹部第 1 背板，第 2 背板に立毛をもつ．
　　　　………………………………………………………………………… 4
4a.　触角柄節は長く，SI = 119-126.
4b.　頭部は細長い（図 1.6A）．
4c.　前胸背板に立毛はない．
　　　　……………………………………………………… *L. anathema* Wild
4aa.　触角柄節は短く，SI = 97-110.
4bb.　頭部はより幅広い（図 1.6C）．

4cc. 前胸背板に立毛をもつ個体ともたない個体がみられる．
　　………………………………………………………… *L. micans*（Forel）

1.4.2　日本国内での類似種との識別

　日本のカタアリ亜科のワーカーによる検索表を下に示す．属名の後のカッコ内の数字は，その属の日本での所産種数を表す．アルゼンチンアリ属は，ルリアリ属 *Ochetellus* にとくに類似するが，触角柄節が相対的により長いことと，前伸腹節の斜面がくぼまず，弱い弧状となることで容易に区別される（杉山ほか，2000）．

1a. 腹柄節は鱗片状もしくはこぶ状．
1b. 腹部は腹柄節に覆いかぶさらない．
　　……………………………………………………………………………… 2
1aa. 腹柄節は管状で，明瞭な丘部がない．
1bb. 腹部は腹柄節に覆いかぶさる．
　　……………………………………………………………………………… 4
2a. 腹柄節はこぶ状．
2b. 前伸腹節後背部は顕著に後方に突出し，後面は強くえぐれる．
2c. 頭部および胸部表面は顕著な点刻で覆われる．
　　………………………………………… ナミカタアリ属 *Dolichoderus*（1）
2aa. 腹柄節は鱗片状で薄く高い．
2bb. 前伸腹節後背部は顕著に後方に突出せず，後面はほぼ平坦かわずかにくぼむ．
2cc. 頭部および胸部表面はなめらかで点刻はない．
　　……………………………………………………………………………… 3
3a. 前伸腹節後縁はわずかに膨らむかほぼ直線状．
3b. 前伸腹節後背縁は鈍角．
3c. 触角柄節は長く，前方からみて，先端は頭部後縁を明らかに越える．
　　…………………………………… アルゼンチンアリ属 *Linepithema*（1）
3aa. 前伸腹節後縁はわずかにくぼむ．
3bb. 前伸腹節後背縁はほぼ直角となる．

3cc. 触角柄節は短く，前方からみて，先端は頭部後縁に達しない．
.... ルリアリ属 *Ochetellus*（1）
4a. 側方からみて，中胸と前伸腹節の間はわずかにくぼむ程度．
4b. 前伸腹節はほとんど隆起しない．
4c. 腹部第5節が第4節のなかに引き込まれていて，腹部は見かけ上4節にみえる．
.... コヌカアリ属 *Tapinoma*（2）
4aa. 側方からみて，中胸と前伸腹節の間は深くくぼむ．
4bb. 前伸腹節は隆起する．
4cc. 腹部第5節は小さいが裸出しており，それゆえ腹部は外側からみて5節を数える．
.... ヒラフシアリ属 *Technomyrmex*（2）

カタアリ亜科のルリアリ *Ochetellus glaber* のほか，国内では，フタフシアリ亜科のトビイロシワアリ *Tetramorium tsushimae*，オオズアリ *Pheidole noda*，アズマオオズアリ *Pheidole fervida*，アミメアリ *Pristomyrmex punctata*，ヤマアリ亜科のトビイロケアリ *Lasius japonicus* やカワラケアリ *Lasius sakagamii*，あるいはケブカアメイロアリ *Nylanderia amia* とまちがわれやすいようである．しかし，フタフシアリ亜科に含まれる種では，胸部と腹部の間に結節が2節（腹柄節と後腹柄節）あり，アルゼンチンアリではそれが小さく薄い1節のみであることで容易に区別される．またオオズアリとアズマオオズアリでは，頭部の発達した顕著な大型ワーカー（兵アリ；図1.7F）が行列や巣中にみられる．トビイロケアリやカワラケアリとはとくに色彩が似ているが，これら2種はより大型で，頭部や胸部背面に多くの立毛を生やしている．もっとも誤りやすい種としてケブカアメイロアリがあげられる．ケブカアメイロアリは黒褐色のアリであるが，生息環境も開けた環境と似ており，また行列をつくって活動する点も似ている．アルゼンチンアリは野外では，多くのワーカーが行列をつくって敏速に動いている行動様式から国内の他種と容易に区別されるのだが，ケブカアメイロアリの行列も動きがかなり速く，野外では一番似ている．しかし，採集し，頭部や触角，胸部背面をみると，ケブカアメイロアリでは複数の立毛がみられることから容易に識別できる．

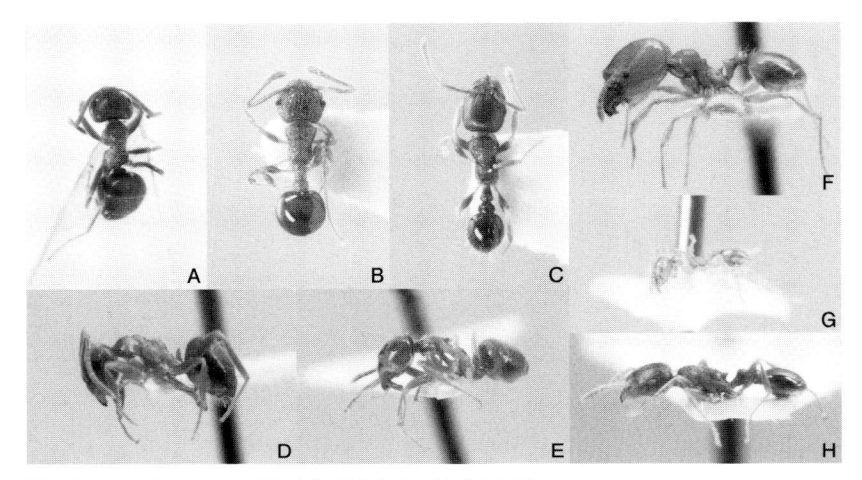

図 1.7 アルゼンチンアリとまちがえやすい日本のアリ.
A, D：トビイロケアリ *Lasius japonicus*, B：アミメアリ *Pristomyrmex punctata*, C, H：トビイロシワアリ *Tetramorium tsushimae*, E：カワラケアリ *Lasius sakagamii*, F, G：アズマオオズアリ *Pheidole fervida*（F：大型ワーカー（兵アリ），G：小型ワーカー）．

　アルゼンチンアリの行列は，個体数が多い場合，線状の1列の行列ではなく，2-3列以上の帯状となる．さらにこのような帯状行列が交差したり，合流したりもする．大きな行列では，幅が20 cm を超える場合すらあり，このような帯状の行列をつくるアリは日本ではアルゼンチンアリしかいない．

引用文献

Bolton, B. 1994. Identification Guide to the Ant Genera of the World. The Belknap Press of Harvard University Press, Cambridge.

Bolton, B. 2003. Synopsis and classification of Formicidae. Memoirs of the American Entomological Institute, 71 : 1-370.

Bolton, B. 2013. An online catalog of the ants of the world. Web address : http://www.antcat.org/ [Accessed 9 Sept. 2013]

Brady, S. G., B. L. Fisher, T. R. Schultz and P. S. Ward. 2006. Evaluating alternative hypotheses for the early evolution and diversification of ants. Proceedings of the Natinonal Academy of Sciences U. S. A., 103 : 18172-18177.

Brown, W. L., Jr. 1954. Remarks on the internal phylogeny and subfamily classification of the family Formicidae. Insectes Sociaux, 1 : 21-31.

Brown, W. L., Jr. and W. L. Taylor. 1970. Superfamily Formicoidea. In (CSIRO, ed.) The Insects of Australia. pp. 951-959. Melbourne University Press, Carlton.

Clark, J. 1951. The Formicidae of Australia. Vol. 1. Subfamily Myrmeciinae. CSIRO, Melbourne.

Donisthorpe, H. 1950. An eight installment of the Ross collection of ants from New Guinea. Annals and Magazine of Natural History, 12 : 338-341.

Emery, C. 1888. Über den sogenannten Kaumagen einiger Ameisen. Zeitschrift fur Wissenschaftliche Zoologie, 46 : 378-412.

Krieger, M. J. and L. Keller. 2000. Mating frequency and genetic structure of the Argentine ant *Linepithema humile*. Molecular Ecology, 9 : 119-126.

Kusnezov, N. 1969. Nuevas especies de hormigas. Acta Zoologica Lilloana, 24 : 33-38.

Mayr, G. 1866. Myrmecologische Beiträge. Sitzurgsberichte der Kaiserlichen Akademie der Wissenschaften in Wien. Mathematisch-Natutwissenschaftliche Classe. Abteilung I, 53 : 484-517.

Mayr, G. 1868. Formicidae novae Americanae collectae a Prof. P. de Strobel. Annuario della Societá dei Naturalisti e Matematici, Modena, 3 : 161-178.

Moreau, C. S., C. D. Bell, R. Vila, S. B. Archibald and N. P. Pierce. 2006. Phylogeny of the ants : diversification in the age of Angiosperms. Science, 312 : 101-104.

Ouellette, G. D., B. L. Fisher and D. J. Girman. 2006. Molecular systematics basal subfamilies of ants using 28S rRNA (Hymenoptera : Formicidae). Molecular Phylogenetics and Evolution, 40 : 359-369.

Radchenko, A. 2005. Monographic revision of the ants (Hymenoptera : Formicidae) of North Korea. Annales Zoologici, 55 : 127-221.

Roger, J. 1863. Verzeichniss der Formiciden-Gattungen und Arten. Berliner Entomologische Zeitschrift, 7 : 1-65.

Saux, C., B. L. Fisher and G. S. Spiceer. 2004. Dracula ant phylogeny as inferred by nuclear 28S rDNA sequences and implications for ant systematics (Hymenoptera : Formicidae : Amblyoponinae). Molecular Phylogenetics and Evolution, 33 : 457-468.

Shattuck, S. O. 1992a. Review of the dolichoderine ant genus *Iridomyrmex* Mayr with descriptions of three new genera (Hymenoptera : Formicidae). Journal of the Australian Entomological Society, 31 : 13-18.

Shattuck, S. O. 1992b. Generic revision of the ant subfamily Dolichoderinae (Hymenoptera : Formicidae). Sociobiology, 21 : 1-181.

Suarez, A. V., D. A. Holway and T. J. Case. 2001. Patterns of spread in biological invasions dominated by long-distance jump dispersal : insights from Argentine ants. Proceedings of the National Academy of Sciences U.S.A., 98 : 1095-1100.

杉山隆史・亀山　剛・伊藤文紀. 2000. アルゼンチンアリを見かけませんか？

——分布調査のお願い．蟻，24 : 31-33.
Tsutsui, N. D., S. N. Kauppinen, A. F. Oyafuso and R. K. Grosberg. 2003. The distribution and evolutionary history of *Wolbachia* infection in native and introduced populations of the invasive Argentine ant (*Linepithema humile*). Molecular Ecology, 12 : 3057-3068.
Ward, P. S. 2007. Phylogeny, classification, and species-level taxonomy of ants (Hymenoptera : Formicidae). Zootaxa, 1668 : 549-563.
Ward, P. S. and S. G. Brady. 2003. Phylogeny and biogeography of the ant subfamily Myrmeciinae. Invertabrate Systematics, 17 : 361-386.
Wetterer, J. K., A. L. Wild, A. V. Suarez, N. Roura-Pascual and X. Espadaler. 2009. Worldwide spread of the Argentine ant, *Linepithema humile* (Hymenoptera : Formicidae). Myrmecological News, 12 : 187-194.
Wheeler, W. M. 1922. Ants of the American Museum Congo expedition. A contribution to the myrmecology of Africa. VII. Keys to genera and subgenera of ants. Bulletin of the American Museum of Natural History, 45 : 631-710.
Wild, A. L. 2004. Taxonomy and distribution of the Argentine ant, *Linepithema humile* (Hymenoptera : Formicidae). Annals of the Entomological Society of America, 97 : 1204-1215.
Wild, A. L. 2007. Taxonomic revision of the ant genus *Linepithema* (Hymenoptera : Formicidae). University of California Publications in Entomology, 126 : 1-159.
Wilson, E. O. 1971. The Insect Societies. Harvard University Press, Cambridge.
Wilson, E. O. 1990. Success and Dominance in Ecosystems : The Case of the Social Insects. Excellence in Ecology 2. Ecology Institute, Luhe, Germany.
Wilson, E. O., F. M. Carpenter and W. L. Brown, Jr. 1967a. The first Mesozoic ants, with the description of a new subfamily. Psyche, 74 : 1-19.
Wilson, E. O., F. M. Carpenter and W. L. Brown, Jr. 1967b. The first Mesozoic ants. Science, 157 : 1038-1040.

第2章　特異な生態

森　英章・砂村栄力

　アルゼンチンアリの生態は一般的なアリのそれとは異なる点が多々ある．まず，巣づくりが簡易的で，周囲の環境が悪化すれば迅速に引越しできる．また，一般のアリに比べ巣内の女王数がたいへん多いほか，アリ類で一般的な交尾様式（結婚飛行）と異なり被食リスクの少ない巣内交尾と近隣への巣分かれを行なうことで，類まれなる増殖力を発揮する．さらに，巣分かれの繰り返しによって多数の巣が協力しあうスーパーコロニーを形成し，たとえ同種でも近隣の巣どうしでなわばり争いをする在来アリに対して優位に立つ．食性面でも雑食性でなんでも餌資源として活用できるほか，アブラムシなどの甘露を積極的に摂取することで栄養段階を低次化し高いバイオマスを実現する．アルゼンチンアリの生存に必須な非生物要因は水分と一定以上の温度であり，これらがそろえばどこへでも定着の可能性がある．南米の攪乱環境で進化したため，とくに人為攪乱地には容易に定着する．また，冬眠の習性がないため年中活動し続け，春先に他種アリが目覚めたときにはすでに本格活動を開始している．侵入地では原産地にいた強大な競合アリ種や同種の他スーパーコロニーとの競争から解放され，有力な競争相手がいない．有力な天敵は原産地でも侵入地でもみつかっていない．

2.1　途切れない行列――空間の利用方法

2.1.1　営巣

営巣方法

　英国の童話『3匹のこぶた』では，わらでつくった長男こぶたの家，木でつくった二男こぶたの家はオオカミにあっという間に壊されるが，苦労するもののレンガでしっかりつくった働き者の三男の家は壊されずに残って兄弟みなが助かる．時間と労力をかけても頑丈な家を建設するほうが攪乱に耐えることができる，というストーリーである．

　アリの巣というと，一般的に三男のこぶたの家なのだろう．土のなかや木のなかに穴を掘り，精密な坑道の先にたくさんの巣部屋がつくられる．しっかりとした巣は永続的に利用され，風雨や外敵からコロニーを守ることができる．国内でよくみられるクロヤマアリ *Formica japonica* やトビイロケアリ *Lasius japonicus*，ムネアカオオアリ *Camponotus obscuripes* などは実際にそのような巣をつくる．

　しかし，アルゼンチンアリは，そのような巣をつくらない．一生固定された巣ではなく，落葉や石の下に一時的なアリの塊をつくって，そのなかで産卵や幼虫の世話もする．そして，営巣場所の環境が悪くなるとすぐに巣を移動する（Gordon *et al.*, 2001；Heller and Gordon, 2006）．環境の悪化とは営巣場所自体が風雨にさらされてしまうことにより生息が困難になる場合もあれば，周囲の餌環境が悪化するということも含まれる．これはアルゼンチンアリの原産地の生息環境に適応した性質と考えられる．パラナ川などの河川敷をおもな生息地とするアルゼンチンアリであるが，生息地がたびたび洪水に遭う．不安定で頻繁に攪乱される環境ではいつでも建て替えられる仮設住宅を採用するほうがよいのである．

多様な営巣環境

　一時的に利用できるとなれば，容易に巣を引越し，多様な場所に営巣し，状況が悪くなればすぐに移動するという柔軟に居住環境を変える性質は，アルゼンチンアリがさまざまな環境へ進出するのに都合のよいものとなる．石

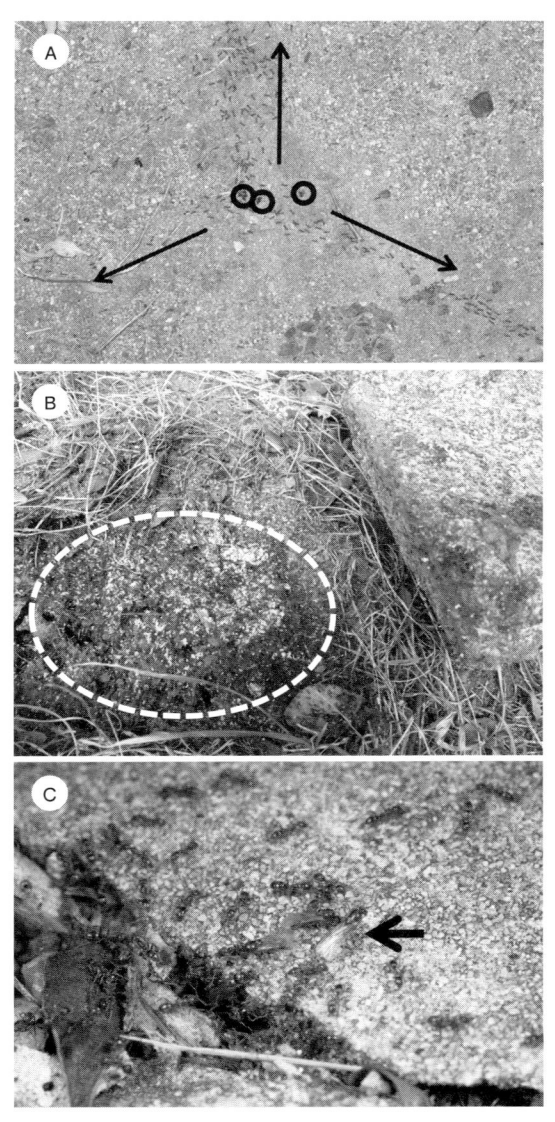

図 2.1 アルゼンチンアリの営巣．A：地面に巣穴を掘っての営巣．丸で囲んだ 3 カ所に出入口があり，そこを中心に方々へ行列がのびている（矢印）．アルゼンチンアリはこのように自ら巣を掘ることもあるが，それでも内部のつくりは簡素である．B：石の下にできた巣．石をどけるとクリーム色の卵や幼虫，蛹がびっしりと詰まっていた（白の破線で囲んだ）．C：コンクリートの割れ目にできた巣．繁殖期のため，写真中央部に有翅のオスアリが 3 頭みえる（矢印）．

の下や朽木の下，草本の根元に浅い巣をかまえるだけでなく，コンクリートの割れ目，植木鉢のなかや下，空き缶のなか，ゴミ箱やゴミ袋のなか，畑の保温シートの下など，さまざまな人工的な空間を営巣場所として利用することもできる（図 2.1）．このことにより，ほかのアリが進出しにくい場所を利用できるほか，人間の移動に便乗した巣の運搬の可能性が高まるのである．

食料確保に適した営巣

また，食料確保の点でもこの営巣方法は役立っていると考えられる．アルゼンチンアリはコロニーの構成個体数がたいへん多く，消費する食物も膨大な量となる．巣を容易に移動できるこの種類は，巣の周囲の餌を食べつくしてしまうと，ワーカーが遠征するのではなく，巣ごと引越してしまい，餌場の近くに陣を取りなおすことで採餌効率を高めることができる（Holway and Case, 2000）．

2.1.2 行列

行列の特徴

「アルゼンチンアリ」といえば，「行列」である．アルゼンチンアリの行列は上記の営巣方法を実現する行動力の源である．本種の行列はとても特徴的で，筆者らはさまざまな場所でアルゼンチンアリの生息状況を調査する際，詳細な形態などを観察するより先に，行列の様子からアルゼンチンアリであることを認識するものである．少なくとも日本国内においてはほかの種のアリにはみられないようなすばやく太く長い行列をつくる（図 2.2）．

アルゼンチンアリの行列の速度は平均 2 cm/秒ほど，速くて 4-5 cm/秒である（Perna *et al*., 2012）．1.2-3.0 m/分と聞くとそれほどではないように思うが，体長 2.5 mm ほどのアリが 1 秒間にカラダの 10 倍から 20 倍ほどの距離を進むため，とても速く感じる．そのようなアリが，行列をなすと 1 分間に 200 匹ほど通り過ぎることもあるのだから（鈴木，2010），目で追って数えることがむずかしくなるほどである．

アルゼンチンアリはこの行列によって，引越しのため，あるいは食物獲得のため，頻繁に移動を行なう．

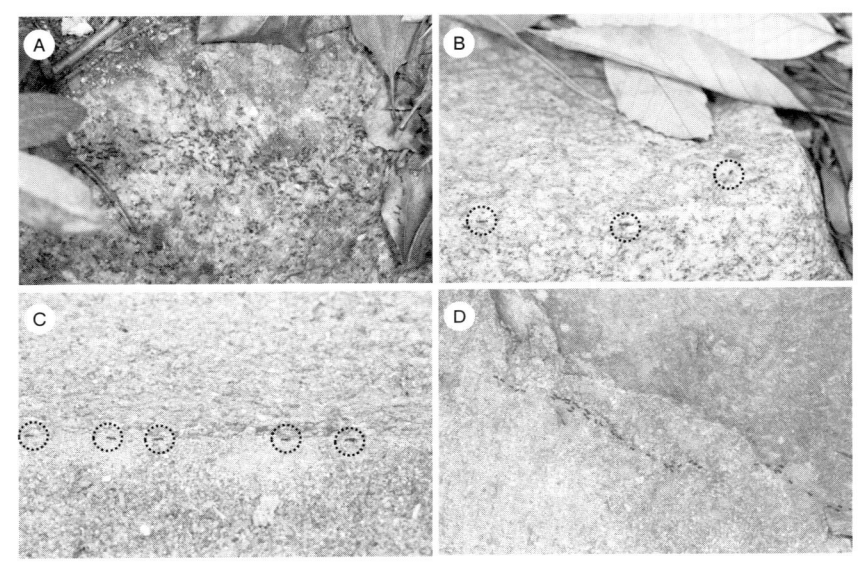

図 2.2 アルゼンチンアリの行列と日本の在来アリの行列．A：アルゼンチンアリ．何頭もの個体が並んで行進する様子はよく「黒いベルト」「帯状行列」と形容される．B-D：日本の在来アリ 3 種．いずれもアルゼンチンアリと同じくらいの体サイズで，市街地でもっとも普通にみられる種に含まれる．オオズアリ（B）*Pheidole noda*．3 頭のワーカーが写っている（破線で囲んだ）．トビイロシワアリ（C）*Tetramorium tsushimae*．5 頭のワーカーが写っている（破線で囲んだ）．アミメアリ（D）*Pristomyrmex punctatus*．B や C に比べれば行列中のアリは密だが，アルゼンチンアリほどではない．

巣と巣を結ぶ行列

また，1 つのコロニーは 1 カ所の巣に収まらず，複数の箇所にできた巣が行列で結ばれる状態となることがほとんどである（多巣制；図 2.3；Heller and Gordon, 2006）．土のなかの坑道を介した複数の巣房がつながる巣ではなく，各々の巣が 1 つの巣房の機能をし，行列がそれらをつなぐ坑道の役割をしているのである．行列が巣をつなげることで，数百 m 以上にわたって拡がる規模の巨大なコロニーになることがほとんどである（2.3 節参照）．

道しるべフェロモン

アルゼンチンアリの行列の形成にはほかのアリと同様，道しるべフェロモ

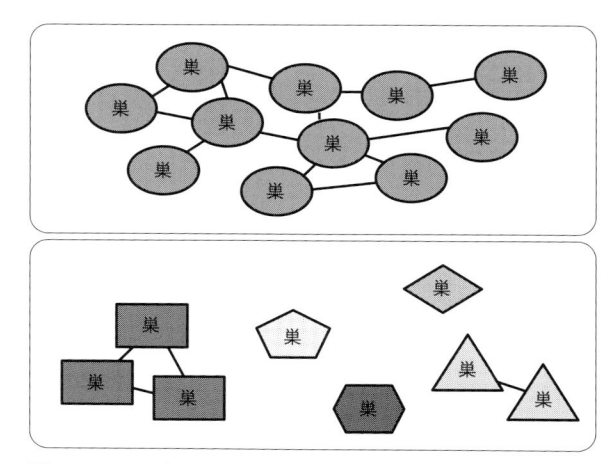

図 2.3 アルゼンチンアリおよび在来アリの巣のつながりの様子．上：アルゼンチンアリ．多数の巣が行列を介してつながって1つの巨大コロニー（家族）を形成しており，たがいに協力関係にある．下：在来アリ．1つのコロニーは限られた数の巣で成り立っており，シンボルの異なるコロニーどうしはたがいになわばり争いをする．

ンが利用されている．行列はつねに効率化が図られており，餌場と巣を結ぶ行列はできる限り近道を選ぶようになり（Goss *et al.*, 1989），より質のよい餌から収集するために，高品質の餌場の行列を構成するワーカーはUターン行動を示して塗布される道しるべフェロモンを濃くし，数十分のうちに多くの個体を動員することができる（Reid *et al.*, 2012）．

　一方で，上記のような行動生態から，アルゼンチンアリは行列に依存したアリであるということもできる．本種の行列をつくりやすい性質を逆手にとり，合成したアルゼンチンアリの道しるべフェロモンを用いて行列を撹乱するという新しい防除方法が試みられている（第10章参照）．

2.2 類まれなる増殖力——コロニーの一生

2.2.1 多女王制

女王の多さ

アリの社会は，普通，少しの女王アリと，大量のワーカーで成り立つ．女王アリは産卵に専念し，社会のほかの仕事が周囲のワーカーによってまかなわれる．女王は巣に1頭の場合（単女王制）だけではなく，複数の女王が1つの巣内で産卵役を担う場合もある（多女王制：第1章参照）．アルゼンチンアリは多女王制の種類であるが，そのなかでも女王アリの個体数が極端に多い．1つの巣あたり1000頭を超すこともあり（Keller et al., 1989；Heller and Gordon, 2006），過去の研究では米国ルイジアナ州の7.7 haのオレンジ畑から130万頭もの女王アリが捕獲されたこともあるという（Tsutsui and Suarez, 2003）．南フランスにおける研究では，4-5月の巣内の女王アリの個体数はワーカー300頭あたり1頭以下であるが，7-12月にかけてはワーカー約70頭につき1頭の割合で女王が存在し，現存量で示すと巣全体の10%ほどにもなることもあった（Keller et al., 1989）．これほど多数の女王が存在するコロニーの増殖力は計り知れない．上記の米国ルイジアナ州のオレンジ畑から収集された成虫，幼虫の全体の量は3790リットル（1000ガロン）にもおよんだという（Horton, 1918）．日本国内の営巣地でも石の下などに営巣しているものなどをのぞくと，必ず複数の女王アリをみることができるほどである．これほどの数の女王がいると卵生産と育仔のバランスが悪くならないのだろうか．

女王の間引き

じつは，上記の季節的な女王の個体数の違いに示されているとおり，女王アリはつねに多いわけではない．アルゼンチンアリには特徴的な女王処刑の時期があり，冬から春にかけて多くの女王アリがワーカーによって殺されるのである（Keller et al., 1989）．南カリフォルニアでは1-2月にかけて，南フランスでも5月までに，90%の女王が殺される．繁殖階級（カースト）を大量に生産し，それを頻繁に更新するという特異な性質は，洪水やコロニ

ー間の闘争などによって繁殖個体を失う可能性があるこの種において，いつでも繁殖個体を補充できるという点で適応的な性質なのかもしれない．女王アリは 5 年から 10 年，長いと 20 年（Hölldobler and Wilson, 1990）とワーカーに比べてかなり長寿命であることが多く，膨大な数の子孫を残すのだが，アルゼンチンアリでは女王の間引きが毎年起きることから，多くの女王の寿命は 10 カ月程度となる（Keller *et al.*, 1989）．飼育下におけるワーカーの寿命が平均で半年ほど，長くて 10-12 カ月と見積もられることから（Newell and Barber, 1913），この種ではカーストの違いによる寿命に大差がないようである．

2.2.2　交配と分散

アリの結婚飛行

多くの種類のアリでは，ある決まった時期に「結婚飛行」と呼ばれる大イベントが開催される．翅の生えたメスアリとオスアリがある決まったタイミングで一斉に巣から飛散し，周囲の巣から飛び立った雌雄と混ざりあうなかで交配を行なうという集団結婚式によって新女王が誕生する（Hölldobler and Wilson, 1990）．新女王が着陸した先で翅を落として単独で土や朽木などに潜って巣部屋をつくり始めるところから，新たなコロニーが創始されていくのである．しかし，ここでもアルゼンチンアリにはアリの常識は通用しない．

アルゼンチンアリの巣内交尾

アルゼンチンアリの羽化したメスアリとオスアリは結婚飛行を行なわない．羽化した巣のなかで交尾をすませるのである（Markin, 1970a）．メスアリとオスアリは基本的には年 1 回，晩春から初夏にかけて羽化する（Markin, 1970a；Keller *et al.*, 1989：序章参照）．飛行による分散と新しい巣の創設に係るエネルギーを蓄える必要がないためか，アルゼンチンアリの繁殖虫の性成熟は早い．羽化後数日のうちに準備が整い，早い場合には羽化の当日に交尾が観察されることもある（Passera and Keller, 1992）．メスアリは性成熟するとすぐに交尾を行ない．実験下では 1 頭のメスアリが複数のオスと交尾することもあるが，それらのオスを解剖するとたいていの場合 1 頭しか

精子をメスアリに渡せていないことから、メスアリは実質 1 回交尾のみである（Keller and Passera, 1992）。ほかの種のアリと同様にメスアリは翅をもつのだが、その翅を使うことなく、巣内での交尾後に自ら翅を切り落とし、新女王となる。オスアリも交配に結婚飛行が必要なく、翅を使うことなく巣内で同巣のメスアリと交配する。ただし、飛行したオスアリが巣の付近の樹木に吊るした粘着トラップに多数捕獲された実績もあり、飛翔分散を行なう場合もあると考えられる（Markin, 1970a）。巣内のみの交配だけでなく、オスの分散で外交配が起きることにより、遺伝的多様性が維持されるのかもしれない。

女王の補充

アルゼンチンアリでは、女王のいない小さな巣であっても、そこに幼虫がいれば、それを女王に育て上げることができる（Vargo and Passera, 1992）。これは必ずしも有翅虫が大量に生産される晩春から初夏に限ったことではない。繁殖カーストの生産に対してかなり柔軟な対応が可能なのである。この性質は、女王がなんらかの攪乱により失われる場合のほか、行列によってつながる前線基地のような巣ができる際に、そこで新たな繁殖が開始される場合にも役立っているだろう。

産卵量

女王の産卵量は周囲の温度に影響される。28℃付近でもっとも多く産卵し、1 日あたり 20-30 個もの卵を産む（Abril *et al.*, 2008）。それより低温、または高温となると産卵量は減少するが、低温では 10℃前後、高温では 34℃ほどまで、幅広い温度帯において産卵が可能であり、長期にわたって産卵し続ける。

分巣

アルゼンチンアリの交尾済みの新女王はワーカーとともに歩行によって移動し、出身の巣の近くに新しい巣をつくる「分巣」という方法により分散する（Ingram and Gordon, 2003）。結婚飛行を行なう種類のアリに比べて飛翔をともなわないため、分散力は乏しく、北米で 15-170 m/年、山口県岩

国市で 70-180 m/年，愛知県田原市で 50-150 m/年ほどである（Suarez et al., 2001；西末ほか，2006；亀山，2012）．しかし，結婚飛行とは異なりワーカーを従えて移動するため，分散中の捕食などによる新女王の死亡のリスクが低くなるだけでなく，巣の創設にかかる新女王の労力も小さくなるため，より早くに最大産卵能力に達することができ，新しいコロニーの構築の成功率は高くなることが期待される．アルゼンチンアリの分巣は，洪水による攪乱を頻繁に受け，攪乱の後でコロニーの迅速な再建が生存の鍵となる生息環境で進化した形質であると考えられる．シミュレーションによる研究においても，小規模の攪乱が頻繁に起こる環境では分巣のほうが結婚飛行による巣の創設よりもコロニーの生存率が高く適応的であることが示されている（Nakamaru et al., 2007）．

跳躍的分散

上記のように，アルゼンチンアリの自力での分散距離は小さい．一方で，アルゼンチンアリの本来の生息地は河川敷であるため，洪水などの偶然の攪乱による不連続な長距離分散が起きる可能性がある．洪水などによってコロニーが破壊されるものの，ひとかたまりの女王を含む集団が残っていれば，流された先で再度コロニーを構築するというものである．連続的な分巣による分散とは異なる「跳躍的分散」はアルゼンチンアリのもう1つの分散方法といえるだろう．この方法は，本種の外来種としての厄介なところである．人が運搬する物資などに紛れた移動によって容易に分散が実現し，また，女王単独ではなくコロニーで分散する性質から，運ばれた先での定着率が高いのである．アルゼンチンアリが世界中に拡がり続けているのは，人間の輸送手段という安全な洪水に乗って跳躍分散をするからなのである．人間の交通網によって運ばれる場合の分布拡大速度は年間 100 km 以上にもなる（Suarez et al., 2001）．日本におけるアルゼンチンアリの分布図も，工業地帯「太平洋ベルト」そのものであり，人間の交通網や産業に便乗して分布を拡大していることがわかりやすい（第3章参照）．

2.3 超・大家族——スーパーコロニー

2.3.1 コロニーの枠を超えたコロニー

コロニーという単位

血縁社会を形成するアリは，だれが家族でだれが他人かを識別できないと，社会が成立しなくなる．血縁集団を単位として機能するために，社会の構成員を判別する機構を発達させており，その鍵は体表を覆う炭化水素（体表ワックス）の組成である（Martin and Drijfhout, 2009；第4章参照）．多くのアリの場合，社会の単位は1つまたは限られた複数の巣によって構成されていて，これをコロニーと呼ぶ．コロニー間では体表ワックスの組成が異なるため，異なるコロニーのワーカーが出会うとほどなくして敵対行動を示し，ときによっては死に至るほどのケンカでなわばり争いをする（図 2.4）．アリにとって，近隣に住む同種の他コロニーは，同じ餌や生息環境を求める最大の競争相手なのである．

スーパーコロニー

しかし，アルゼンチンアリではしばしば，同種の他コロニーがライバルという状況が発生しない．前述のように，巣と巣がしばしば行列により連結していて，それらの巣のアリたちは敵対しあわない．ワーカーも，女王アリでさえも巣間を自由に行き来する．このように複数の巣やコロニーが融合する社会構造を単コロニー性と呼び，これにより形成される巨大なコロニーをスーパーコロニーという（序章の表1には Pedersen et al., 2006 ほかによる定義が示されている）．アルゼンチンアリでいえば，分巣で生じた親戚の巣どうしがたがいに交流し家族づきあいを続けている状態をイメージすればよい．一般的なアリでは結婚飛行により母女王と娘女王は遠く離れた場所に住まうことになるので，家族づきあいが続きようがないのである．

アルゼンチンアリの生息地を訪れて地面にできた行列をたどっていくと，アリの出入りする巣穴に行き着き，その巣穴から先に行列が続いていたり，複数の行列が別方向に向かってのびていたりする．それをたどっていくとさらにまた別の巣穴がところどころでみつかり，100 m 以上歩いても巣と巣

図 2.4 クロオオアリ *Camponotus japonicus* のなわばり争い．上：餌場の近くで出身巣が異なる 2 頭のワーカーが出会った．下：左の個体が腹を曲げて腹部末端から化学物質を出して右側の個体を攻撃した．

をつなぐ行列のチェーンが途切れない場合も多い．行列のなかで，巣間を移動する女王や，卵や幼虫を引越しさせているワーカーをみかけることもしばしばある．行列のチェーンの両端の巣どうしは距離が離れているため，直接個体が行き来したり共同で餌採りをしたりすることはないかもしれないが，近隣の巣どうしのやりとりを介して間接的には協力しあっている形となり，全体として1つのスーパーコロニーを成している．

市街地などでは，車道がアルゼンチンアリにとって分布拡大や交通の障壁となる場合が多い．それでも，車の交通量が少ないときなどを利用して道路を越えて分巣が起こる場合がある．車道を隔てた巣どうしはその後めったにたがいを行き来できない状況に陥る場合も多いと考えられるが，スーパーコロニーとしては同一で，もし交流する機会が生じればたがいに仲間として認識し敵対しあわない．このように，スーパーコロニーは必ずしも連続的ではない場合も多い．

2.3.2　スーパーコロニーのメリット

なわばり争いのコスト回避

前述のように一般的なアリはコロニーのサイズが小さいので，近隣の巣間で餌資源や生息環境をめぐる熾烈ななわばり争いが生じる．アリは自らのコロニーを守るため，かなりのコストを負っているのである．これに対し，アルゼンチンアリではスーパーコロニーの仲間の巣どうしで敵対が起こらず，同種内のなわばり争いにかかるコストが軽減されている．その分のエネルギーを繁殖に回すことが可能となり，大量の女王やワーカーを生産する (Holway *et al.*, 1998)．2.2節で記した諸性質に加え，スーパーコロニーの形成も，アルゼンチンアリが類まれなる増殖力をもつ要因となっているのだ．

在来アリに対する高い競争力

アルゼンチンアリが侵入した場所では，在来のアリ類が一掃されほとんどいなくなってしまう（序章，第8章参照）．アルゼンチンアリ1個体1個体は体サイズが小さく，毒針や特殊な毒などといった武器をもつわけでもない，なんの変哲もないアリである．しかし，その特異な社会構造からもたらされる個体数での優位性により，在来アリの巣を襲って壊滅させたり，餌資源を

図 2.5 ムネボソアリ *Temnothorax congruus*（中央）を集団で襲うアルゼンチンアリ．触角や脚を引っ張っている．

めぐる競争に打ち勝って在来アリを衰退させたりしている（Holway *et al.*, 1998；図 2.5）．

また，アルゼンチンアリでは個々の巣の個体数の多さに加え，複数の巣が連携して必要な場所に多数のワーカーを送り込み，他種との闘争に臨むことができると考えられる（Holway and Case, 2000；Tillberg *et al.*, 2007）．近隣の巣どうしで小競りあいをしている在来アリでは，徒党を組んだアルゼンチンアリにはとうてい太刀打ちできないだろう．

効率的な餌採り能力

アルゼンチンアリは，スーパーコロニー制で巣を分散させて住まっているが，周囲の餌資源の存在状況に応じて巣間で個体を適切に配置している（Holway and Case, 2000）．すなわち，餌資源が豊富な場所があればそこに集中的に個体を送り込み，餌を確保する．また，そうして得られた餌を周辺の巣に分配するために巣と巣の間に行列をつくる．これはコロニーが小さな

種のアリにはできない芸当である．

2.3.3　原産地と侵入地でのスーパーコロニーの違い

原産地のスーパーコロニー

　スーパーコロニー制のアリといっても，同じ種に属するすべての巣が敵対しあわないわけではない．アルゼンチンアリの原産地南米では，アルゼンチンアリという種が誕生してから何千何万世代もの繁殖とそれにともなう変異の蓄積の結果，遺伝的に離れていて近縁関係にない家系がたくさん生じている（Tsutsui *et al*., 2000；Heller, 2004；Pedersen *et al*., 2006；Vogel *et al*., 2009）．それら家系の異なるスーパーコロニーの間ではなわばり争いが起こる．異なるスーパーコロニーに属するアルゼンチンアリどうしが出会った場合，通常，攻撃行動か逃避行動が誘発される．威嚇する，咬みつくといった攻撃行動は，しばしば重傷や死亡をともなう激しい闘争に発展する．1つのスーパーコロニーの規模は数十～数百 m ほどである．

侵入地のスーパーコロニー

　一方，侵入地のスーパーコロニーは原産地とは比べものにならないほど巨大なものになる場合が多い．たとえばヨーロッパの地中海沿岸では，6000 km におよぶ調査範囲でほぼ等間隔に 33 地点からアルゼンチンアリの巣を採集し，それらの間の敵対性を調べたところ，30 地点はたがいに敵対性を示さなかった（Giraud *et al*., 2002）．このことから，これら 30 地点は同一のスーパーコロニーに帰属すると結論づけられた．1つのスーパーコロニーが数百 km 以上にわたって分布するという例はヨーロッパだけでなく世界のさまざまな侵入地から報告されており，第5章で個々に紹介する．ただし，数百 km といっても，アルゼンチンアリの分布が途切れることなく連続しているわけではない．前述のように，アルゼンチンアリのスーパーコロニーが道路などで分断されても，分断された巣の間で簡単には敵対性が発達しない．同じことが，跳躍分散が起こった場合にもあてはまる．つまり，スーパーコロニーの一部が跳躍分散によって別の街に運ばれても，もとの街の巣との間に敵対性が発達しないのである（第4章参照）．侵入地では，このようにして跳躍分散によって数少ないスーパーコロニーが拡まっていく．

スーパーコロニー形成のメリットとして，なわばり争いのコスト回避を上で述べた．スーパーコロニー形成種であるアルゼンチンアリはもともと高い増殖力をもっている．これに加え，侵入地のアルゼンチンアリは，原産地には存在していた同種のスーパーコロニーとの競争から解放されたことによって，原産地を上回る増殖が可能になっていると考えられる（Tsutsui et al., 2000）．

原産地と侵入地でアルゼンチンアリのコロニーの大きさがあまりにも異なるので，当初は原産地と侵入地でスーパーコロニーの性質（メンバー間の血縁度など）が変化しているのではないかと考えられていた（Tsutsui et al., 2000 のボトルネック仮説および Giraud et al., 2002 の遺伝的浄化仮説；第 5 章参照）．しかし，近年の研究によってそうではなく，基本的には単純に大きさが違うだけであることがわかってきた．

2.4　好き嫌いをしない食いしんぼう——食性

2.4.1　幅広い食性

好き嫌いをしないことはよく育つための秘訣である．アルゼンチンアリにとっても，なんでも食べることが世界中でこれほど勢力を拡げている理由の 1 つであろう（図 2.6）．アルゼンチンアリは雑食性で（LeBrun et al., 2007），柔軟な餌資源利用が可能である（Tillberg et al., 2007）．野外では，生きた節足動物を捕食したり，動物の死骸をあさったり，植物の種子や破片を収集したりする（Abril et al., 2007）．イベリア半島のコルクガシの自然林で行なわれた調査では，アルゼンチンアリが巣に持ち帰った固形の餌は，アブラムシ類の幼虫・成虫が 52％，鱗翅目の幼虫が 10％，鞘翅目幼虫，同翅目幼虫，アザミウマ目成虫，チャタテムシ成虫がそれぞれ 4-5％ で，植物片は 1％ だった（Abril et al., 2007）．また，市街地では，家屋内に侵入して肉や野菜，菓子などに群がる．日本の侵入地では仏壇のお供えものがアルゼンチンアリで真っ黒になったという話も耳にする．

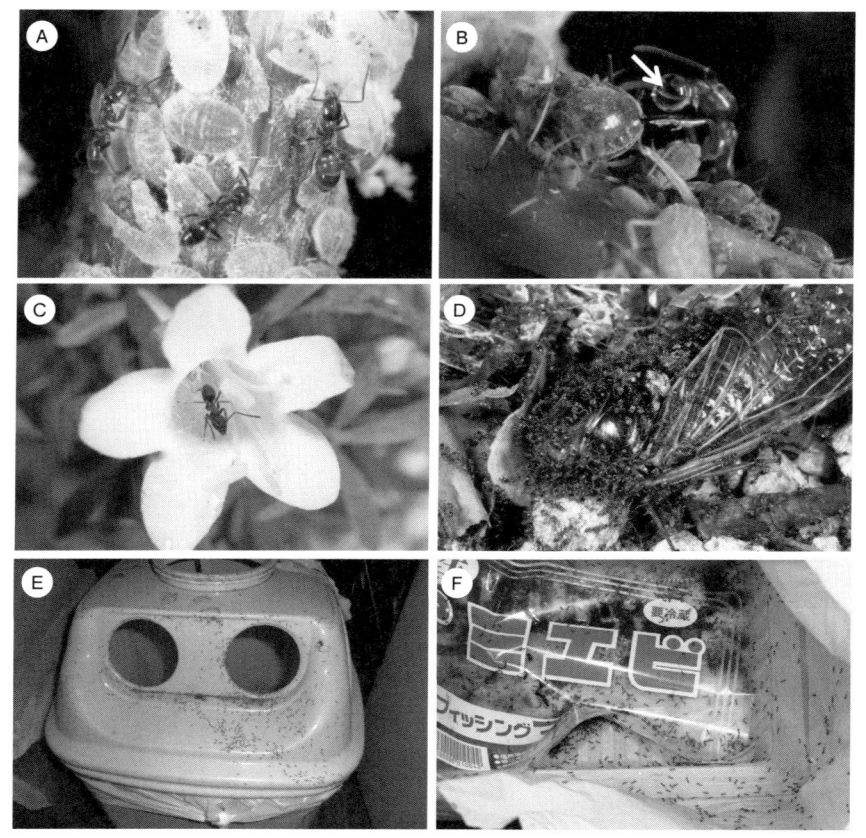

図 2.6 アルゼンチンアリの餌の例.A:甘露を分泌するカイガラムシに集まってきたアルゼンチンアリ.B:アブラムシが腹部末端から分泌した甘露(矢印の水滴)を受け取るアルゼンチンアリ.C:蜜を求めて公園の植え込みの花にやってきたアルゼンチンアリ.D:クマゼミの死骸に群がるアルゼンチンアリ.E:空き缶に残ったジュースを狙ってゴミ箱に行列をなして入っていくアルゼンチンアリ.F:港にて,釣り人が放置した「アミエビ」の袋に群がるアルゼンチンアリ.

2.4.2 アブラムシの甘露

しかし,こうした幅広い食性を示すアルゼンチンアリにも主食というものがあり,それはアブラムシ・カイガラムシなど同翅類昆虫が分泌する甘露など液体の餌である(Markin, 1970b ; Abril *et al*., 2007).アルゼンチンアリ

に限らず，アリと同翅類昆虫の共生関係は広く知られるところである．アリは同翅類昆虫が排出する甘露を餌として受け取るかわりに，同翅類昆虫をテントウムシなどの捕食者や寄生者から保護する．アルゼンチンアリは侵入地においてさまざまな種の同翅類昆虫と共生関係を結ぶ（Holway et al., 2002 ; Lester et al., 2003：図 2.6）．もともと同じ場所で進化した共生関係ではないものの，アルゼンチンアリと侵入地の同翅類昆虫との結びつきはかなり強固なものとなり，同翅類昆虫は大繁殖する（Newell and Barber, 1913 ; Phillips and Sherk, 1991）．アルゼンチンアリも多量の甘露を手に入れる．甘露の成分はほとんど植物の師管液そのものであり，光合成によって生産された炭水化物に富んでいる．そのため，甘露はアルゼンチンアリの活発な動きを可能にするエネルギー源となっている．また，甘露はアルゼンチンアリの栄養段階をより低次へとシフトさせ高い生息密度を維持することにも貢献していると考えられる（Davidson, 1998 ; Grover et al., 2007 ; Tillberg et al., 2007）．生態ピラミッドでは生産者の生物量がもっとも多く，次いで低次の消費者ほど生物量が多いが，甘露を主食とするアルゼンチンアリはほとんど植物食といえ，低次の消費者にあたるので，生物量を非常に多くすることができる，というわけである．

2.5　寒さにもマケズ，暑さにもマケズ──利用環境

2.5.1　気候と生息環境

原産地の生息環境

　アルゼンチンアリは本来，アルゼンチンを中心とした南米に生息する種であり，温暖な気候がもっとも適した生息環境であると考えられる（Suarez et al., 2001 ; Wild, 2007 ; Wetterer et al., 2009）．南米における分布はパラナ川など河川の流域が中心である．しかし，本種は以下に記すように世界のさまざまな環境に侵入を果たしている．熱帯の暑さや冷温帯の寒さ，乾燥には弱いものの，自然のものにせよ人工的なものにせよ，ある程度の温度と水があれば，あらゆるところに定着する可能性があることがわかるだろう．

侵入地の生息環境——地中海性気候

侵入地のうち，もっとも多くアルゼンチンアリの定着がみられるのは，環境が原産地と似通った温暖な気候の地域である．やや乾燥した地中海性の気候のなかでは，とくに水辺の環境に好んで生息する．たとえば，米国カリフォルニアにおける事例では農地の隣接する河畔林に生息することが多く（Ward, 1987），水環境からの距離が関係していることが示されている（Human et al., 1998）．自然の水環境だけでなく，灌漑が施されている土地でもよい（Menke et al., 2007）．ただし，冬期の低温はアルゼンチンアリに負の影響を与える．在来アリに比較して冬に低温となる地域には生息しないことが多い．南欧においても同様で，イベリア半島では沿岸の低地，とくに河畔林や水路に沿った分布が多いようである（Espadaler and Gómez, 2003）．

侵入地の生息環境——暖温帯

温帯気候の地域も原産地の気候に類似するため，地中海性気候の地域と同様に多くのアルゼンチンアリの侵入を許している．ニュージーランドや日本が該当する．日本での隆盛ぶりは本書でも随所で取り上げられているとおりであり，瀬戸内海地域の各地で続々と定着が確認されているほか，近年は静岡，横浜，東京でも確認されている．そのほとんどが沿岸の港湾地域や市街地である．岐阜県各務原市のように内陸に定着する場合もあるが，この場合も河川に近接した環境となっている．

侵入地の生息環境——熱帯

上記のように，アルゼンチンアリは地中海性気候の地域や暖温帯地域を中心に侵入しており，冷温帯や熱帯，乾燥地帯には定着しにくいと考えられている．しかし，例外的に熱帯地域に分布する例がハワイ諸島から記録されている．ただし，熱帯とはいうものの，沿岸地域は暑すぎるようで生息は確認されず，気温の低い高標高の地域に限られている．マウイ島では月平均気温 9.8-13.5℃ の標高 2070-2880 m にて生息が確認されている（Cole et al., 1992）ほか，ハワイ島ではマウナケア山の西斜面（1680-2020 m）に多く生息し，2640 m まで分布する（Wetterer et al., 1998）．

侵入地の生息環境──冷温帯，亜寒帯

冬期の気温の低い地域では，野外におけるアルゼンチンアリの分布は困難なようである．米国北部（ミネソタ州やイリノイ州など）では人工的な環境に限られた分布である（Suarez et al., 2001）．同様にしてアイルランドでは床下や壁を利用することが記録されている（Wetterer et al., 2009）．もっとも高緯度の地域から記録されているのはノルウェーのサンネス（58.85°N）であるが，これはスペインから持ち込まれた物資に混入していた本種がアパート内から確認された記録である（Gómez et al., 2005）．ただし，11月から2月に駆除が行なわれるまで生息していたことから考えると，室内であれば北欧の寒い冬も越して定着する可能性がある．人為的な環境を利用できるのであれば，アルゼンチンアリの生息に緯度の限界はないようである．

2.5.2 冬に休眠しない

多くの昆虫は寒冷な冬期に休眠する．日本の在来アリもほとんどは冬の間巣にこもって休眠し，多少巣穴付近をうろつく場合もあるが，活動は非常に限られている．しかしアルゼンチンアリは，南米の温暖なところで進化した種だからか，冬でも休眠しない（頭山ほか，2004）．生息地を訪れると，個体数も歩行スピードも春-秋ほどではないが，行列をつくって移動したり餌を運んだりする様子が観察される．これはヨーロッパなど海外の侵入地でも同様で（Markin, 1970a；Espadaler and Gómez, 2003；Abril et al., 2007），5℃程度あれば活動が可能である（Markin, 1970a；頭山ほか，2004；Abril et al., 2007）．前述のように，年間を通して低温が続くような環境はアルゼンチンアリにとって好適ではないものの，限られた期間の低温には耐えられる．むしろ，年間を通して活動を継続し，春先には在来アリよりも早くに餌を発見・独占することが，在来アリに対する優位性になっている可能性が考えられる．

2.5.3 環境条件の好み

攪乱

アルゼンチンアリの原産地であるパラナ川流域は，頻繁に洪水の起こる不安定な環境である（LeBrun et al., 2007）．このように生息環境がしばしば攪

乱を受ける場合，すばやく個体数を増加させることによって，攪乱によるダメージから回復したり，攪乱によって生じた空きニッチに入り込んだりする r 戦略が適応的であると考えられる．アルゼンチンアリの類まれなる増殖力，柔軟な営巣形式，好き嫌いしない食性などといった性質はまさにそのような脈絡で進化したものといえよう．

　アルゼンチンアリが侵入するのも，市街地や農地など，物の移動や踏みつけ，下草の除去といった人為的な攪乱が頻繁に起こる場所が中心である（Holway *et al.*, 2002）．アルゼンチンアリは原産地の外に出る前に，あらかじめ人為的攪乱環境に適応しているから，こうした場所に容易に定着できるのだ．

湿度

　前述のように，アルゼンチンアリの分布は水や湿気と密接にかかわっている．湿度環境について実験的に好みを調べてみると，やはり高湿の環境を好んでおり，相対湿度 90％ を下回る環境では死亡率が高くなる（Walters and Mackay, 2003）．実際，アルゼンチンアリは乾燥に適応しておらず，限界含水率（瀕死の状態になったときに体内に残っている水分量）が高く，しかも体表のクチクラが薄いためか，体表を透過して水分が失われやすいことが示されている（Schilman *et al.*, 2005, 2007）．継続的な水供給源へのアクセス，または湿った土壌がアルゼンチンアリの生息に必須といえる（Holway, 1998 ; Menke *et al.*, 2007, 2009）．

2.6　敵はだれなのか——種間関係

2.6.1　競争相手

　アルゼンチンアリの競争相手は，やはり他種のアリである．原産地南米は，ヒアリ類，コカミアリ，ハキリアリ類といった強力なアリがひしめきあっている（第 5 章参照）．これらのアリはスーパーコロニーやそれに準ずる大きなコロニーを形成することが知られ，一部のものは南米から外へ出て侵略的外来種となっている．南米は，もともと強いアリがたくさんいる場所なので

ある．アルゼンチンアリは，同種内のほかのスーパーコロニーや，他種アリのスーパーコロニーとの競争につねにさらされている．それに比べたら，侵入地の在来アリはほとんど相手にならない．侵入地のアルゼンチンアリは，種内・種間競争から解放されているのである（LeBrun *et al.*, 2007）．

2.6.2 天敵

生物は普通天敵の脅威にさらされているが，外来種においては，原産地にいた天敵から解放されることで侵入地で個体数を増やし，在来種よりも優位に立てることがよく知られている．たとえばヒアリ類では，社会寄生を行なうアリ，ダニ，寄生バエ，微胞子虫などが原産地における天敵として確認され，侵入地への導入も試みられている（Williams *et al.*, 2003）．しかしながら，アルゼンチンアリについては原産地における天敵がまだまったく発見されておらず，今後精力的な探索が期待されるところである．一方で，侵入地の生物がアルゼンチンアリを餌として増えている事例がここ日本での研究に

図 2.7 カイガラムシのところへ通うアルゼンチンアリを狙うアオオビハエトリ．アオオビハエトリは成体で体長 5 mm ほどの，青緑色に輝く美しいクモである．

よって知られている．アオオビハエトリ *Siler vittatus*（図 2.7）という地上徘徊性のクモはアリ食性で，アミメアリ *Pristomyrmex punctatus* などの行列に近づいてはワーカーが運んでいる幼虫などを奪い取ったりワーカー自体を襲ったりする種だが，アルゼンチンアリが好適な餌資源となっており，瀬戸内の侵入地で数を増やしている（Touyama et al., 2008）．また，ニホンアマガエル *Hyla japonica* にとってもアルゼンチンアリは好適な餌資源となるようである（Ito et al., 2009）．ただ，これらの生物はアルゼンチンアリに比べて活動時期が限られたりライフサイクルが長かったりすることもあり，アルゼンチンアリの増殖速度に追いついて生息密度を抑制させられるほどの有効な天敵にはならないと考えられる．

引用文献

Abril, S., J. Oliveras and C. Gómez. 2007. Foraging activity and dietary spectrum of the Argentine ant（Hymenoptera : Formicidae）in invaded natural areas of the northeast Iberian Peninsula. Environmental Entomology, 36 : 1166-1173.

Abril, S., J. Oliveras and C. Gómez. 2008. Effect of temperature on the oviposition rate of Argentine ant queens（*Linepithema humile* Mayr）under monogynous and polygynous experimental conditions. Journal of Insect Physiology, 54 : 265-272.

Cole, F. R., A. C. Medeiros, L. L. Loope and W. W. Zuehlke. 1992. Effects of the Argentine ant on arthropod fauna of Hawaiian high-elevation shrubland. Ecology, 73 : 1313-1322.

Davidson, D. W. 1998. Resource discovery versus resource domination in ants : a functional mechanism for breaking the trade-off. Ecological Entomology, 23 : 484-490.

Espadaler, X. and C. Gómez. 2003. The Argentine ant, *Linepithema humile*, in the Iberian Peninsula. Sociobiology, 42 : 187-192.

Giraud, T., J. S. Pedersen and L. Keller. 2002. Evolution of supercolonies : the Argentine ants of southern Europe. Proceedings of the National Academy of Sciences of U.S.A., 99 : 6075-6079.

Gómez, C., N. Roura-Pascual and T. Birkemoe. 2005. Argentine ants *Linepithema humile*（Mayr, 1868b）infesting Norwegian flats. Norwegian Journal of Entomology, 52 : 65-66.

Gordon, D. M., L. Moses, M. Falkowitz-Halpern and E. H. Wong. 2001. Effect of weather on infestation of buildings by the invasive Argentine ant, *Linepithema humile*. American Midland Naturalist, 146 : 321-328.

Goss, S., S. Aron, J. Deneubourg and J. Pasteels. 1989. Self-organized shortcuts in the Argentine ant. Naturwissenschaften, 76 : 579-581.

Grover, C. D., A. D. Kay, J. A. Monson, T. C. Marsh and D. A. Holway. 2007. Linking nutrition and behavioural dominance : carbohydrate scarcity limits aggression and activity in Argentine ants. Proceedings of the Royal Society of London Series B, Biological Sciences, 274 : 2951-2957.

Heller, N. E. 2004. Colony structure in introduced and native populations of the invasive Argentine ant, *Linepithema humile*. Insectes Sociaux, 51 : 378-386.

Heller, N. E. and D. M. Gordon. 2006. Seasonal spatial dynamics and causes of nest movement in colonies of the invasive Argentine ant (*Linepithema humile*). Ecological Entomology, 31 : 499-510.

Hölldobler, B. and E. O. Wilson. 1990. The Ants. The Belknap Press of Harvard University Press, Cambridge.

Holway, D. A. 1998. Factors governing rate of invasion : a natural experiment using Argentine ants. Oecologia, 115 : 206-212.

Holway, D. A., A. V. Suarez and T. J. Case. 1998. Loss of intraspecific aggression in the success of a widespread invasive social insect. Science, 282 : 949-952.

Holway, D. A. and T. J. Case. 2000. Mechanisms of dispersed central-place foraging in polydomous colonies of the Argentine ant. Animal Behaviour, 59 : 433-441.

Holway, D. A., L. Lach, A. V. Suarez, N. D. Tsutsui and T. J. Case. 2002. The causes and consequences of ant invasions. Annual Review of Ecology and Systematics, 33 : 181-233.

Horton, J. R. 1918. The Argentine ant in relation to citrus groves. Bulletin 647. U.S. Department of Agriculture.

Human, K., S. Weiss and A. Weiss. 1998. Effects of abiotic factors on the distribution and activity of the invasive Argentine ant (Hymenoptera : Formicidae). Environmental Entomology, 27 : 822-833.

Ingram, K. K. and D. M. Gordon. 2003. Genetic analysis of dispersal dynamics in an invading population of Argentine ants. Ecology, 84 : 2832-2842.

Ito, F., M. Okaue and T. Ichikawa. 2009. A note on prey composition of the Japanese treefrog, *Hyla japonica*, in an area invaded by Argentine ants, *Linepithema humile*, in Hiroshima Prefecture, western Japan (Hymenoptera : Formicidae). Myrmecological News, 12 : 35-39.

亀山　剛．2012．特定外来生物「アルゼンチンアリ」の侵入と防除の現状．（石谷正宇，編：環境アセスメントと昆虫）pp. 182-206. 北隆館，東京．

Keller, L., L. Passera and J.-P. Suzzoni. 1989. Queen execution in the Argentine ant, *Iridomyrmex humilis*. Physiological Entomology, 14 : 157-163.

Keller, L. and L. Passera. 1992. Mating system, optimal number of matings, and sperm transfer in the Argentine ant *Iridomyrmex humilis*. Behavioral Ecology and Sociobiology, 31 : 359-366.

LeBrun, E. G., C. V. Tillberg, A. V. Suarez, P. J. Folgarait, C. R. Smith and D. A. Holway. 2007. An experimental study of competition between fire ants and Argentine ants in their native range. Ecology, 88 : 63-75.

Lester, P. J., C. W, Baring, C. G. Longson, and S. Hartley. 2003. Argentine and other ants (Hymenoptera : Formicidae) in New Zealand horticultual ecosystems : distribution, hemipteran hosts, and review. New Zealand Entomologist, 26 : 79-89.

Markin, G. P. 1970a. The seasonal life cycle of the Argentine ant, *Iridomyrmex humilis* (Hymenoptera : Formicidae) in southern California. Annals of the Entomological Society of America, 63 : 1238-1242.

Markin, G. P. 1970b. Foraging behavior of the Argentine ant in a California citrus grove. Journal of Economic Entomology, 63 : 740-744.

Martin, S. and F. Drijfhout. 2009. A review of ant cuticular hydrocarbons. Journal of Chemical Ecology, 35 : 1151-1161.

Menke, S. B., R. N. Fisher, W. Jetz and D. A. Holway. 2007. Biotic and abiotic controls of Argentine ant invasion success at local and landscape scales. Ecology, 88 : 3164-3173.

Menke, S. B., D. A. Holway, R. N. Fisher and W. Jetz. 2009. Characterizing and predicting species distributions across environments and scales : Argentine ant occurrences in the eye of the beholder. Global Ecology and Biogeography, 18 : 50-63.

Nakamaru, M., Y. Beppu and K. Tsuji. 2007. Does disturbance favor dispersal? An analysis of ant migration using the colony-based lattice model. Journal of Theoretical Biology, 248 : 288-300.

Newell, W. and T. C. Barber. 1913. The Argentine ant. U. S. Department of Agriculture, Bureau of Entomology Bulletin, 122 : 1-98.

西末浩司・田中保年・砂村栄力・寺山　守・田付貞洋．2006．岩国市黒磯町および周辺におけるアルゼンチンアリの分布．蟻，28 : 7-11.

Passera, L. and L. Keller. 1992. The period of sexual maturation and the age at mating in *Iridomyrmex humilis*, an ant with intranidal mating. Journal of Zoology, 228 : 141-153.

Pedersen, J. S., M. J. B. Krieger, V. Vogel, T. Giraud and L. Keller. 2006. Native supercolonies of unrelated individuals in the invasive Argentine ant. Evolution, 60 : 782-791.

Perna, A., B. Granovskiy, S. Garnier, S. C. Nicolis, M. Labédan, G. Theraulaz, V. Fourcassié and D. J. T. Sumpter. 2012. Individual rules for trail pattern formation in Argentine ants (*Linepithema humile*). PLOS Computational Biology, 8 : e1002592.

Phillips, P. A. and C. J. Sherk. 1991. To control mealybugs, stop honeydew-seeking ants. California Agriculture, 45 : 26-28.

Reid, C. R., T. Latty and M. Beekman. 2012. Making a trail : informed Argentine ants lead colony to the best food by U-turning coupled with enhanced pheromone laying. Animal Behaviour, 84 : 1579-1587.

Schilman, P. E., J. R. B. Lighton and D. A. Holway. 2005. Respiratory and cuticular water loss in insects with continuous gas exchange : comparison

across five ant species. Journal of Insect Phisiology, 51 : 1295-1305.
Schilman, P. E., J. R. B. Lighton and D. A. Holway. 2007. Water balance in the Argentine ant (*Linepithema humile*) compared with five common native ant species from southern California. Phisiological Entomology, 32 : 1-7.
Suarez, A. V., D. A. Holway and T. J. Case. 2001. Patterns of spread in biological invasions dominated by long-distance jump dispersal : insights from Argentine ants. Proceedings of the National Academy of Sciences of U.S.A., 98 : 1095-1100.
鈴木　俊．2010. Eradication trial for the invasive Argentine ant from Yokohama Port（横浜港におけるアンゼンチンアリ根絶防除の試み）．東京大学修士論文（未公刊）．
Tillberg, C. V., D. A. Holway, E. G. LeBrun and A. V. Suarez. 2007. Trophic ecology of invasive Argentine ants in their native and introduced ranges. Proceedings of the National Academy of Sciences of U.S.A., 104 : 20856-20861.
頭山昌郁・伊藤文紀・亀山　剛．2004．日本に侵入したアルゼンチンアリ（*Linepithema humile*）の冬季の活動状況──特に気温との関係に着目して．Edaphologia, 74 : 27-34.
Touyama, Y., Y. Ihara and F. Ito. 2008. Argentine ant infestation affects the abundance of the native myrmecophagic jumping spider *Siler cupreus* Simon in Japan. Insectes Sociaux, 55 : 144-146.
Tsutsui, N. D., A. V. Suarez, D. A. Holway and T. J. Case. 2000. Reduced genetic variation and the success of an invasive species. Proceedings of the National Academy of Sciences of U.S.A., 97 : 5948-5953.
Tsutsui, N. D. and A. V. Suarez. 2003. The colony structure and population biology of invasive ants. Conservation Biology, 17 : 48-58.
Vargo, E. L. and L. Passera. 1992. Gyne development in the Argentine ant *Iridomyrmex humilis* : role of overwintering and queen control. Physiological Entomology, 17 : 193-201.
Vogel, V., J. S. Pedersen, P. d'Ettorre, L. Lehmann and L. Keller. 2009. Dynamics and genetic structure of Argentine ant supercolonies in their native range. Evolution, 63 : 1627-1639.
Walters, A. C. and D. A. Mackay. 2003. An experimental study of the relative humidity preference and survival of the Argentine ant, *Linepithema humile* (Hymenoptera, Formicidae) : comparisons with a native *Iridomyrmex* species in South Australia. Insectes Sociaux, 50 : 355-360.
Ward, P. S. 1987. Distribution of the introduced Argentine ant (*Iridomyrmex humilis*) in natural habitats of the lower Sacramento Valley and its effects on the indigenous ant. Hilgardia, 55 : 1-16.
Wetterer, J. K., P. C. Banko, L. P. Lanlawe, J. W. Slotterback and G. J. Brenner. 1998. Nonindigenous ants at high elevations on Mauna Kea, Hawai'i. Pacific Science, 52 : 228-236.

Wetterer, J. K., A. L. Wild, A. V. Suarez, N. Roura-Pascual and X. Espadaler. 2009. Worldwide spread of the Argentine ant, *Linepithema humile* (Hymenoptera : Formicidae). Myrmecological News, 12 : 187–194.

Wild, A. L. 2007. Taxonomic revision of the ant genus *Linepithema* (Hymenoptera : Formicidae). University of California Publications in Entomology, 126 : 1–159.

Williams, D. F., D. H. Oi, S. D. Porter, R. M. Pereira and J. A. Briano. 2003. Biological control of imported fire ants. American Entomologist, 49 : 150–163.

第3章　日本での分布拡大

寺山　守

　アリ類では，物資の移動や交通機関に便乗して新しい環境に侵入し，分布を拡大させた人為的移入種が多くみられる．これらのなかで，とりわけ農作物害虫や衛生害虫となり，生態系攪乱を引き起こす世界的大害虫を侵略的外来種と呼ぶ．侵略的外来種のなかでも，アルゼンチンアリの分布拡大はきわめて顕著である．日本では，1993年に広島県廿日市市で発見されて以来，1都11府県に分布が拡大している．これらの分布拡大は，海外からの複数回におよぶ侵入とともに，国内で一度定着したものが，交通機関に便乗して長距離移動し，さらに二次的，三次的に拡まったものと推定される．

　本章で，アリ類の人為による分布の拡大を概略し，アルゼンチンアリの国内での分布拡大の様相を記述する．

3.1　日本での人為的移入種と放浪種

　McGlynn（1999）によると，物資の移動や交通機関に付帯して，人為的環境を中心に新しい環境に侵入した人為的移入アリは少なくとも7亜科49属147種に上るという．そしてこれらの人為的移入種のなかで，とりわけ移動能力にたけ，分布を世界的に拡大させた種を放浪種（tramp species）と呼び，147種のうち29種を放浪種とみなしている．このような頻繁なアリ類の地球レベルでの移動は，船舶を中心とした長距離移動ができる交通機関が発達し，全世界に拡がりだすここ400年のことといわれている．さらに，侵略的外来種（invasive speciesあるいはinvasive alien species）というカテゴリーがある．人為的移入種のなかで，侵入先で個体群密度を著しく増

加させ，広域に拡がり，生態系などに大きく影響を与える種のことと定義されている（Colautti and MacIsaac, 2004）．アルゼンチンアリやアカカミアリ *Solenopsis geminata* がこれに該当する．アカカミアリは，ヒトに刺咬被害を与える種であり，火山列島の硫黄島および南鳥島，琉球列島の沖縄島，伊江島（現在は確認できず）に侵入している（寺山，2002, 2005）．そのほかにも「世界の侵略的外来種ワースト100」に指定されており，世界的規模で環境攪乱を引き起こしているアシナガキアリ *Anoplolepis gracilipes* とツヤオオオズアリ *Pheidole megacephala* も琉球列島を中心に侵入しており，生態系攪乱が危惧されている．

放浪種は熱帯，亜熱帯に多くみられ，とくに秀でた移住能力と高い増殖力，耐乾性をもち，ヒトの居住地域のような攪乱された環境に侵入し，定着し，逆に森林にはほとんど入り込めない．そのため攪乱の程度の大きい場所や，大洋島のような生態的地位（ニッチ）の空いている地域ほど放浪種の占める割合が高くなる．太平洋の島々においてはこのような種の割合は高く，たとえば，ポリネシアでは83種のうち38種（46％）が，メラネシアの東端にあるフツナ島およびウォリス諸島では36種のうちの14種（39％）が放浪種を含む外来種であった．また，ニュージーランドでは31種のうちの20種（65％）のアリが外来種によって占められており，それを裏づけるものとして，動植物検疫でこれまでに66種もの海外からのアリが確認されている（Lester, 2005）．ハワイに至っては，現在生息している約40種のアリのすべてが他地域からの移入種である（Wilson and Hunt, 1967；Wilson and Taylor, 1967）．

日本でも，多くの外来種の侵入を受けており，現在4亜科19属38種の外来アリが記録されている．そして，とくに環境攪乱を多く受けてきた海洋島の小笠原諸島では，所産種数（49種）のほぼ半数が放浪種を中心とした外来種であると判断されている（寺山，1986, 1989；寺山・長谷川，1992）．つまり，小笠原諸島の今日の種数は，本来生息するであろうものの2倍にも高まっていることが推定され，非調和なアリ相となっている可能性が高い．これにより，アリ類の種組成を比較した場合，小笠原諸島がひどく独立した地域性をもつ地域として示されてもいる（寺山，1989, 1992）．また，南西諸島においても奄美大島，沖縄島，石垣島や西表島に生息するアリ

の種のそれぞれ少なくとも 20% 強は放浪種を中心とした外来種と判断されている．これらの外来種は，南西諸島では路傍や半裸地などの攪乱された環境に多く生息している（Yamauchi and Ogata, 1995）．

アリの国内での人為的移動も多く，植物の移動にともなった人為的な移入が頻繁に生じている．また，外来種がいったん国内に侵入，定着し，そこからさらに分布を拡げる例も多くみられる．たとえば，オオシワアリ *Tetramorium bicarinatum* は，生息が不可能と思われる地域でも温室や昆虫館などでしばしば発見される．東京都内の植物温室複数カ所を対象とした調査では，本種のほかに，キイロオオシワアリ *Tetramorium nipponense*，キイロハダカアリ *Cardiocondyla obscurior*，コヌカアリ *Tapinoma melanocephalum*，ウスヒメキアリ *Plagiolepis alluaudi*，ヒゲナガアメイロアリ *Paratrechina longipes*，ケブカアメイロアリ *Nylanderia amia* などの生息が確認されている（坂本ほか，2011）．

侵略的外来種とされているアリの国内移入例をあげると，香川県丸亀市と名古屋市の昆虫園や温室施設で発見されたアシナガキアリは，これらの施設がガジュマルなどの生木を沖縄から移植しており，その際に樹木とともに運び込まれたことが考えられる（阿部，2006；北川，2007）．また，北海道の札幌市中央区のビル 3 階からツヤオオズアリが発見されたことがあり，沖縄からの移入の可能性が高い．さらには，硫黄島に侵入，定着したアカカミアリの交尾後の女王複数個体が，硫黄島から小笠原父島経由で本土に向かう途中の船内で発見された事例もある（山本・細石，2010）．

3.2　日本への侵入

日本では 1993 年 7 月に，広島県廿日市市住吉で初めてアルゼンチンアリが発見された．当初は正体不明のアリであったのだが，そのアリはその後も毎年確認され，さらには家屋に侵入し，砂糖や菓子，生ゴミなどに群がるといった苦情が寄せられた．これがアルゼンチンアリであることが判明し，論文として発表されたのは 2000 年である（杉山，2000）．この論文中で 1999 年に広島県の佐伯郡と大野町梅郷（2005 年に廿日市市に編入合併）での生息も報じられた．最初の発見場所のすぐ近くには，木材の輸入港があり，そ

のために船荷からの侵入であることが考えられ，可能性として北米か南米からの木材かコンテナによっての侵入と推定されていた．今日，廿日市市のアルゼンチンアリ個体群は，ヨーロッパや北米のカリフォルニア個体群と同一で，世界規模のメガコロニーを構成するジャパニーズ・メインスーパーコロニーであることが判明している（第4，6章参照）．よって，ここでのアルゼンチンアリの侵入経路は，北米のカリフォルニアからの侵入の可能性が高いと推定される．廿日市市ではすでに地域一帯に拡まり，現在，長径で8 kmにわたる巨大コロニーが形成されている．駅のプラットホームなどでさえみられる状況にある．

アルゼンチンアリの国内分布は2013年8月現在，1都11府県となっており，本州では最初の侵入地である廿日市市の広島県，山口県，岡山県，兵庫県，大阪府，京都府，愛知県，岐阜県，静岡県，神奈川県，東京都で確認され，四国では徳島県に侵入している．九州ではまだ発見されていない．

3.3 分布の拡大

3.3.1 大域的な分布拡大

アルゼンチンアリの分布は，交通網に付帯してなされる人為的長距離移動によって一気に拡大していく．最初の発見以来，本種は確実に分布を拡大し，県および市単位でみていくと，1999年に，広島県広島市と兵庫県神戸市への侵入が確認され，2001年には山口県の岩国市と柳井市での生息が認められた．その後，2002年に広島県安芸郡府中町で発見され，2004年に広島県大竹市，2005年に愛知県田原市，2006年に広島県呉市，2007年には神奈川県横浜市，岐阜県各務原市，大阪市とつぎつぎに侵入が確認され（田付，2008；寺山，2008），2008年春には山口県宇部市と京都市からも報告された．さらに，2009年に静岡県静岡市，山口県光市，兵庫県明石市（未発表）で，2010年に東京都大田区・品川区から発見され，四国の徳島市からも発見された．2011年には愛知県豊橋市で，2012年には岡山県岡山市で発見されるに至っている（図3.1）．

東京での侵入地域は現在大井埠頭の2カ所に限られているが，東京のよ

72　第 3 章　日本での分布拡大

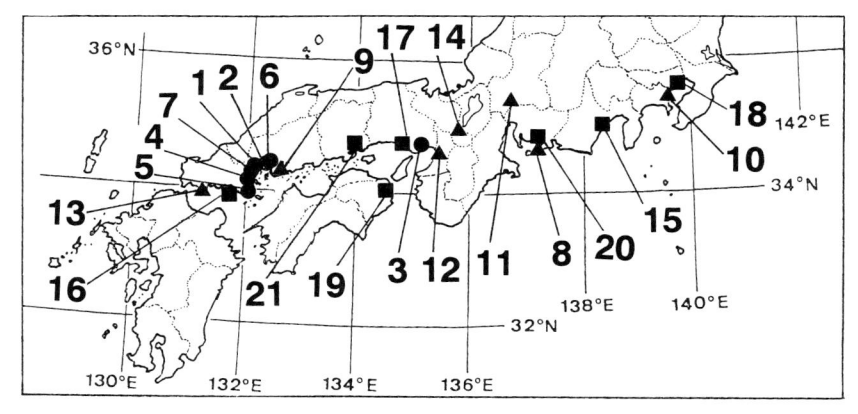

図 3.1　国内での大域的なアルゼンチンアリの侵入状況．カッコは発見された西暦．
1：廿日市市（1993），2：広島市（1999），3：神戸市（1999），4：岩国市（2001），5：柳井市（2001），6：安芸郡府中市（2002），7：大竹市（2004），8：田原市（2005），9：呉市（2006），10：横浜市（2007），11：各務原市（2007），12：大阪市（2007），13：宇部市（2008），14：京都市（2008），15：静岡市清水区（2009），16：光市（2009），17：明石市（2009），18：大田区・品川区（2010），19：徳島市（2010），20：豊橋市（2011），21：岡山市（2012）．図中の●印は，2005 年以前に生息が確認された地域を示し，▲印は 2006-2008 年の間に，■印は 2009 年以降に侵入が確認された地域を示す．

うな大都市域に定着した場合，一般家屋への被害のほか，飲食店やデパート，病院などへの侵入により，大きな経済的被害が生じる可能性がある．現実に，分布が拡大した広島市では，歯科医の診察室に頻繁に侵入し，駆除に苦労するといった苦情が寄せられている．

　いずれにせよ，確実に分布が拡がりつつあり（図 3.2），しかも，本種は交通機関に付帯することにより長距離移動がなされ，明らかに飛び火状に分布が拡がっている．岩国市から東京都へ送った宅配便の荷物を開いたところ，野菜と一緒にアルゼンチンアリが出てきたという例のように，定着以前の段階を示すケースは多く存在するものと思われる．

3.3.2　局所的な跳躍的分散

　本種は交通機関に付帯することにより長距離移動がなされ，飛び火状に分布が拡がるが，同様に交通機関への便乗により，より頻繁に交通が行き交う近距離の周辺域への分布拡大状況も見落とせない．営巣場所は土中や石下か

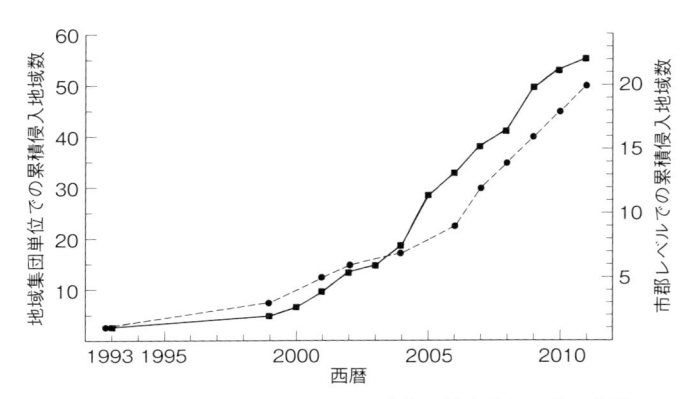

図 3.2 日本でのアルゼンチンアリの分布の拡大状況．●：市郡レベルでの累積侵入地域数．■：地域集団単位での累積侵入地域数．

ら段ボール箱や植木鉢などの物陰，壁の隙間など幅広く，とくに，夏期にサテライト・ネストを数多くつくりつつさかんに活動し，活動圏を大きく拡げるので，段ボール箱などによる近隣への移動は容易である．工事のために，アルゼンチンアリの生息地の土砂が運搬されることも頻繁に起こっている．「特定外来生物」に政令指定されているアルゼンチンアリは移動や飼育が禁止されている．しかし，上記のような運搬に付帯した他地域への移動は頻繁であろう．結果的に，アルゼンチンアリの移動に対してまったくチェックがかからないことになる．荷物などに付随して運ばれ，百貨店などに定着し，そこからさらに周辺の個人宅へ分布を拡げる可能性も高い．都市域でのアルゼンチンアリは，ゴミ箱にも頻繁に来襲する．ゴミとともに運搬される機会も非常に多いと思われる．

広島県廿日市市では 1993 年の発見以降，1999 年には最初の発見地以外に 3 カ所（2 カ所は廿日市市，1 カ所は旧佐伯郡大野町）で本種の集団が確認されていたが，2013 年現在では廿日市市と周辺地域一帯に広く分布するに至っている．以下に生息地域ごとに，局所レベルでの分布の拡大状況を示す．

広島県での分布拡大

広島市，廿日市市ともに急速に分布を拡大させた．広島市では，1999 年

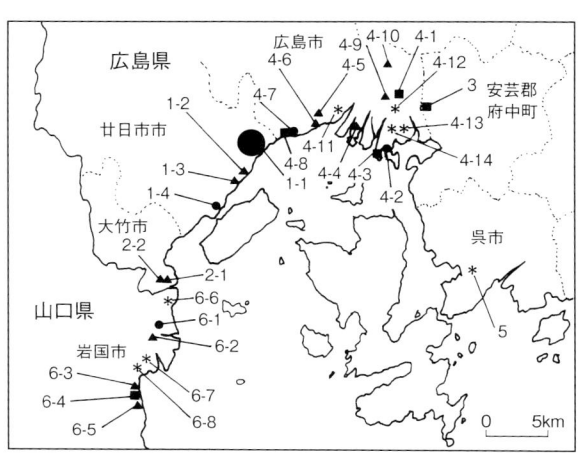

図 3.3 広島県および山口県岩国市でのアルゼンチンアリの分布拡大（1993-2010 年）．本種は 1993 年に広島県廿日市市で最初に発見された．●：2001 年以前に確認された地域．■：2002-2003 年に発見された地域．▲：2004-2005 年に発見された地域．＊：2006 年以降に発見された地域．地域番号に続くカッコの数字は，アルゼンチンアリが最初に確認された西暦を示す．

［広島県］1：廿日市市；1-1．廿日市市内一帯（1993-2001）；1-2．阿品（2000）；1-3．大野町梅原（1999）；1-4．宮島町赤坂（2004）．2：大竹市；2-1．新町（2004）；2-2．東栄（2004）．3：安芸郡府中町（2002）．4：広島市；4-1．東区尾長町（2002）；4-2．南区宇品（2000）；4-3．南区出島（2002）；4-4．南区船入町（2005）；4-5．西区井口台（2004）；4-6．西区井口町（2004）；4-7．佐伯区五日市（2003）；4-8．佐伯区海老園（2000）；4-9．中区上幟（2005）；4-10．阿佐南区中筋（2005）；4-11．西区己斐西町（2008）；4-12．南区段原（2006）；4-13．南区東霞町（2007）；4-14．南区西霞町（2007）．5：呉市（2006 年に伏原，本通，寺本町の 3 カ所から発見され，2008 年に寺泊，登町からも発見された）．

［山口県］6：岩国市；6-1．元町，昭和町，桂町（2001），麻里布町（2004）；6-2．川下町（2005）；6-3．藤生町（2004）；6-4．黒磯町（2002）；6-5．青木町（2004）；6-6．玖珂町（2009）；6-7．南岩国町（2009）；6-8．海士道町（2009）．

に南区宇品で発見されて以降，2000年佐伯区海老園，2002年に南区出島，東区尾長町，2003年佐伯区五日市，2004年西区井口町，2005年西区井口台，佐伯区新宮宛，中区上幟町，南区船入町，安佐南区中筋，2006年南区段原，2007年南区東霞町，南区西霞町，2008年西区己斐西町とつぎつぎに発見されている（図3.3；杉山，2000；頭山，2002，2005a，2007；寺山，2006）．

Okaue et al.（2007）は，2003年から2005年にかけて本県での19カ所の生息集団の生息パッチのサイズを調査した結果を報告した．これによると2004年での廿日市市の分布域は長径4.5 kmとなっている．ただし，2006年段階で，北東部は広島市佐伯区につながる形で広く分布が確認され，南西部は隣にあった廿日市市阿品，宮島口の集団に近づき，約8 kmの分布に拡がっていることがわかった（図3.4）．さらに，廿日市港を起点に，広島，山口県での分布拡大速度を計算した場合，年12.2 kmで分布を拡大という値が得られた．

大竹市では2004年に東栄で発見され，2005年には立戸と新町で生息が

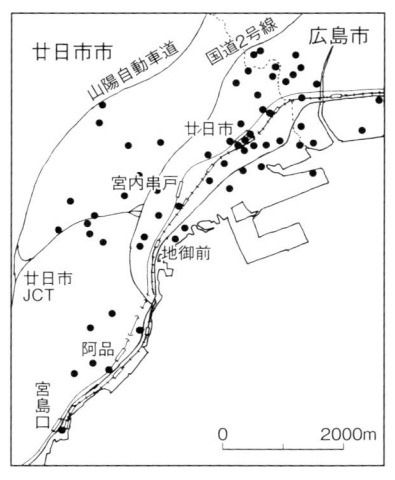

図3.4 廿日市市のアルゼンチンアリの生息状況（2003-2008年の分布）（復建調査設計株式会社，2008による資料に筆者らの分布確認地点を追加して作成）．

確認されている．広島市に隣接する安芸郡府中町で2002年にアルゼンチンアリが確認されているが，2006年には呉市でも発見され，伏原，本通，寺本町で分布が確認され，さらに2008年には寺泊，登町の公園でも発見されている．

山口県での分布拡大

岩国市では元町，昭和町，桂町から2001年に確認され（頭山，2001），黒磯町で2002年，麻里布町2003年，藤生町，青木町で2004年に確認された（図3.5）．これらは，実質2つの集団で，元町・昭和町・桂町・麻里布町が連続した1つの集団で，黒磯町・青木町・藤生町の集団は，黒磯町の集団が連続的に分布を拡大したものである．その後，2005年に川下町で小集団が発見され，2009年には玖珂町，海士道町，南岩国町および青木町の別地点で生息が確認されている．柳井市での発見も早く，2001年に中馬

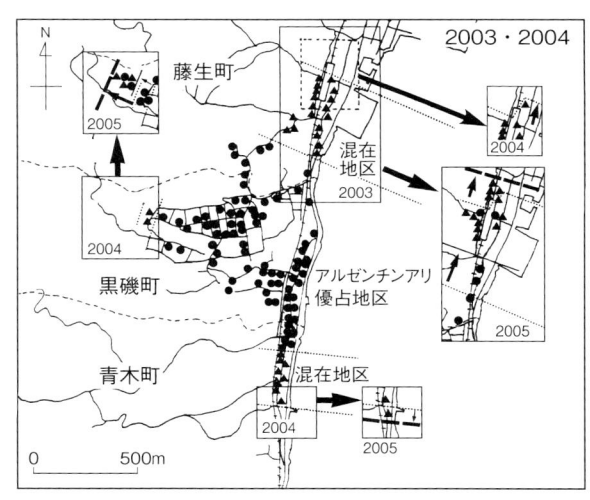

図3.5 山口県岩国市黒磯町での2003・2004年の分布状況と2004・2005年にみられた分布の拡大（西末ほか，2006より改変）．優占地区（●）：アルゼンチンアリが在来アリを駆逐し，ほぼアルゼンチンアリのみが認められる地域．混在地区（▲）：アルゼンチンアリと在来アリが混在する地域．アルゼンチンアリの分布の境界は，3地点ともに前進している．

皿で発見された後（亀山，2001），2005 年に下馬皿の住宅地に分布が拡大した．2008 年に宇部市（藤山地区）で生息が確認され，2009 年には光市で発見され，室積東ノ庄での記録が発表されている．

兵庫県での分布拡大

神戸市のポートアイランドにおいて，1999 年に発見された（村上，2002）．ここでのアルゼンチンアリは 4 つのスーパーコロニーがみられ（第 4 章参照），海外からの複数回のアルゼンチンアリの侵入を受けていることが明らかとなった（Sunamura et al., 2007）．また，2002 年にはポートアイランドから約 2 km 離れた摩耶埠頭（マヤ・ポート）からも記録され，さらに 2011 年には摩耶埠頭の反対側，つまり本土側にあるめりけん波止場でも発見された．そのほかに，2009 年に明石市大久保町西脇で生息が認められている（寺山，未発表）．

愛知県・岐阜県での分布拡大

愛知県では 2005 年に田原市田原町での生息が確認され（久保田・酒井，2006；大橋・阿部，2007），2011 年には豊橋市明海町での生息が報じられた．岐阜県では 2007 年に各務原市での生息が確認され，日本で初の内陸県での記録となった．岐阜県内では，2012 年に各務原市の生息地である鵜沼東町から北東に 5 km ほど離れた坂祝町と北に 1 km ほど離れた緑苑北で新たに生息が確認された．鵜沼東町のアルゼンチンアリは「神戸 B」集団に属するが，この分布が国内での神戸からの二次的侵入であれば，新たに発見された 2 地点の集団は，鵜沼東町からさらに分布を拡大させた三次的侵入である可能性がある．

その他の地域の状況

大阪市（2007 年発見；岸本ほか，2008），京都市（2008 年発見；杉山・大西，2009），静岡県静岡市（2009 年発見；Inoue et al., 2013），岡山市（2012 年発見）の個体群は大きくなく，早期の防除が望まれる．2007 年に発見された神奈川県横浜市（本牧埠頭）の個体群は根絶実験が実施されている（第 11 章参照）．

2004-2006年に，瀬戸内でのアルゼンチンアリに対する広域分布調査が実施された（Okaue et al., 2007）．愛媛県と香川県の瀬戸内沿岸の20市町の市街地公園など219カ所の調査では，アルゼンチンアリは発見されなかった．しかし，2010年に，ついに徳島県徳島市（津田港）から発見された．ここのアルゼンチンアリには，「神戸A」と「神戸B」の2つのスーパーコロニーが認められ（Inoue et al., 2013），神戸港からの二次的侵入の可能性が考えられる．四国での侵入の報告を受けて，2010年に四国の主要港14カ所の緊急調査が実施され（池永・伊藤，2012），幸い他地域での生息は確認されなかった．このような港湾部の調査は有効であろう．横浜市（本牧埠頭）での発見は（砂村ほか，2007），神戸港での生息状況から推測されたものであったし，東京都（大井埠頭の2カ所；大田区東海および品川区八潮にまたがる地点，大田区城南島）での発見は，2010年に実施された特定外来生物のアリ4種に対する，侵入確率の高い港湾および空港のモニタリング調査の成果である（環境省自然環境局野生生物課，2011）．アルゼンチンアリの侵入は1回だけではない．頻繁に海外からの侵入を受け，少なくとも数度にわたって日本に侵入を果たしている．東京都の2つの個体群は，それぞれ異なったスーパーコロニーに属する（Inoue et al., 2013）．よって，これらの集団は，別々に侵入したことが推定されている．

動植物検疫でもアルゼンチンアリが少なからず発見されている．2005年に名古屋税関および名古屋植物防疫所で南米のベネズエラから輸入された植物（エアープランツの類）から発見された例など，2005年から2012年までの間に27例が数えられる．それらのうちの14例は，イタリアから輸入された切花（低木のガマズミ属の一種 *Viburnum tinus* など）にアルゼンチンアリが付帯していたものである．しかし，植物など動植物検疫の対象となるものは，輸入品目全体のごく一部である．

3.3.3　侵入個体群の面的分布拡大

アルゼンチンアリの女王は結婚飛行を行なわず，自力での分布拡大は，行列をのばして分巣をつくることによってなされることを前述した．山口県岩国市の黒磯地区では2003年から2005年にかけての詳細な分布調査の結果から，70-180 m/年（西末ほか，2006；図3.5），愛知県田原市で50-150

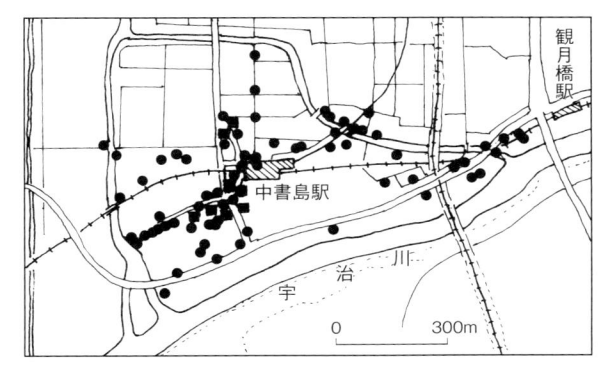

図 3.6 京都市伏見区での分布拡大（杉山・大西，2009：環境省自然環境局野生生物課，2011 を参照して作成）．■：2008 年12 月-2009 年 2 月にみられた生息地点．●：2010 年 12 月にみられた生息地点．

m/年（亀山，2012）という値が報告されている．

広島県安芸郡府中町では，2002 年 7 月ではわずか 2 地点のみの分布であったところが，2003 年 10 月では 10 地点に拡がり，約 15 カ月で最大約 70 m の分布を拡大した（頭山，2005a）．図 3.6 に京都市内での分布拡大状況を示した．2008 年 12 月から 2009 年 2 月の段階で，長経約 300 m の分布であったものが（杉山・大西，2009），2010 年 12 月の段階で約 1100 m にまで拡がっていた．ただし，2011 年から公園などで部分的な薬剤散布を開始し，2012 年 12 月から一斉防除を開始している．

その一方で，岩国市昭和町，桂町の例では 2001 年の報告以降，5 年間でほとんど分布の拡大はみられなかった（頭山，2001，2007）．分布域の境に広い舗装道路があり，これが面的な分布の拡大を妨げる障壁として機能しているものと考えられた．

3.4　分布の拡大予想

日本に侵入し，分布を急速に拡大しているアルゼンチンアリは日本のどこまで生息が可能であろうか．これまでに，アルゼンチンアリの分布を制限する要因として，高温と乾燥が注目されてきた（Holway *et al.*, 2002；Walters and Madcay, 2003, 2004：第 2 章参照）．アルゼンチンアリの世界の分布図をみると，熱帯での分布はほとんどみられず，暖帯や地中海性気候の地域に多く定着を果たしている．そして，川や水路の近くなど湿度の高い場所に好んで生息する．日本は湿潤多雨の気候条件下にあることから，日本における分布の重要な制限要因は温度となろう（頭山，2005b）．今日，有害動物の侵入や定着の危険度を評価するためのハザードマップや，定着可能性のある地域を推定するポテンシャルマップの作成がいろいろと試みられている．日本のアルゼンチンアリでも，潜在的侵入地域を推定する Roura-Pascual *et al.*（2004, 2006）や郡ほか（2009）による研究がある．

Hartly and Lester（2003）は，アルゼンチンアリの発育 0 点を 15.9℃ とし，そこから発育に要する有効積算温度を 445 日・℃ と算出した．頭山（2005b）は，これらの研究成果をふまえ，アルゼンチンアリの巣内部は外部よりも暖かいことを考慮したうえで，気象庁が公表している月平均気温をもとにして計算した 400 日・℃ という値をアルゼンチンアリの定着可能性を示す 1 つの目安とみなした．

指数の計算式は以下のとおりで，吉良の温量指数（吉良，1945，1949）の応用式である．

$$\text{アルゼンチンアリの定着ポテンシャル } I = \sum_{i=1}^{12} D_i(T_i - T_o)$$

（T_i：その月の平均気温，T_o = 15.9，D_i：i 番目の月の日数）

この式で日本各地の I 値を求めてみると，北海道と山間地を除くほぼ日本全土が定着ポテンシャル 400 以上となり，アルゼンチンアリの潜在的な分布域となってしまう（図 3.7）．日本では冬期の低温が生物の分布を制限する大きな要因となっている．アルゼンチンアリは，低温に対する生理的な適応は未発達であることにより，急速な気温の低下や積雪によって凍死する個体も多いという観察例もある（亀山，2012）．しかしその一方で，休眠性がないために，冬期でも地表の温度が 10℃ 以上になると採餌活動を行なって活動し（頭山ほか，2004），さらに，都市域では冬期は室内へ巣を移動させ，生活することが知られている（Gordon *et al.*, 2001）．よって，日本では 1 月，2 月の厳冬期であっても，単純に低温がアルゼンチンアリの分布拡大を妨げるとは考えにくい．暖房設備が整っているビルのような建物が多く存在

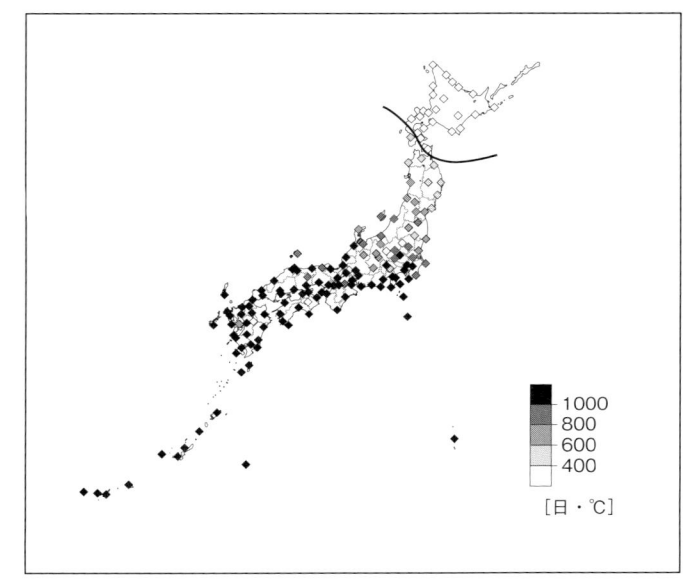

図 3.7 アルゼンチンアリの推定侵入可能地域（頭山，2005bより改変）．定着ポテンシャル 400（日・℃）以上がアルゼンチンアリの生息可能地域となる．定着ポテンシャル 400 以上の地域は，ポテンシャル値を 200 単位で層別化し，4 段階で示した．数値が高い地域ほど，アルゼンチンアリの増殖率が高まる可能性がある．図中に，平野部におけるアルゼンチンアリの推定生息可能域と生息不可能域の間に境界線を引いた．

する今日，北海道であっても生息不可能とはいいがたいのである．

今後の状況次第では，アルゼンチンアリは人為的長距離分散により，日本各地に広域に分布が拡がる可能性が大きい．分布域がさらに拡大し，人々の穏やかな日常生活や地域の生態系，農作物への影響などが日本全域で生じる危険性をもつことになる．

引用文献
阿部晃久．2006．名古屋市内の施設に生息する外来性のアリ *Anoplolepis gracilipes*（F. Smith）と *Cardiocondyla wroughtonii*（Forel）について．蟻，28 : 76.
Colautti, R. I. and H. J. MacIsaac. 2004. A neutral terminology to define 'invasive' species. Diversity and Distributions, 10 : 135-141.

復建調査設計株式会社．2008．平成 19 年度広域分布外来生物（アルゼンチンアリ）防除モデル事業報告書．復建調査設計株式会社．

Gordon, D. M., L. Moses, M. Falkovitz-Halpern and E. H. Wong. 2001. Effect of weather on infestation of buildings by the invasive Argentine ants *Linepithema humile*（Hymenoptera : Formicidae）. American Midland Naturalist, 146 : 321-328.

Hartley, S. and P. J. Lester. 2003. Temperature-dependent development of the Argentine ant, *Linepithema humile*（Mayr）（Hymenoptera : Formicidae）: a degree-day model with implications for range limits in New Zealand. New Zealand Entomologist, 26 : 91-100.

Holway, D. A., A. V. Suarez and T. J. Case. 2002. Role of abiotic factors in governing susceptibility to invasion : a test with Argentine ants. Ecology, 83 : 1610-1619.

池永宣弘・伊藤文紀．2012．四国の港湾地域におけるアルゼンチンアリの分布調査．香川生物，39 : 63-69.

Inoue, M., E. Sunamura, E. L. Suhr, F. Ito, S. Tatsuki and K. Goka. 2013. Recent range expansion of the Argentine ant in Japan. Diversity and Distributions, 19 : 29-37.

亀山　剛．2001．山口県柳井市におけるアルゼンチンアリ分布記録．蟻，25 : 4-6.

亀山　剛．2012．特定外来生物「アルゼンチンアリ」の侵入と防除の現状．（石谷正宇，編：環境アセスメントと昆虫）pp. 182-206．北隆館，東京．

環境省自然環境局野生生物課．2011．平成 22 年外来生物問題調査検討業務報告書．環境省．

岸本年郎・鈴木　俊・砂村栄力．2008．大阪市内でアルゼンチンアリの定着を確認．蟻，31 : 37-41.

北川雄士．2007．香川県でアシナガキアリを採集．へりぐろ，28 : 32.

吉良竜夫．1945．農業地理学の基礎としての東亜の新気候区分．京都帝国大学農学部園芸学研究室出版．

吉良竜夫．1949．日本の森林帯（林業解説シリーズ 29）．日本林業技術協会，東京．

郡　麻理・辻　宣行・杉山隆史・伊藤文紀・五箇公一．2009．特定外来生物アルゼンチンアリの防除に向けた潜在的国内侵入地域の推定．日本応用動物昆虫学会第 53 回大会要旨集．

久保田政雄・酒井春彦．2006．愛知県田原市に侵入したアルゼンチンアリ．蟻，28 : 84.

Lester, P. J. 2005. Determinants for the successful establishment of exotic ants in New Zealand. Diversity and Distributions, 11 : 279-288.

McGlynn, T. P. 1999. The worldwide transfer of ants : geographical distribution and ecological invasions. Journal of Biogeography, 26 : 535-548.

村上協三．2002．神戸市ポートアイランドで観察される外来アリ．蟻，26 : 45-46.

西末浩司・田中保年・砂村栄力・寺山　守・田付貞洋．2006．岩国市黒磯町および周辺におけるアルゼンチンアリの分布．蟻，28：7-11．

大橋岳也・阿部晃久．2007．愛知県田原市におけるアルゼンチンアリ *Linepithema humile* の分布状況．蟻，29：36．

Okaue, M., K. Yamamoto, Y. Touyama, T. Kameyama, M. Terayama, T. Sugiyama, K. Murakami and F. Ito. 2007. Distribution of the Argentine ant, *Linepithema humile*, along the Seto Inland Sea western Japan : result of surveys in 2003-2005. Entomological Science, 10 : 337-342.

Roura-Pascal, N., A. V. Suarez, C. Gómez, P. Pons, Y. Touyama, A. L. Wild and A. T. Peterson. 2004. Geographical potential of Argentine ants（*Linepithema humile* Mayr）in the face of global climate change. Proceedings of the Royal Society of London, Sereies B, Biological Sciences, 271 : 2527-2534.

Roura-Pascal, N., A. V. Suarez, K. McNyset, C. Gómez, P. Pons, Y. Touyama, A. L. Wild, F. Gascon and A. T. Peterson. 2006. Niche differentiation and fine-scale projections for Argentine ants based on remotely sensed data. Ecological Applications, 16 : 1832-1841.

坂本洋典・寺山　守・東　正剛．2011．上野動物園温室内の国内移入アリ．蟻，33：43-47．

杉山隆史．2000．アルゼンチンアリの日本への侵入．日本応用動物昆虫学会誌，44：127-129．

杉山隆史・大西　修．2009．京都市内へのアルゼンチンアリの侵入．蟻，32：35-339．

Sunamura, E., K. Nishisue, M. Terayama and S. Tatsuki. 2007. Invasion of four Argentine ant supercolonies into Kobe Port, Japan : their distributions and effects on indigenous ants（Hymenoptera : Formicidae）. Sociobiology, 50 : 659-674.

砂村栄力・寺山　守・坂本洋典・田付貞洋．2007．横浜港のアルゼンチンアリ——東日本での初の生息確認．昆虫と自然，42（7）：43-44．

田付貞洋．2008．特定外来生物"アルゼンチンアリ"の分布・生態・防除．日本環境動物昆虫学会誌，19：39-45．

寺山　守．1986．アリ．（桐谷圭治，編：日本の昆虫——侵略と攪乱の生態学）pp. 43-51．東海大学出版会，泰野．

寺山　守．1989．アリ群集から見た日本の生物地理区．統計，40（11）：29-36．

寺山　守．1992．東アジアにおけるアリの群集構造 I　地域性および種多様性．日本生物地理学会会報，47：1-31．

寺山　守．2002．外来アリがもたらす問題——アカカミアリとアルゼンチンアリを例に．昆虫と自然，37（3）：16-19．

寺山　守．2005．アルゼンチンアリとヒアリの動向．昆虫と自然，40（4）：17-18．

寺山　守．2006．生物多様性とその測定．関東学園大学紀要，Liberal Arts，14：29-72．

寺山　守．2008．アルゼンチンアリの生態と防除．Pest Control Tokyo, 55, 17-

24.
寺山　守・長谷川英祐．1992．小笠原群島のアリ相．小笠原研究年報，（15）：40-51．
頭山昌郁．2001．アルゼンチンアリ，岩国市へ侵入．蟻，25：1-3．
頭山昌郁．2002．侵入昆虫アルゼンチンアリの分布――広島市における分布の概況．広島虫の会会報，41：43．
頭山昌郁．2005a．広島の新興住宅地におけるアルゼンチンアリの分布状況．蟻，27：23-25．
頭山昌郁．2005b．気候条件から見たアルゼンチンアリの分布――日本での分布拡大の可能性についての検討．日本環境動物昆虫学会誌，16：131-135．
頭山昌郁．2007．広島・岩国市におけるアルゼンチンアリの分布状況――2006年に新たに確認された侵入地とその広がり．蟻，29：1-4．
頭山昌郁・伊藤文紀・亀山　剛．2004．日本に侵入したアルゼンチンアリ（*Linepithema humile*）の冬季の活動状況――特に気温との関係に着目して．Edaphologia，74：27-34．
Walters, A. C. and D. A. Madcay. 2003. An experimental study of the relative humidity preference and survival of the Argentine ant, *Linepithema humile* (Hymenoptera, Formicidae): comparisons with a native *Iridomyrmex* species in South Australia. Insectes Sociaux, 50 : 355-360.
Walters, A. C. and D. A. Madcay. 2004. Comparisons of upper thermal tolerance between the invasive Argentine ant (Hymenoptera : Formicidae) and two native Australian ant species. Annals of the Entomological Society of America, 97 : 971-975.
Wilson, E. O. and G. L. Hunt, Jr. 1967. Ant fauna of Futuna and Wallis Islands, stepping stones to Polynesia. Pacific Insects, 9 : 563-584.
Wilson, E. O. and R. W. Taylor. 1967. The ants of Polynesia (Hymenoptera : Formicidae). Pacific Insect Monograph, 14 : 1-109.
山本周平・細石真吾．2010．アカカミアリ有翅生殖虫の小笠原諸島父島及び日本本土への侵入未遂例．昆虫（N.S.），13：133-135．
Yamauchi, K. and K. Ogata. 1995. Social structure and reproductive systems of trump versus endemic ants (Hymenoptera : Formicidae) of the Ryukyu Island. Pacific Science, 49 : 55-68.

第4章　日本のスーパーコロニー

砂村栄力

　アルゼンチンアリの社会構造は，多数の女王とその仔らから成る大家族が多数の巣に分散して住まうスーパーコロニー制になっている．筆者らが日本に侵入したアルゼンチンアリについて，異なる生息地の個体群間の行動学的関係を調査した結果，相互に敵対関係にある4つのスーパーコロニー「ジャパニーズ・メイン」「神戸A」「神戸B」「神戸C」の存在が明らかになった．ジャパニーズ・メインは国内の生息地のほとんどに分布しており，その他3つは神戸港に局在していた．化学分析および遺伝解析も行なったところ，体表炭化水素パターン（巣仲間認識の鍵）およびマイクロサテライト多型の変異は，スーパーコロニー間の敵対性の度合いとある程度相関していた．とくに，遺伝解析の結果は各スーパーコロニーが別々の侵入起源をもつことを示唆するものであった．その後の研究により神戸の小規模スーパーコロニーの神戸以外への分布拡大，東京港への第5のスーパーコロニーの侵入が明らかになった．

4.1　アルゼンチンアリの巣仲間認識

4.1.1　アリの巣仲間認識と体表炭化水素

　アリは，自分の巣の個体（巣仲間という）と，よその巣の同種他個体を識別できる仕組みをもっている．というのも，アリは真社会性昆虫で，血縁者である巣仲間に対しては利他行動をして自らの適応度を上げる一方で，よそ者を寛大に迎え入れて同じように利他行動をとってしまっては自らの繁栄に

つなげることができないからである．実際，アリは，自分の巣のテリトリー内によその巣の個体が侵入してきた場合には，攻撃して追い払おうとする．2つの巣のテリトリーの境界付近で，双方の巣からたくさんの個体が動員されて戦争が勃発している様子もしばしばみることができる．では，アリはどのようにして巣仲間とよそ者を識別しているのだろうか．

それには体表炭化水素が利用されていることが知られている（Howard and Blomquist, 2005；Martin and Drijfhout, 2009）．炭化水素は炭素原子と水素原子のみで構成される化合物のことで，体表炭化水素とは，体の表面を覆っているワックスの主成分である炭化水素を指し，アリだけでなく多くの昆虫がもっている（Howard and Blomquist, 2005）．体表炭化水素は一般に数種類から数十種類の炭化水素成分のブレンドになっている．多くの昆虫では，体表炭化水素は，体表面からの水分の蒸発を抑えるので，乾燥への対策として機能している．しかし，アリなどの社会性昆虫では，体表炭化水素は巣仲間の判断基準としての機能ももちあわせている．すなわち，アリでは，体表炭化水素に含まれる成分の組成やブレンド比（以下，体表炭化水素パターン）がアリの種間で異なるだけでなく，コロニーによっても違っており，こうした違いをアリは識別できる（Hölldobler and Wilson, 1990）．

より具体的には，アリのワーカーは，蛹から羽化して成虫になるとすぐに，まわりのワーカーから体表炭化水素パターンを学習し，脳内で自分の巣の体表炭化水素パターンのテンプレートをつくる．この個体が将来巣の外に出て活動している最中に，同種他個体と遭遇した場合，触角で相手の体に触れて相手の体表炭化水素パターンを感知し，自巣の体表炭化水素パターンのテンプレートと照合する．相手が同じ巣の個体である場合は，相手の体表炭化水素パターンが自分のテンプレートに一致するので，相手を巣仲間として認識する．一方，相手がよその巣の個体である場合は，相手の体表炭化水素パターンが自分のテンプレートと合致しないので，相手をよそ者と認識して，あわてて逃げだしたり，攻撃をしかけたりする．

アリの体表炭化水素パターンは，本質的には血縁度の指標として利用されるはずである．したがって，別々の巣の間でアリの体表炭化水素が異なるのは，その巣間で体表炭化水素の合成に関連する遺伝子に違いがあるからだということが想定される．つまり，巣ごとに，ある炭化水素成分を合成するの

に必要な酵素の遺伝子をもっているかどうかや，その酵素をどれだけ発現させるかの調節にかかわる遺伝子に違いがあって，その違いが体表炭化水素パターンに差をもたらしている，と考えられる．

しかし，アリの種類によっては，自ら合成した炭化水素成分のほかに，巣の周囲の環境から取り込んだ炭化水素成分が巣仲間認識に影響してくることがある（Liang and Silverman, 2000）．炭化水素は環境中に普遍的に存在する化合物グループであるため，アリは，獲物の体表や，巣の材料となっている有機物に含まれる，さまざまな炭化水素にさらされる状況下にある．これらの炭化水素のなかにはアリの体表炭化水素の一部として取り込まれるものもあり，そのため，1つの巣であっても，構成員の体表炭化水素パターンは時間の経過とともに変化していく場合がある（Hölldobler and Wilson, 1990）．その際アリは，環境中から新しく取り込んだ炭化水素成分を，グルーミング行動によって巣の構成員に均一に伝播させていく．同時に，脳内の体表炭化水素パターンのテンプレートを，新成分を加えたものへと更新する．

最後に，本項ではこれまでアリの巣仲間認識における体表炭化水素の役割を述べてきたが，体表炭化水素以外にも，別の物質や要因が巣仲間の識別基準になっている可能性もある（Howard and Blomquist, 2005）．しかし現在のところ，この可能性について具体的なことはよくわかっていない．

4.1.2　アルゼンチンアリの社会構造

アルゼンチンアリの巣仲間認識について解説するうえで，まず本種の社会構造について整理しておく必要がある．4.1.1 項では，一般的なアリのモデルとして，1頭の女王とその仔が1つの巣に同居しているタイプの種を想定して話を進めた．しかし，アリのなかには，1家族が複数の巣に分散して住まってコロニーを形成している種や，1つのコロニーのなかに複数の女王がいる種も存在する．そして，第2章で述べられているように，アルゼンチンアリは，多数の女王とその仔らから成る大家族が，多数の巣に分散して住まうスーパーコロニー制をとっている．なお，アリの社会構造を表す巣，コロニー，スーパーコロニーという3つの用語の定義は序章の表1に従う．

4.1.1 項の場合と違って，アルゼンチンアリの場合，巣が異なっていても同じスーパーコロニーの個体どうしであれば分け隔てなく仲間として接する．

ほんとうに"分け隔てがない"かどうかはじつはくわしくは調べられていないのだが，少なくとも敵として露骨に攻撃することはない．一方で，異なるスーパーコロニーの個体どうしが出会えば，たがいをよそ者と認識して，あわてて逃げだしたり，攻撃をしかけたりする．

では，集団遺伝学的にみて，アルゼンチンアリのスーパーコロニーはどのようなつくりになっているのか．1つのスーパーコロニーには多数の女王がいるが，それらはある程度たがいに近縁らしい（Tsutsui et al., 2000；Giraud et al., 2002；Corin et al., 2007；Suhr et al., 2009）．おそらく，1つのスーパーコロニーのなかにいる女王たちは，そのスーパーコロニーのもともとの創設者となった1頭の女王の，何十世代，何百世代も下った子孫たちなのだろう．あるいは，遺伝的にある程度類似性のあるよそのスーパーコロニー出身の女王が途中でスーパーコロニーの仲間に加わることもあるのかもしれない（Vásquez et al., 2008）．この可能性については，実際に野外で観察された事例がないのでなんともいえない．一方で，行動上はっきりと敵対しあうスーパーコロニーどうしは，女王が遺伝的にはっきりかけ離れている（Jaquiéry et al., 2005；Thomas et al., 2006；Pedersen et al., 2006）．以上のように，スーパーコロニーとは，血縁関係がまったくない者の寄せ集め集団ではけっしてなく，ある程度以上は遺伝的に近い者どうしが集まった大家族，という構成になっている．

4.1.3　アルゼンチンアリの体表炭化水素

アルゼンチンアリが自分のスーパーコロニーの仲間とよそ者を識別することについては，本来「スーパーコロニー仲間認識」と呼ぶのが正しいのだろう．しかし，本書では海外の先行論文にならい，ほかのアリと同じように単に「巣仲間認識」と呼ぶことにする．

アルゼンチンアリがこの巣仲間認識を行なうのは，ほかのアリと同様に，体表炭化水素パターンによってである．同じスーパーコロニーに属するワーカーどうしであれば，たがいによく似た体表炭化水素パターンをもっている．一方，異なるスーパーコロニーに属するワーカーの間では，体表炭化水素パターンに違いがある．含まれている成分自体が違う場合もあれば，成分のブレンド比だけが違う場合もある．これについては，本章の4.4節で日本のア

ルゼンチンアリを例に紹介する．体表炭化水素が巣仲間認識に利用されていることの直接的な証拠は，以下のような実験で得られている．すなわち，アルゼンチンアリのワーカーの体表に，別のスーパーコロニーのワーカーから抽出した体表炭化水素をぬりつけると，そのワーカーは仲間のワーカーから攻撃を受けるようになるのである（Greene and Gordon, 2007 ; Torres *et al*., 2007）．

　4.1.1 項で，アリの体表炭化水素は，遺伝子による制御と，場合によっては巣周辺の環境からの影響によって，巣ごとに異なる成分やブレンド比を示すことを述べた．では，アルゼンチンアリではどうなのか．まず，遺伝子による制御という点からは，別々のスーパーコロニー間で体表炭化水素の合成に関連する遺伝子に違いがあって，それが体表炭化水素パターンに違いをもたらしていることはまちがいないであろう．具体的にどの遺伝子がどのように変異すると体表炭化水素が変わる，といった知見はこれまでにないが．一方，環境からの影響については，有名な論文がある．北米の研究グループがアルゼンチンアリにチャバネゴキブリ *Blattella germanica* ばかりを餌として与え室内飼育を続けたところ，アルゼンチンアリはチャバネゴキブリ由来の炭化水素成分を自らの体表炭化水素中にもつようになったというものだ（Liang and Silverman, 2000）．チャバネゴキブリと接触しているうちに，体表にこびりついてしまうらしい．すると，もともとは同じスーパーコロニーの仲間で，チャバネゴキブリを餌として与えなかった個体から攻撃されてしまうようになる．つまり，餌によって体表炭化水素が変わり，さらに巣仲間認識も影響を受けたのである．

4.2　筆者らの研究へのイントロダクション

　本章では 4.3 節以降，筆者らが行なった，日本のアルゼンチンアリのスーパーコロニーに関する先駆的な研究を紹介する．この研究では，行動実験から日本に 4 つのスーパーコロニーが存在することを明らかにしたほか，各スーパーコロニーの体表炭化水素分析および遺伝解析を行なってアルゼンチンアリの巣仲間認識について知見を得た．また，アルゼンチンアリの侵入の歴史についても考察材料を得た．この研究は筆者が在籍した東京大学応用

昆虫学研究室と，茨城大学との共同で行なわれたものである．本節ではその研究目的と，研究手法を決めた経緯について説明する．

筆者は 2005 年，卒業論文のテーマとして，「アルゼンチンアリの日本への侵入経路解明」を希望した．侵入経路を特定するうえで確実な証拠を得るには通常 DNA 解析が行なわれるが，当時研究室では遺伝解析はできない状況にあった．そこで，それ以外に侵入経路推定の手がかりとなる実験の可能性を先行論文で調べるうちに，スーパーコロニーの文献に行きあたった（Tsutsui *et al.*, 2000）．その論文では，米国のカリフォルニアではアルゼンチンアリが侵入した際，コロニー内の遺伝的多様性が失われることによって，その後カリフォルニア中に子孫が拡がってもコロニーの分化が起こらず 1 つの巨大なスーパーコロニーができあがったのであろうと考察されていた．また，ヨーロッパでも同様の研究が行なわれており，地中海沿岸に遺伝的な差が大きなスーパーコロニーが 2 つあるが，それらは別々の侵入に由来するようだ，という記述があった（Giraud *et al.*, 2002）．以上から，アルゼンチンアリの侵入経路を推定するにあたり，日本にいくつのスーパーコロニーがあるか行動実験を行なって調べてみることは有用と判断した．

もう一点，異なる生息地間で体表炭化水素を比較することでも侵入経路を推定できるかもしれない，という示唆が指導教員（本書の編者である田付）からあった．しかし，筆者は当初この方針に対して懐疑的だった．それはわざわざ体表炭化水素をツールとして侵入経路を推定することの理由づけは弱く，また，4.1 節の 4.1.3 項で述べたように，アルゼンチンアリの体表炭化水素は環境によって変化する可能性がある，という不安材料もあったからである．だが，この示唆が後にメガコロニーの発見（第 6 章参照）につながることになるのである．

筆者が卒業論文研究を開始してまもなく，茨城大学の北出理准教授らによってすでにその前年にアルゼンチンアリの行動実験が行なわれていたことを知った．狩野聡氏が卒業論文研究で実施したもので，筆者はそれに続くより詳細な実験を行なうことになった．同時に茨城大学では初見聡子氏が狩野氏の行動実験を裏づけるための遺伝子解析を実施することになった．

以上の経緯で各種実験が進行し，2007 年には日本のアルゼンチンアリについて行動，体表炭化水素，遺伝子のデータが出そろった．個々のデータを

相互に関連させながらまとめた投稿論文は，2009 年の Biological Invasions 誌に掲載された（Sunamura *et al.*, 2009）．この論文の内容をベースに，続く 4.3 節では行動実験，4.4 節では体表炭化水素分析と遺伝解析の結果を概説し，日本のスーパーコロニーを例にアルゼンチンアリの巣仲間認識を紹介する．さらに，4.5 節では日本のアルゼンチンアリの侵入の歴史についてわかったことを紹介する．

4.3 行動実験による日本のアルゼンチンアリのスーパーコロニー分類

4.3.1　最初の 3 つのスーパーコロニーの発見

実験に用いたアルゼンチンアリ

まず，茨城大学で行なわれた試験の追試を行なった．先に結果を書いてしまうと，茨城大学の試験結果は，日本国内で 3 つの相互に敵対的なスーパーコロニーを発見し，1 つめは瀬戸内海沿岸に分散して分布，残り 2 つは兵庫県神戸市のポートアイランドに分布している，というものだった．

筆者の試験では，茨城大学の試験で採集された地域を含め，2005 年時点で知られていた国内のアルゼンチンアリ生息地について，少なくとも行政区分でいう市単位ではすべてを網羅するよう行動試験の供試虫を採集することにした（図 4.1）．採集を行なったのは 2005 年 10 月である．茨城大学で 2004 年に行なわれた実験の結果，兵庫県神戸市のポートアイランドでは 2 種類の異なるスーパーコロニーがみつかっていたため，これらを「神戸 A」スーパーコロニー，「神戸 B」スーパーコロニーと名づけ，複数の地点から採集を行なった．各地点につき 1 つの巣からアルゼンチンアリの女王数頭，ワーカー数百頭，ブルード（卵，幼虫，蛹）数十頭以上を採集し，実験に供するまで研究室内で飼育した．餌は，炭水化物として砂糖水を常時与えたほか，タンパク源としてゆでたまごを約 3 日おきに与えた．アルゼンチンアリの体表炭化水素への影響をおそれ，ゴキブリなどの昆虫を餌として与えることはしなかった．

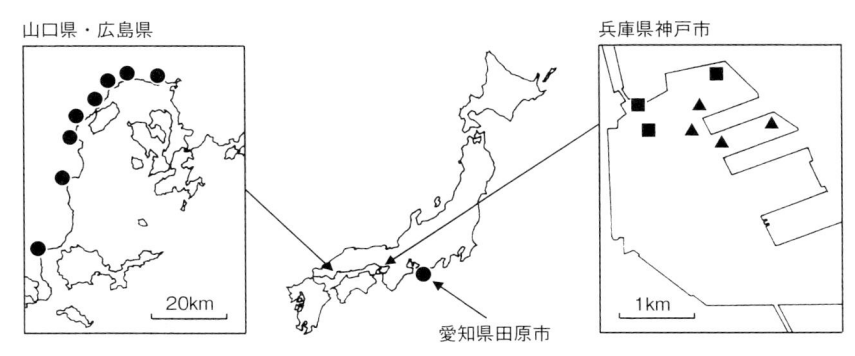

図 4.1 行動実験のためのアルゼンチンアリ採集地，および各採集地のアルゼンチンアリが属するスーパーコロニーを示した地図．3 つのスーパーコロニーのシンボルは，ジャパニーズ・メインが丸，神戸 A が四角，神戸 B が三角である．

敵対性試験

行動実験は，先行研究を参考にして，1 頭対 1 頭の「敵対性試験」というものを行なった．この試験では，2 つの巣からワーカーを 1 頭ずつ，プラスチックシャーレ内（直径 5.2 cm）に導入する．プラスチックシャーレの壁面にはフルオンをぬった．この物質にはアリの脚をすべらせてシャーレの外へ逃亡できないようにする効果がある．さて，シャーレ内に導入した 2 頭のワーカーが 5 回接触するか，または導入してから 5 分が経過するまで，ワーカーの行動を観察した．2 頭のワーカーが接触した際，その相互作用を以下のようにスコアづけした．1 点＝無視する，または触角で確認する；2 点＝逃避する；3 点＝攻撃する（威嚇する，咬みつく，ひっぱる，化学物質を腹部末端から放出する）；4 点＝闘争する（執拗に攻撃を続ける）．3 点および 4 点は，敵対行動とみなされる行動である．2 点も友好的とはいいがたい．巣の組み合せ 1 つにつき 10 回の反復試行を，異なる個体を用いて行なった．各試行で観察された最高のスコアの平均値を，その巣の組み合せの敵対性指数とした．

まず，ポートアイランドで採集した 7 巣について，可能な組み合せすべて，つまり $_7C_2 = 21$ 通りについて敵対性試験を実施した．この試験によって，採集した巣に神戸 A と B の 2 つのスーパーコロニーが含まれていることを確認できたので，つぎに山口・広島・愛知県で採集した 9 つの巣と，

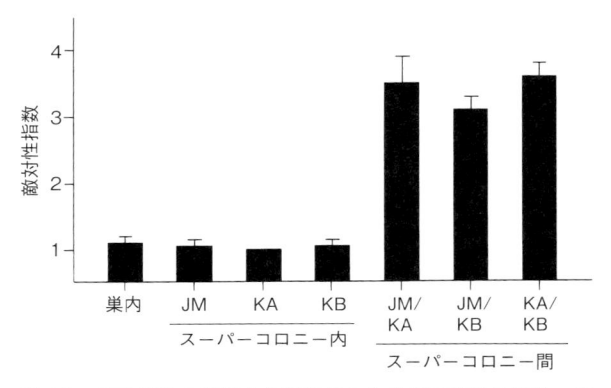

図 4.2 行動実験の結果から算出された巣間の敵対性指数．同巣内あるいは同じスーパーコロニーに属する巣間では指数はほぼ1，異なるスーパーコロニーに属する巣間では指数は2以上が期待される．3つのスーパーコロニーの組み合せごとに指数を表示している（平均値および標準偏差）．ジャパニーズ・メインをJM，神戸AをKA，神戸BをKBと表している．

ポートアイランドの2つのスーパーコロニーから代表1巣ずつの，計11巣の間で可能な組み合せすべて，つまり $_{11}C_2 = 55$ 通りについて敵対性試験を行なった．対照実験として，同じ巣のワーカー2頭を用いての敵対性試験も採集したすべての巣について行なった．すべての敵対性試験は，野外での採集後3週間以内に完了させた．

敵対性試験の結果，ポートアイランドで採集した7巣のうち，図4.1において四角で示した3地点から採集したワーカー間では逃避行動や攻撃行動はみられなかった．同様に，図4.1において三角で示した4地点から採集したワーカー間でも逃避行動や攻撃行動はみられなかった．しかし，四角の地点のワーカーと三角の地点のワーカーとの間では敵対的な行動がしばしば観察された．このことから，採集した7巣のなかに2つのスーパーコロニー，すなわち神戸Aと神戸Bが含まれることが確認された．一方で，山口・広島・愛知県で採集した9巣のワーカーは相互に敵対しなかったが，神戸の2つのスーパーコロニーの代表巣とは敵対した．そのため，山口・広島・愛知のアルゼンチンアリは第3のスーパーコロニーである「ジャパニーズ・メ

イン」スーパーコロニーに属すると結論づけられた．以上のように，3つの相互に敵対的なスーパーコロニーの存在が確認された．

巣間の敵対性指数は図4.2に示したとおりである．ジャパニーズ・メイン×神戸A，神戸A×神戸Bの対戦ではワーカー間の相互作用が激しい闘争に発展することが多かったが，ジャパニーズ・メイン×神戸Bの対戦では敵対性はやや弱かった．

4.3.2　神戸港における4つのスーパーコロニーの発見

ポートアイランドで2つのスーパーコロニーがみつかったことを受け，それらの詳細な分布に興味がもたれた．じつは，4.3.1項の実験では調査対象にしなかったが，神戸市ではポートアイランドから北東に2kmほど離れた場所に位置する摩耶埠頭でもアルゼンチンアリの生息が確認されていた（村上，2002）．そこで，2006年は摩耶埠頭のアルゼンチンアリも調査に含め，神戸市内におけるスーパーコロニーの分布をくわしく調べることにした．

摩耶埠頭で事前の生息範囲確認を行なっていた際，2地点で採集したワーカーをなにげなく1つの容器に入れてみたところ，なんとワーカーどうしがケンカを始めた．どうやら摩耶埠頭にも2つのスーパーコロニーがあるらしい．そこで，これらが4.3.1項で見出された3種のスーパーコロニーと敵対するかどうか，研究室に帰って急いで調べた．方法は4.3.1項と同様なので割愛するが，敵対性試験の結果，摩耶埠頭のスーパーコロニーは，驚くべきことにポートアイランドの神戸A，神戸Bとは異なることがわかった．その正体は，既知の3つのいずれとも敵対する第4のスーパーコロニーである「神戸C」と，さらにもう1つは山口・広島・愛知と同じジャパニーズ・メインだったのだ．

以上から，神戸市では合計4つのスーパーコロニーがみつかったことになる．これはじつに驚異的な結果で，アルゼンチンアリの侵入地においてこれほど狭い範囲内から3つ以上のスーパーコロニーがみつかった例は後にも先にもない．そして，神戸港における4つのスーパーコロニーの分布を，約90地点からの採集と敵対性試験を敢行して調べた結果が図4.3である．ポートアイランドでは，北部に一見一続きにみえる大きな生息範囲があるが，じつはこれは神戸Aと神戸Bの2つのスーパーコロニーが隣接してできた

4.3 行動実験による日本のアルゼンチンアリのスーパーコロニー分類　95

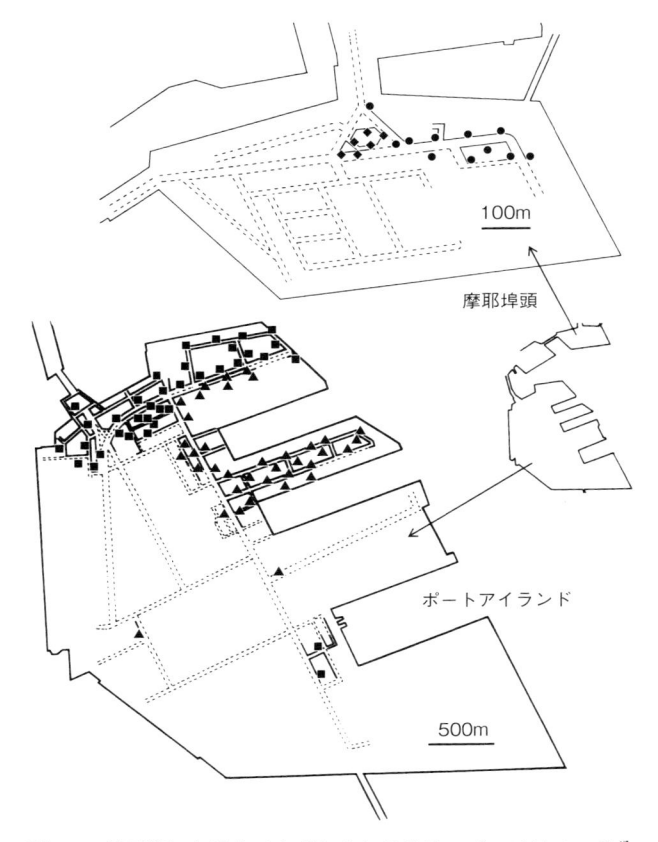

図 4.3 神戸港におけるアルゼンチンアリスーパーコロニーの分布．4つのスーパーコロニーのシンボルは，ジャパニーズ・メインが丸，神戸 A が四角，神戸 B が三角，神戸 C が菱形である．実線はアルゼンチンアリの生息が確認されたところ，点線は確認されなかったところを示す．

生息範囲であることがわかった．神戸 A の分布は約 2000 m，神戸 B の分布は約 1600 m におよんでいた．また，ポートアイランド南部にはそれぞれのスーパーコロニーが飛び火したスポット状の分布も確認された．一方，摩耶埠頭では，埠頭中央の 200 m に満たない範囲で神戸 C が分布し，道路を挟んで東方にジャパニーズ・メインが約 600 m にわたって分布する様相が明らかになった．なお，本試験に供試したアルゼンチンアリはすべて，神戸

A–C，ジャパニーズ・メインのいずれかに明確にふりわけることができ，さすがにこれら4つと異なる第5のスーパーコロニーがみつかることはなかった．神戸港におけるスーパーコロニーの分布状況については速報の価値ありと判断し2007年Sociobiology誌に発表した（Sunamura *et al.*, 2007）．

4.3.3　野外におけるスーパーコロニーの激突

実験室でみられるようなスーパーコロニー間の敵対行動が，実際に野外でスーパーコロニーが接近する場所でも起こるのだろうか．筆者は摩耶埠頭において，神戸Cとジャパニーズ・メインが衝突するところを目撃したことがある．図4.3に示したように，神戸Cが分布する三角形の区画の東端に1地点，ジャパニーズ・メインがみつかった場所がある．ここはジャパニーズ・メインが排水溝を通って東側の本拠地からテリトリーを拡げようとしているところらしく，4.3.2項の実験の後で現地を訪れると，ジャパニーズ・メインがみつかるときもあるが，神戸Cに撃退されたのかみつからないときもある．そしてこの地点において，多数のアルゼンチンアリがわらわらと拡がってうごめいているのをみつけたことがある．よくみると，行列が何本かその混沌に向かってのびており，それらがぶつかったところでは，他個体と遭遇したアルゼンチンアリがあわてて逃げたり，攻撃したりする様子が観察された（図4.4）．2つのスーパーコロニーの軍勢がぶつかって闘いを繰り広げている現場だったというわけである．

4.4　日本のスーパーコロニーの体表炭化水素分析および遺伝解析

4.4.1　体表炭化水素分析

ワーカーから体表炭化水素を抽出・精製し，ガスクロマトグラフィーで成分ごとに分離・定量した．また，各成分の分子構造を，ガスクロマトグラフ質量分析計を用いて推定した．

実験に供したアルゼンチンアリは，日本国内の主要生息地を網羅し，かつ4つのスーパーコロニーを含むように計22個の巣から採集した．採集個体

図 4.4　神戸 C とジャパニーズ・メイン 2 つのスーパーコロニーが衝突する場所で観察されたアルゼンチンアリの闘争．A：2 つのスーパーコロニーが分布する神戸港摩耶埠頭の様子．海運がさかんで，コンテナが多数積まれている．B：C-H の闘いが観察された舗装路．C：2 つのスーパーコロニーの行列が衝突し，混沌が生じているところ．D：2 頭のワーカーがたがいの大あごを咬みあっている．E：左側のワーカーが逃げようとしたところ，右側のワーカーに脚を咬みつかれ捕まった．F：上方のワーカーが下方のワーカーの腹柄節に咬みついたうえで腹部から化学物質を噴射して攻撃している．G：2 頭のワーカーがたがいに咬みあっている．前方の個体は化学物質による攻撃を行なっている．H：右側の個体は闘いの末死亡した．左側の勝者は新たな敵（左上）と遭遇し，闘争が続いていく．以上は野外におけるスーパーコロニー間の闘争を国内で初めて記録したときの写真である（2009 年 4 月）．

はすぐにドライアイス入りのクーラーボックスに入れて殺虫・保管し，研究室に持ち帰った後も分析に供するまでの期間 −20℃ で保存して炭化水素の変化を防いだ．ワーカーからの体表炭化水素抽出は，1 頭ずつでは十分な量の炭化水素を得るのが困難だったため，同じ巣の個体 5 頭ずつで行なった．各巣について，異なる個体を用いて抽出・分析を 3 反復行なった（5 頭×3 反復で計 15 頭を供試）．全サンプルを平均して含有量が高かった（1% 以上）成分上位 27 個について，サンプルごとに相対含量率（27 成分の合計のうち何% を占めるか）を計算した．この値を同じ巣の 3 サンプル間で平均し，各巣の体表炭化水素の量的な指標とした（15 頭の平均）．これを変数として主成分分析を行ない，22 個の巣間における体表炭化水素の類似性を評価した．

　以上の結果，アルゼンチンアリの体表炭化水素には炭素鎖長 17 から 37 までのノルマル，モノメチル，ジメチル，トリメチルアルカン，およびアルケンが多く含まれることがわかった（図 4.5）．分子量が大きなものは炭素鎖長 33，35，または 37 の 3 つのグループに分けられたが（それぞれピーク番号 10-16，17-22，23-27），これらのグループは炭素鎖の長さが異なるだけで側鎖の位置は共通しているようだった．

　スーパーコロニー間で共通の炭化水素成分も多く存在したが，なかには特定のスーパーコロニーでしか検出されない成分もあった．図 4.5 をみると，神戸 C スーパーコロニーはほかの 3 つのスーパーコロニーに豊富に存在する 3 つのピーク（12，19，27 番）をもっていないことがわかる．その代わり，ほかのスーパーコロニーで検出されない 2 つの成分（13，20 番）をもっている．

　主成分分析を行ない第 1 主成分と第 2 主成分の主成分得点をプロットしたところ，同じスーパーコロニーに属する巣どうしがクラスターを形成し，4 つのスーパーコロニーごとに分かれた（図 4.6）．第 1 主成分，第 2 主成分とも，多くの炭化水素成分が主成分得点に大きく寄与しており，さまざまな成分がスーパーコロニー間の差異をつくりだしていることがわかった．

　図 4.6 はジャパニーズ・メインと神戸 B の体表炭化水素が比較的近いことを示している．この 2 つのスーパーコロニーは行動面でも敵対性がマイルドであった（図 4.2 参照）．体表炭化水素が似ている者どうしは敵対性が

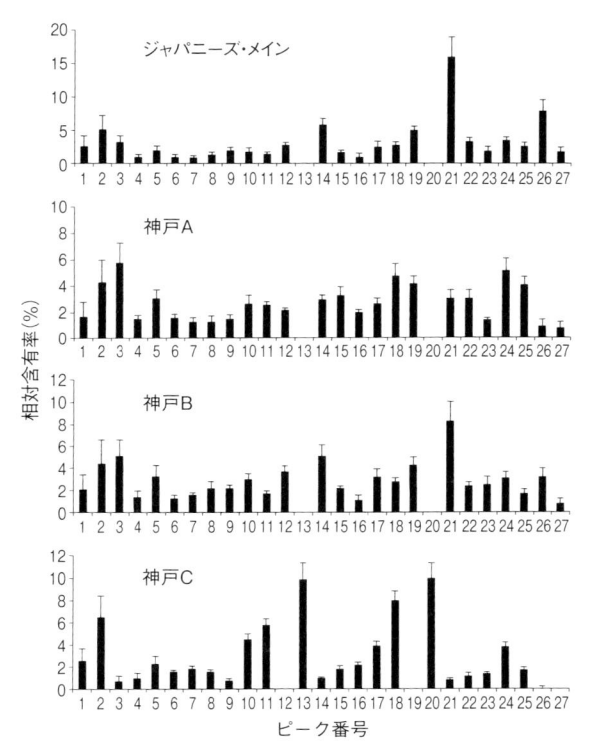

図 4.5 日本のアルゼンチンアリ 4 スーパーコロニーの体表炭化水素. 1-27 の各成分について相対含有率（％）の巣間平均値および標準偏差を示した. 各成分の化合物名を以下のとおり記号で記す. 1：n-C17；2：C17-1；3：n-C27；4：n-C28；5：n-C29；6：n-C31；7：13-/15-MeC31；8：3-/5-MeC31；9：5, 13, 15-/5, 13, 17-triMeC31；10：13-/15-/17-MeC33；11：11, 17-/11, 19-/13, 17-/13, 19-/15, 17-/15, 19-/17, 19-diMeC33；12：5, 15-/5, 17-diMeC33；13：9, 13, 15-/9, 13, 17-/11, 13, 15-/11, 13, 17-triMeC33；14：5, 13, 17-/5, 15, 17-/5, 13, 19-/5, 15, 19-triMeC33；15：3, 13, 15-/3, 13, 17-/3, 13, 19-/3, 15, 17-/3, 15, 19-triMeC33；16：7, 11, 15-/7, 11, 17-/7, 13, 15-/7, 13, 17-triMeC33；17：13-/15-/17-MeC35；18：11, 17-/11, 19-/13, 17-/13, 19-/15, 17-/15, 19-/17, 19-diMeC35；19：5, 15-/5, 17-diMeC35；20：9, 13, 15-/9, 13, 17-/11, 13, 15-/11, 13, 17-triMeC35；21：5, 13, 17-/5, 13, 19-/5, 15, 17-/5, 15, 19-triMeC35；22：3, 13, 15-/3, 13, 17-/3, 13, 19-/3, 15, 17-/3, 15, 19-triMeC35；23：13-/15-/17-/19-MeC37；24：11, 17-/11, 19-/13, 17-/13, 19-/15, 17-/15, 19-/17, 19-diMeC37；25：5, 15-/5, 17-diMeC37；26：5, 13, 17-/5, 13, 19-/5, 15, 17-/5, 15, 19-triMeC37；27：3, 13, 15-/3, 13, 17-/3, 13, 19-/3, 15, 17-/3, 15, 19-triMeC37.

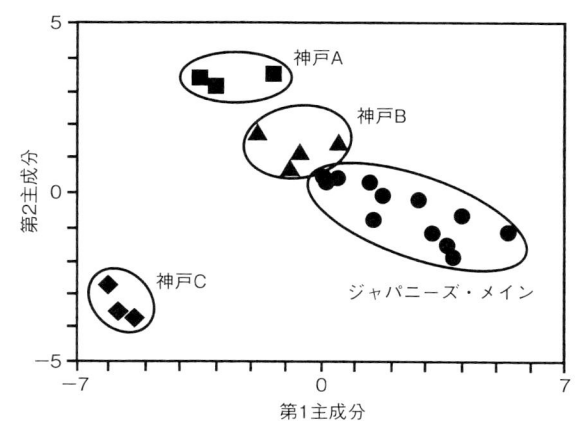

図 4.6 日本各地で採集したアルゼンチンアリの体表炭化水素についての主成分分析．27 成分の相対含有率を変数として，22 巣の体表炭化水素の類似度を評価したものである．4 つのスーパーコロニーのシンボルは，ジャパニーズ・メインが丸，神戸 A が四角，神戸 B が三角，神戸 C が菱形である．

弱いようである．

4.4.2 遺伝解析

マイクロサテライト多型解析を行なった．マイクロサテライトとは，ゲノム中に広く散在する短い繰り返し塩基配列（TATATA など）のことで，種内で多型（繰り返しの回数が異なる）に富むものは DNA 鑑定や集団遺伝学の遺伝マーカーに用いられる．

実験に供試したアルゼンチンアリは，日本国内の主要生息地を網羅し，かつ 4 つのスーパーコロニーを含むように計 27 個の巣から採集した．各巣について 1 頭ずつ 15 頭のワーカーから DNA を抽出し，*Lhum-11* および *Lhum-19* という，核ゲノム中の 2 つのマイクロサテライト座位を PCR により増幅した．これらは，先行研究で多型が確認されたいくつかのマイクロサテライト座位から 2 つを選抜したものである（Krieger and Keller, 1999）．PCR 産物を電気泳動し，DNA のバンドを銀染色によって可視化した．巣間の遺伝的差異を評価するため，それぞれの巣の組み合せについて F_{st} 値を計

表 4.1 日本各地で採集したアルゼンチンアリ 27 巣からみつかったマイクロサテライト多型. 2 つのマイクロサテライト座位について,各多型の頻度をスーパーコロニーごとに示した. ジャパニーズ・メインについては,山口・広島・愛知とは頻度が異なった神戸のデータをカッコ内に示した. ジャパニーズ・メインはメインと略記.

	多型	メイン $n=270$ (30)	神戸 A $n=75$	神戸 B $n=30$	神戸 C $n=30$
$Lhum\text{-}11$	1	—	0.020	—	—
	2	—	0.053	0.20	—
	3	—	—	0.17	—
	4	0.0019 (—)	—	—	—
	5	—	—	0.033	—
	6	0.27 (0.17)	0.85	0.20	—
	7	0.011 (—)	0.080	0.13	—
	8	0.16 (0.65)	—	0.18	—
	9	0.56 (0.18)	—	0.083	1.0
$Lhum\text{-}19$	1	—	0.42	—	—
	2	—	0.020	—	—
	3	0.0037 (0.017)	0.35	0.067	0.18
	4	0.16 (0.17)	0.027	0.22	—
	5	0.11 (0.033)	—	0.017	0.56
	6	0.61 (0.35)	—	0.40	0.083
	7	0.0019 (—)	0.0067	0.050	—
	8	0.22 (0.43)	0.17	0.25	0.18

算した. 続いて, F_{st} 値を距離の指標として非加重結合法による階層的クラスター分析を行なった.

以上の結果, $Lhum\text{-}11$ で 9 つ, $Lhum\text{-}19$ で 8 つの多型がみつかった(表 4.1). スーパーコロニー間で各多型の有無および頻度に違いがあった. たとえば $Lhum\text{-}11$ の多型 3 は神戸 B のみ, $Lhum\text{-}19$ の多型 1 と 2 は神戸 A のみにみられた.

クラスター分析の結果を図 4.7 に示した. 巣は距離 0.1 のところで 5 つのクラスターに分けられており, これらのクラスターはほぼ 4 つのスーパーコロニーに対応している. 例外として, 神戸のジャパニーズ・メインスーパーコロニーの巣が山口・広島・愛知のジャパニーズ・メインのクラスターから離れ, 神戸 B スーパーコロニーの巣とクラスターを形成した. これは, 神戸のジャパニーズ・メインからみつかった多型の種類自体は山口・広島・愛知のジャパニーズ・メインと共通だったが, 多型の頻度が異なっていたた

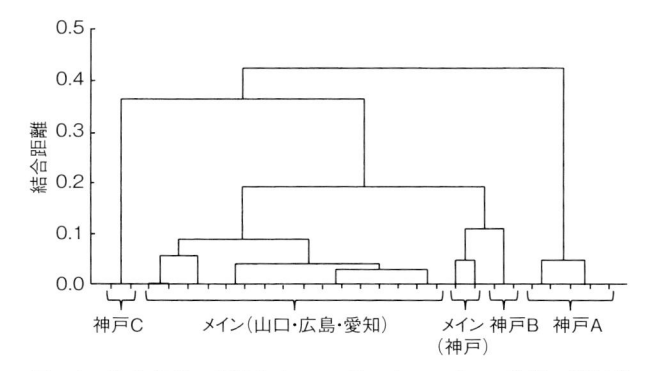

図 4.7 日本各地で採集したアルゼンチンアリ 27 巣間の遺伝的な距離．マイクロサテライト多型解析の結果を使用してクラスター分析を行なった．横軸にはそれぞれの巣が帰属するスーパーコロニーを示した．ジャパニーズ・メインはメインと略記．

めである．神戸のジャパニーズ・メインと神戸 B では，共通してもっている多型については頻度が比較的似ているようだが，多型の種類という点からは上記のように神戸 B に特有の多型があり，決定的な違いがあると判断された．

ただし，ジャパニーズ・メインと神戸 B が遺伝的にほかのスーパーコロニーより近いことは事実で，これら 2 つは 4.4.1 項で述べたように体表炭化水素も比較的近い．行動・体表炭化水素・遺伝はたがいに相関していそうである．しかし，4 つのスーパーコロニー中で体表炭化水素がもっとも離れているのが神戸 C だったのに対し（図 4.6），遺伝的にもっとも離れているのは神戸 A であり（図 4.7），必ずしもきれいな相関はみられていない．

4.5 日本のスーパーコロニーの侵入履歴

4.5.1 海外から日本への侵入回数

日本国内でみつかった 4 つのスーパーコロニー間の遺伝的な違いから，それぞれのスーパーコロニーは別々の侵入起源に由来する可能性が高いと考えられた．アルゼンチンアリが物資に付帯して運搬されるとしたら，小さな

貨物に紛れ込む場合がほとんどと思われ，異なる複数のスーパーコロニーの巣が一緒くたに運搬されるとは考えにくい．したがって，アルゼンチンアリは日本に少なくとも 4 回侵入したと考えてよいだろう．

日本への多数回侵入は，近年のアジアを中心とした環太平洋諸国における外来アリ類の相次ぐ侵入を象徴する最たる例といえる．アカヒアリ *Solenopsis invicta* は 2000 年前後からカリフォルニア，オーストラリア，ニュージーランド，台湾，マカオ，中国本土に侵入しており（Pascoe, 2002 ; Chen *et al.*, 2006 ; Zhang *et al.*, 2007 ; Lach and Thomas, 2008），さらにいくつかの国では 2 回以上の侵入が示唆されている（Henshaw *et al.*, 2005 ; Corin *et al.*, 2008 ; Yang *et al.*, 2008）．また，アルゼンチンアリがアジアで確認されたのは日本が初めてであるが，ごく最近になってつぎつぎとアジア諸国への侵入が報告されている（Wetterer *et al.*, 2009）．筆者らの研究は，これら一連の報告とあわせて，近年の環太平洋諸国への外来アリ類の移動の急増を浮き彫りにしている．

4.5.2 神戸港への多数回侵入

神戸港は，海運による国外からのアルゼンチンアリの侵入を少なくとも 3 回は受けたようである．なぜならば，神戸 A, B, C の 3 つのスーパーコロニーは国内で神戸港以外の場所ではみつかっていないからである．神戸港ほど狭い範囲から 3 つ以上のスーパーコロニーがみつかった例は，世界のほかの侵入地でも類をみない．しかし，港湾や空港といった国際的な物資の移動が活発な場所では，多数回侵入が起こっていても不思議ではない．これまで港湾などにおいてアルゼンチンアリのスーパーコロニーがいくつあるかをくわしく調べた研究は少ないが，今後そういった場所で神戸港と同様の複数回侵入がみつかる可能性は大いにあると思われる．

一方，ジャパニーズ・メインは神戸だけでなく山口・広島・愛知に広く分布しているが，神戸港に最初に侵入したものが山口・広島・愛知へと二次的に分散していったのだろうか．筆者はそうではないと考える．というのも，日本で最初にアルゼンチンアリの生息が確認されたのは 1993 年広島県廿日市市においてであり（杉山, 2000），そこではジャパニーズ・メインがすでに 5 km 近くにわたって分布を拡げている（Okaue *et al.*, 2007）．これに対

して神戸港摩耶埠頭におけるアルゼンチンアリの発見は 2002 年で，ジャパニーズ・メインの分布は約 600 m と狭く（図 4.3 参照），侵入の比較的初期段階と思われる．となると，廿日市への侵入のほうが先と考えるのが妥当であろう．

4.5.3　国内における分散

ジャパニーズ・メインはサンプリングを行なったほぼすべての生息地に分布していた．生息地間は大きく離れているので，ジャパニーズ・メインは自力で分布拡大したのではなく，人為的に長距離を運搬されて分布を拡大したとしか考えられない．そして人為的移動には，国外からの繰り返しの侵入と，国内の侵入地からの移動の 2 パターンがある．この 2 パターンを区別し，より正確な侵入履歴推定を行なうためには，さらに詳細な遺伝解析が必要である．ただし，日本で知られている生息地には山口県柳井市や愛知県田原市などのように港湾などから離れており，アルゼンチンアリが国外から直接侵入したとは考えにくい場所も多く含まれていて，少なくとも国内から国内への人為的移動が頻繁に起こっていることは確実である．

4.5.4　スーパーコロニーのアイデンティティーの維持

侵入地のアルゼンチンアリは巨大なスーパーコロニーをつくることで有名だが，4.5.3 項で述べたように，スーパーコロニーは人為的移動によって飛び地的に分散し巨大化していくことがわかった．先行研究において，極端な飼育条件下では環境要因によってアルゼンチンアリの体表炭化水素および巣仲間認識が影響を受けることが示されている（Liang and Silverman, 2000）．しかし，ジャパニーズ・メインは地理的に隔離された生息地間でも体表炭化水素がよく似ており，人為的移動によって生息環境が変化しても体表炭化水素が大きな影響を受けずアイデンティティーが維持されたものと推測される．そもそも，海外のアルゼンチンアリについて体表炭化水素を調べた先行研究では，今回日本のアルゼンチンアリで検出されたのと同じ成分が報告されている（Liang et al., 2001 ; de Biseau et al., 2004）．海を隔ててかなり異なった環境に生息する個体群どうしが共通の炭化水素成分をもっていることからも，野外においてアルゼンチンアリがその環境に特有の炭化水素成分を体表

炭化水素に取り込むことはない，あるいは起こったとしてもきわめてまれということがわかる．

4.6 日本国内における現在のスーパーコロニー分布

4.2 節から 4.5 節にかけて解説した研究は，2005 年時点で知られていた生息地を対象に行なったものである．しかし，アルゼンチンアリはその後も分布を拡げ続けているので，本節では 2013 年 6 月末までに判明しているスーパーコロニーの分布を記す（図 4.8）．まず，行政区分でいう市単位で新たに発見された生息地は以下のとおりである（第 3 章参照）．広島県呉市（2006 年）；大阪府大阪市（2007 年）；神奈川県横浜市（2007 年）；岐阜県各務原市（2007 年）；山口県宇部市（2008 年）；京都府京都市（2008 年）；静岡県静岡市（2008 年）；山口県光市（2009 年）；広島県安芸郡（2010 年）；徳島県徳島市（2010 年）；東京都大田区（2010 年）；岡山県岡山市（2012 年）．筆者らはこれらの生息地の一部については敵対性試験を実施しており，大阪，横浜，宇部の個体群はジャパニーズ・メインに属することが

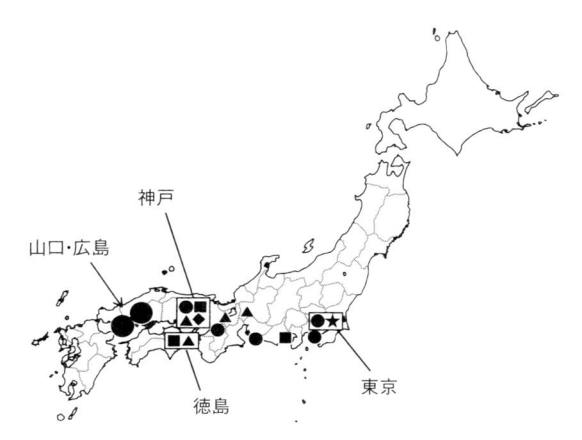

図 4.8 2013 年 6 月末時点で知られる日本国内におけるスーパーコロニーの分布．スーパーコロニーのシンボルは，ジャパニーズ・メインが丸，神戸 A が四角，神戸 B が三角，神戸 C が菱形，東京の第 5 のスーパーコロニーが星である．

わかった（砂村，未発表）．また，意外なことに神戸の小規模スーパーコロニーも分布を拡大しており，各務原の個体群は神戸 B，静岡の個体群は神戸 A に属することがわかった．さらに，Inoue et al.（2013）は遺伝解析により京都の個体群が神戸 B，徳島の個体群が神戸 A および神戸 B の 2 つ，東京の個体群がジャパニーズ・メインと，既知の 4 つのいずれとも異なる第 5 のスーパーコロニーの 2 つに属することを明らかにした．以上のように，①神戸のスーパーコロニーが徐々に全国へと分布を拡大していること，②徳島港や東京港といった港湾地区において神戸と同様に複数のスーパーコロニーの侵入が確認されていること，③東京港に代表されるように，海外から新たな侵入が続いていること，が特徴といえる．

引用文献

Chen, J. S. C., C. Shen and H. Lee. 2006. Monogynous and polygynous red imported fire ants, *Solenopsis invicta* Buren (Hymenoptera : Formicidae), in Taiwan. Environmental Entomology, 35 : 167-172.

Corin, S. E., K. A. Abbott, P. A. Ritchie and P. J. Lester. 2007. Large scale unicoloniality : the population and colony structure of the invasive Argentine ant (*Linepithema humile*) in New Zealand. Insectes Sociaux, 54 : 275-282.

Corin, S. E., P. A. Ritchie and P. J. Lester. 2008. Introduction pathway analysis into New Zealand highlights a source population 'hotspot' in the native range of the red imported fire ant (*Solenopsis invicta*). Sociobiology, 52 : 129-143.

de Biseau, J.-C., L. Passera, D. Daloze and S. Aron. 2004. Ovarian activity correlates with extreme changes in cuticular hydrocarbon profile in the highly polygynous ant, *Linepithema humile*. Journal of Insect Physiology, 50 : 585-593.

Giraud T., J. S. Pedersen and L. Keller. 2002. Evolution of supercolonies : the Argentine ants of southern Europe. Proceedings of the National Academy of Sciences of U.S.A., 99 : 6075-6079.

Greene, M. J. and D. M. Gordon. 2007. Structural complexity of chemical recognition cues affects the perception of group membership in the ants *Linepithema humile* and *Aphaenogaster cookerelli*. The Journal of Experimental Biology, 210 : 897-905.

Henshaw, M. T., N. Kunzmann, C. Vanderwoude, M. Sanetra and R. H. Crozier. 2005. Population genetics and history of the introduced fire ant, *Solenopsis invicta* Buren (Hymenoptera : Formicidae), in Australia. Australian Journal of Entomology, 44 : 37-44.

Hölldobler, B. and E. O. Wilson. 1990. The Ants. The Belknap Press of Harvard University Press, Cambridge.

Howard, R. W. and G. J. Blomquist. 2005. Ecological, behavioral, and biochemical aspects of insect hydrocarbons. Annual Review of Entomology, 50 : 371-393.
Inoue, M. N., E. Sunamura, E. L. Suhr, F. Ito, S. Tatsuki and K. Goka. 2013. Recent range expansion of the Argentine ant in Japan. Diversity and Distributions, 19 : 29-37.
Jaquiéry, J., V. Vogel and L. Keller. 2005. Multilevel genetic analyses of two supercolonies of the Argentine ant, *Linepithema humile*. Molecular Ecology, 14 : 589-598.
Krieger, M. J. B. and L. Keller, 1999. Low polymorphism at 19 microsatellite loci in a French population of Argentine ant (*Linepithema humile*). Molecular Ecology, 8 : 1078-1080.
Lach, L. and M. L. Thomas. 2008. Invasive ants in Australia : documented and potential ecological consequences. Australian Journal of Entomology, 47 : 275-288.
Liang, D. and J. Silverman. 2000. "You are what you eat" : diet modifies cuticular hydrocarbons and nestmate recognition in the Argentine ant, *Linepithema humile*. Naturwissenschaften, 87 : 412-416.
Liang, D., G. J. Blomquist and J. Silverman. 2001. Hydrocarbon-released nestmate aggression in the Argentine ant, *Linepithema humile*, following encounters with insect prey. Comparative Biochemistry and Physiology Part B, 129 : 871-882.
Martin, S. and F. Drijfhout. 2009. A review of ant cuticular hydrocarbons. Journal of Chemical Ecology, 35 : 1151-1161.
村上協三．2002．神戸ポートアイランドで観察される外来アリ．蟻，26 : 45-46.
Okaue, M., K. Yamamoto, Y. Touyama, T. Kameyama, M. Terayama, T. Sugiyama, K. Murakami and F. Ito. 2007. Distribution of the Argentine ant, *Linepithema humile*, along the Seto Inland Sea, western Japan : result of surveys in 2003-2005. Entomological Science, 10 : 337-342.
Pascoe, A. 2002. Red imported fire ant response stood down. Biosecurity, 45 : 7.
Pedersen, J. S., M. J. B. Krieger, V. Vogel, T. Giraud and L. Keller. 2006. Native supercolonies of unrelated individuals in the invasive Argentine ant. Evolution, 60 : 782-791.
杉山隆史．2000．アルゼンチンアリの日本への侵入．日本応用動物昆虫学会誌，44 : 127-129.
Suhr, E. L., S. W. McKechnie and D. J. O'Dowd. 2009. Genetic and behavioural evidence for a city-wide supercolony of the invasive Argentine ant *Linepithema humile* (Mayr) (Hymenoptera : Formicidae) in southeastern Australia. Australian Journal of Entomology, 48 : 79-83.
Sunamura, E., K. Nishisue, M. Terayama and S. Tatsuki. 2007. Invasion of four Argentine ant supercolonies into Kobe Port, Japan : their distributions and effects on indigenous ants (Hymenoptera : Formicidae). Sociobiology, 50 : 659-674.

Sunamura, E., S. Hatsumi, S. Karino, K. Nishisue, M. Terayama, O. Kitade and S. Tatsuki. 2009. Four mutually incompatible Argentine ant supercolonies in Japan : inferring invasion history of introduced Argentine ants from their social structure. Biological Invasions, 11 : 2329-2339.

Thomas, M. L., C. M. Payne-Makrisâ, A. V. Suarez, N. D. Tsutsui and D. A. Holway. 2006. When supercolonies collide : territorial aggression in an invasive and unicolonial social insect. Molecular Ecology, 15 : 4303-4315.

Torres, C. W., M. Brandt and N. D. Tsutsui. 2007. The role of cuticular hydrocarbons as chemical cues for nestmate recognition in the invasive Argentine ant (*Linepithema humile*). Insectes Sociaux, 54 : 329-333.

Tsutsui, N. D., A. V. Suarez, D. A. Holway and T. J. Case. 2000. Reduced genetic variation and the success of an invasive species. Proceedings of the National Academy of Sciences of U.S.A., 97 : 5948-5953.

Vásquez, G. M., C. Schal and J. Silverman. 2008. Cuticular hydrocarbons as queen adoption cues in the invasive Argentine ant. Journal of Experimental Biology, 211 : 1249-1256.

Wetterer, J. K., A. L. Wild, A. V. Suarez, N. Roura-Pascual and X. Espadaler. 2009. Worldwide spread of the Argentine ant, *Linepithema humile* (Hymenoptera : Formicidae). Myrmecological News, 12 : 187-194.

Yang, C. C., D. D. Shoemaker, W. J. Wu and C. J. Shih. 2008. Population genetic structure of the red imported fire ant, *Solenopsis invicta*, in Taiwan. Insectes Sociaux, 55 : 54-65.

Zhang, R., Y. Li, N. Liu and S. D. Porter. 2007. An overview of the red imported fire ant (Hymenoptera : Formicidae) in mainland China. Florida Entomologist, 90 : 723-731.

コラム-1　ゲノム解読からみえてくること

坂本洋典

　これまでの章で散々示されてきたように，アルゼンチンアリをはじめとする侵略的外来アリたちは世界中に拡がり，在来の生物との競争に打ち勝ち，猛威をふるっている．アリのこのような優位性は，彼らの社会性という特徴に起因する．では，遺伝子全体（ゲノム）という単位で，この特徴はどのように表されるのだろうか．同じ膜翅目昆虫のハチに比べアリのゲノム解読は遅れていたが，2010 年にハリアリとオオアリでそれぞれ 1 種ずつ（*Harpegnathos saltator, Camponotus floridanus*）のゲノムが解読されたのを端緒に，2012 年現在までに，シュウカクアリの一種 *Pogonomyrmex barbatus*，アルゼンチンアリ，ハキリアリの一種 *Atta cephalotes*，ヒメハキリアリの一種 *Acromyrmex echinatior*，アカヒアリ *Solenopsis invicta* のゲノムがドラフト（下書き）状態のものも含め，続々と解読・発表された（Bonasio *et al.*, 2010 ; Smith *et al.*, 2011a, 2011b ; Suen *et al.*, 2011 ; Nygaard *et al.*, 2011 ; Wurm *et al.*, 2011）．これら 7 種のアリは，「七人の侍」よろしく生態・系統的に多様な個性をもつ（表 1, 図 1）．Gadau *et al.*（2012）がいうように，アリのゲノム研究への道はいまこそ拓かれた．

　ここからは，アルゼンチンアリのゲノムを追っていこう．Smith *et al.*（2011b）がゲノムから読み取った遺伝子数は 16123 である．これらの特徴について述べると，アリのコミュニケーションに必須な主要な感覚である味覚および嗅覚に関与すると考えられる遺伝子は，やはりほかの分類群より多く発見された（それぞれ 116 と 367）．これらの遺伝子群からは，アルゼンチンアリのスーパーコロニー形成など特異的な社会構造の基盤が明らかになるかもしれない．

　世界中に拡がったアルゼンチンアリは，広い範囲の餌と出会うとともに，殺虫剤を含めて原産地にはなかった多くの化学物質に触れてきたことだろう．アルゼンチンアリのゲノムからは，多様な化学物質の代謝・解毒に関与するとされるシトクロム P450 類の遺伝子が 100 個以上発見されている．なかには広食性にかかわるものが見出されるかもしれない．これらの遺伝子類からは，アルゼンチンアリのタフネスの基盤を解き明かすとともに，特異的な殺虫剤作成への利用が望まれる．

表1 ゲノムが解読されたアリとそれぞれの特徴（Gadau et al., 2012 より改変. 描画は筑波大学の山口芽衣さんによる）.

	アリ種						
	ハリアリの一種 *Harpegnathos saltator*	アルゼンチンアリ *Linepithema humile*	オオアリの一種 *Camponotus floridanus*	シュウカクアリの一種 *Pogonomyrmex barbatus*	アカヒアリ *Solenopsis invicta*	ハキリアリの一種 *Atta cephalotes*	ヒメハキリアリの一種 *Acromyrmex echinatior*
コロニーの特性							
女王の数	1＋gamergates*	数十-数百	1	1	1-数百	1	1**
コロニー寿命	1-2年	~10年	~10年	20年以上	~10年	20年以上	10年以上
寿命							
女王の寿命	1-2年	1年	~10年	20年以上	~10年	20年以上	10年以上
ワーカーの寿命	1年	3カ月	6カ月	6カ月	~1年	6カ月	1年
繁殖							
交尾回数	1	1	1	8回以上	1	4回以上	4回以上
ワーカー産卵	可能	不可能	可能	可能	不可能	不可能	可能
生態							
採餌行動	単独	動員	動員	行列	動員	行列	動員
おもな餌	動植物（生体）	動植物（生体・死体），甘露	動植物（生体・死体），甘露	種子，動植物（死体）	動植物（生体・死体），甘露	共生菌	共生菌
ゲノムの特徴							
ゲノムのサイズ	330 Mb	250.8 Mb	303-323 Mb	250-284 Mb	463-753.3 Mb	303 Mb	335 Mb
GC含量	45%	38%	34%	37%	36%	33%	34%
タンパク質コード遺伝子数	18564	16123	17064	17177	16569	18093	17278

* gamergate：繁殖ワーカー（機能的な女王となり産卵しうる，胸部に翅芽痕をもった個体）.

** 単女王のコロニーから複数女王のコロニーまで混在.

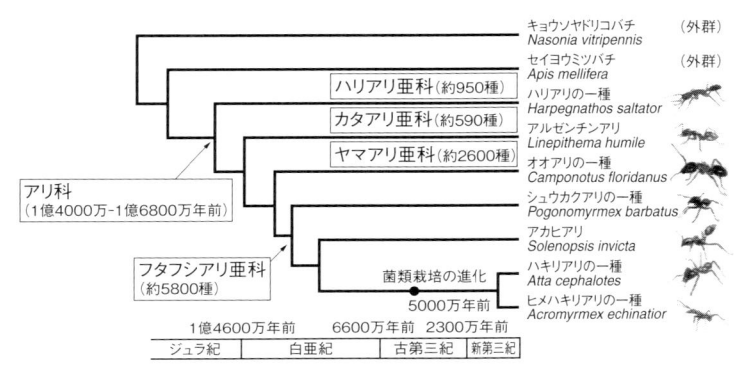

図 1 ゲノムが解読されたアリの系統（Gadau *et al.*, 2012 より改変．描画は筑波大学の山口芽衣さんによる）．

　アルゼンチンアリのタフネスについて，もう 1 つ興味深いことをあげておく．とくに侵入地では高密度の個体がひしめきあうこのアリには，伝染性の病気への対応策が必須であると考えられるが，じつは免疫に関与すると思われる遺伝子数（90）がキイロショウジョウバエにおけるそれ（152）に比べて明らかに少ない．これは，他個体による社会的免疫システム，たとえばワーカー間のグルーミングによる昆虫病原菌の胞子の除去などといった行動が強力に機能していることを示唆している．逆にいえば，それを潜り抜けられる微生物は，アルゼンチンアリにとって，強力な抑止効果をもつ天敵微生物になりうるだろう．

　ところで，同じゲノムをもっていてもまったく異なる特徴をもつ例が，たとえば女王とワーカーのようなカースト分化だ．両者の間の形態・生理にみられる著しい差異は遺伝子発現のパターンが違うことにより，これをエピジェネティックな違いと呼ぶ．同じ膜翅目昆虫であるミツバチは，DNA のメチル化というエピジェネティックな制御法によりカースト分化が決まることが明らかになっていたが，アルゼンチンアリをはじめとする 7 種のアリすべてのゲノムからも，ミツバチ同様に DNA メチル基転移酵素の遺伝子群が見出された．これらの遺伝子によるカースト決定の制御は，アリでどのように進化してきたのだろう．カースト多形など，ミツバチにはない特徴をもつアリで，今後興味深いテーマになると考えられよう．

引用文献

Bonasio, R., G. Zhang, C. Ye, N. S. Mutti, X. Fang, N. Qin, G. Donahue, P. Yang, Q. Li, C. Li, P. Zhang, Z. Huang, S. L. Berger, D. Reinberg, J. Wang and J.

Liebig. 2010. Genomic comparison of the ants *Camponotus floridanus* and *Harpegnathos saltator*. Science, 329 : 1068-1071.

Gadau, J., M. Helmkampf, S. Nygaard, J. Roux, D. F. Simola, C. R. Smith, G. Suen, Y. Wurm and C. D. Smith. 2012. The genomic impact of 100 million years of social evolution in seven ant species. Trends in Genetics, 28 : 14-21.

Nygaard, S., G. Zhang, M. Schiott, C. Li, Y. Wurm, H. Hu, J. Zhou, L. Ji, F. Qiu, M. Rasmussen, H. Pan, F. Hauser, A. Krogh, C. J. Grimmelikhuijzen, J. Wang and J. J. Boomsma. 2011. The genome of the leaf-cutting ant *Acromyrmex echinatior* suggests key adaptations to advanced social life and fungus farming. Genome Research, 21 : 1339-1348.

Smith, C. R., C. D. Smith, H. M. Robertson, M. Helmkampf, A. Zimin, M. Yandell, C. Holt, H. Hu, E. Abouheif, R. Benton, E. Cash, V. Croset, C. R. Currie, E. Elhaik, C. G. Elsik, M. J. Favé, V. Fernandes, J. D. Gibson, D. Graur, W. Gronenberg, K. J. Grubbs, D. E. Hagen, A. S. I. Viniegra, B. R. Johnson, R. M. Johnson, A. Khila, J. W. Kim, K. A. Mathis, M. C. Munoz-Torres, M. C. Murphy, J. A. Mustard, R. Nakamura, O. Niehuis, S. Nigam, R. P. Overson, J. E. Placek, R. Rajakumar, J. T. Reese, G. Suen, S. Tao, C. W. Torres, N. D. Tsutsui, L. Viljakainen, F. Wolschin and J. R. Gadau. 2011a. Draft genome of the red harvester ant *Pogonomyrmex barbatus*. Proceedings of the National Academy of Sciences of U. S. A., 108 : 5667-5672.

Smith, C. D., A. Zimin, C. Holt, E. Abouheif, R. Benton, E. Cash, V. Croset, C. R. Currie, E. Elhaik, C. G. Elsik, M.-J. Fave, V. Fernandes, J. Gadau, J. D. Gibson, D. Graur, K. J. Grubbs, D. E. Hagen, M. Helmkampf, J.-A. Holley, H. Hu, A. S. I. Viniegra, B. R. Johnson, R. M. Johnson, A. Khila, J. W. Kim, J. Laird, K. A. Mathis, J. A. Moeller, M. C. Muñoz-Torres, M. C. Murphy, R. Nakamura, S. Nigam, R. P. Overson, J. E. Placek, R. Rajakumar, J. T. Reese, H. M. Robertson, C. R. Smith, A. V. Suarez, G. Suen, E. L. Suhr, S. Tao, C. W. Torres, E. van Wilgenburg, L. Viljakainen, K. K. O. Walden, A. L. Wild, M. Yandell, J. A. Yorke and N. D. Tsutsui. 2011b. Draft genome of the globally widespread and invasive Argentine ant (*Linepithema humile*). Proceedings of the National Academy of Sciences of U. S. A., 108 : 5673-5678.

Suen, G., C. Teiling, L. Li, C. Holt, E. Abouheif, E. Bornberg-Bauer, P. Bouffard, E. J. Caldera, E. Cash, A. Cavanaugh, O. Denas, E. Elhaik, M.-J. Favé, J. r. Gadau, J. D. Gibson, D. Graur, K. J. Grubbs, D. E. Hagen, T. T. Harkins, M. Helmkampf, H. Hu, B. R. Johnson, J. Kim, S. E. Marsh, J. A. Moeller, M. n. C. Muñoz-Torres, M. C. Murphy, M. C. Naughton, S. Nigam, R. Overson, R. Rajakumar, J. T. Reese, J. J. Scott, C. R. Smith, S. Tao, N. D. Tsutsui, L. Viljakainen, L. Wissler, M. D. Yandell, F. Zimmer, J. Taylor, S. C. Slater, S. W. Clifton, W. C. Warren, C. G. Elsik, C. D. Smith, G. M. Weinstock, N. M. Gerardo and C. R. Currie. 2011. The genome sequence of the leaf-cutter ant *Atta cephalotes* reveals insights into its obligate symbiotic lifestyle. PLoS Genet, 7 : e1002007.

Wurm, Y., J. Wang, O. Riba-Grognuz, M. Corona, S. Nygaard, B. G. Hunt, K. K.

Ingram, L. Falquet, M. Nipitwattanaphon, D. Gotzek, M. B. Dijkstra, J. Oettler, F. Comtesse, C.-J. Shih, W.-J. Wu, C.-C. Yang, J. Thomas, E. Beaudoing, S. Pradervand, V. Flegel, E. D. Cook, R. Fabbretti, H. Stockinger, L. Long, W. G. Farmerie, J. Oakey, J. J. Boomsma, P. Pamilo, S. V. Yi, J. Heinze, M. A. D. Goodisman, L. Farinelli, K. Harshman, N. Hulo, L. Cerutti, I. Xenarios, D. Shoemaker and L. Keller, 2011. The genome of the fire ant *Solenopsis invicta*. Proceedings of the National Academy of Sciences of U. S. A., 108 : 5679-5684.

第5章　世界の生息地とスーパーコロニー

砂村栄力・坂本洋典

　アルゼンチンアリは南米を原産地としているが，過去150年余りの間に世界のさまざまな亜熱帯–温帯地域に侵入を果たした．本章ではまず，アルゼンチンアリ発祥の地である南米においてアルゼンチンアリがどのように振る舞っているかを述べ，その後，北米，ハワイ，ヨーロッパ，マデイラ，オセアニア，アフリカといった侵入地でのアルゼンチンアリを概説する．アルゼンチンアリの原産地はパラナ川の河岸で，氾濫による頻繁な攪乱や，ほかの強力なアリ種との競争にさらされながら暮らしている．多数の異なるスーパーコロニーが存在し，個々のテリトリーはせいぜい数百 m ほどである．一方，侵入地では，市街地など人為的な攪乱を受けた場所がアルゼンチンアリの主たる生息環境となる．1つの侵入地においてスーパーコロニーの数は非常に少なく，数百 km 以上にわたって単一のスーパーコロニーのみとなる場合もある．生息環境，侵入の歴史，スーパーコロニーの分布のほか，各地域のアルゼンチンアリを理解するうえで重要と考えられるトピックについては項を改めて解説した．

5.1　原産地南米

5.1.1　アルゼンチンアリを生んだ環境

　本節では，原産地である南米大陸における生息環境とスーパーコロニーの特徴を概説する．南米といっても広大だが，Tsutsui *et al.*（2001）によるマイクロサテライト多型解析の結果は，世界各地の侵入個体群の多くがアルゼ

ンチンを中心としたパラナ川の南部を起源とすることを示唆している．パラナ川は全長 4500 km，流域面積は 200 万 km^2 ともなる巨大な川であり，川岸がしばしば洪水による攪乱にさらされる，きわめて不安定な環境である．このような環境では，早熟・多産の r 戦略が適応的であると予期できる．アルゼンチンアリがもつ「食性の幅広さ」「多女王制」「スーパーコロニー制」「簡易的な巣づくり」「状況に応じた分巣性」といった性質はまさにそのようなコンテクストで進化したものであろう（第 2 章参照）．そしてこれらの性質は侵入地の環境に前適応しており，侵入地での定着，高密度化，頻繁な人為的分散の要因となっているのだ．しかし，こうした知見の重要性にもかかわらず，原産地でのアルゼンチンアリの姿について得られる情報は少なく，とりわけ日本では限られていた．

　そのような状況のなか，筆者らは，2010 年の 2-3 月，南半球における晩夏に，アルゼンチンアリの生息環境・生態の調査のためアルゼンチンへ赴いた（コラム-2 もあわせてみていただきたい）．日本からまる 1 日かけて訪れた地球の反対側，首都ブエノスアイレスから車で 3 時間ほどの距離の土地であるサラテは，まさにアルゼンチンアリの原産地風景だった（図 5.1）．幅広の川の，チョコレート色の水面には，これもまた南米起源の侵略的外来生物として世界中で猛威をふるうホテイアオイ *Eichhornia crassipes* が多数浮き，川を船が上下するたびに河岸に漂着物として山が築かれた．枯れたホテイアオイの上に，日本で見慣れたアルゼンチンアリが行列をなして歩き回っている姿は，ある種不思議な感動を与えた．アルゼンチンアリの巣は，漂着したホテイアオイの下や，流木や石の下などで多数観察でき，侵入地と同様に簡素なものであった．

　他方，原産地において，アルゼンチンアリには多数の競合的アリ種が存在することも確認できた．川岸から少し離れた，草丈が高い草原にはヒアリ *Solenopsis* 類のアリ塚，林内に入るとヒメハキリアリ *Acromyrmex* 類の長大なアリ道が観察され，こうしたアリが優占種となっている環境ではアルゼンチンアリをみつけることは困難だった．また，近隣の地域で，アルゼンチンアリを誘引するために設置したベイトが途中からはコカミアリ *Wasmannia auropunctata* やヒメハキリアリ類により食べられ，ときにはこれらの種とアルゼンチンアリが激しく闘う姿が観察された．筆者らは競争相手のほかに天

図 5.1 アルゼンチンにおけるアルゼンチンアリ生息地の様子．[A–D] サラテにて．A：パラナ川の川岸の自然環境．これがアルゼンチンアリの原産地風景である．B：川岸に堆積したホテイアオイ．C：パラナ川の氾濫で水浸しになった樹木．D：地面にできたアルゼンチンアリの行列．[E–F] ロザリオにて．E：パラナ川の川岸の観光地．人為的な撹乱を受けている．写真の木の幹や地面にアルゼンチンアリの行列があった．F：パラナ川を行き交う大型の船．[G–K] サン・アントニオ・デ・アレコおよびその周辺にて．G：小川の流れる田舎町でもアルゼンチンアリがみられた．H：道沿いの樹木の幹などでアルゼンチンアリの行列を確認した．I：田舎の家屋でアルゼンチンアリを観察した．J：壁にできた行列．いくつにも分岐している．この家屋の周辺はブエノス

アイレス近郊では特別個体数が多い場所だという．K：I, J の家屋から眺める風景．手前に井戸，奥には大草原，パンパが拡がる．[L–O] ブエノスアイレスにて．L：アルゼンチンへの渡航は当時北海道大学の東正剛教授の研究プロジェクトで可能になった．ブエノスアイレスの港に立つ東教授．M：近代的な都市環境でもアルゼンチンアリがみられた．N：公園の植え込みでアルゼンチンアリを発見した筆者坂本．O：雑草の生えた歩道脇でも多数のアルゼンチンアリ行列がみられた．

敵（昆虫および微生物）も探索したが，みつけることはできなかった．なお，原産地におけるアルゼンチンアリの天敵はこれまで報告されていない．

　また，原産地におけるアルゼンチンアリの生息には，川がもたらす水分と，それにともなう高湿度な環境が必須らしく，自然環境においては川沿いを離れるととたんにアルゼンチンアリがみられなくなった．パラナとは，グアラニー語で神の母を表す言葉だが，まさにアルゼンチンアリにとっても母なる川であるようだ．事実，南米におけるアルゼンチンアリの自然分布はパラナ川流域に集中している（Wild, 2007）．

　ただし，アルゼンチン国内で，川から遠く元来アルゼンチンアリが分布していなかった地域でも，流通にともない，国内外来種ともいうべきアルゼンチンアリの侵入が現地のアリ研究者により見出されている（キャロリーナ・パリス，私信）．アルゼンチンアリは蜜源であるアブラムシ類を守る性質が強いので，国内の新生息地では，アルゼンチンの主要農産物の 1 つである，ワイン用のブドウの木に負の影響を与えることが危惧されている．また，ブエノスアイレスのような市街地においては，日本侵入個体群などと同じく，道端や公園といった攪乱地（この場合の攪乱は，開発など人間の手によって環境が変えられたという意）において多数の個体が容易に見出せた（図 5.1）．

　以上のように，原産地のいくつかの生息地を観察したが，アルゼンチンアリの生息密度は侵入地の日本よりも低いことがわかった．日本の生息地では，アルゼンチンアリが半径数百 m から数 km の侵入地一帯を占領し，ほかのアリはほとんどみられない．一方，原産地では，数 km の範囲を踏査して，アルゼンチンアリはとぎれとぎれにしか分布していなかった．また，原産地で観察されたアルゼンチンアリの行列は，同じ季節に日本で観察されるよりも弱々しいものであった．砂糖水トラップに集まるアルゼンチンアリの個体

数も，比較対照として同じ季節に日本で調べた場合よりも有意に少なかった（砂村，2011）．

5.1.2 多数の小規模スーパーコロニー

本書ですでにたびたび紹介されているように，侵入地においてアルゼンチンアリは巨大なスーパーコロニーを形成する．これに対し，原産地のアルゼンチンアリは多数の相互に敵対的なスーパーコロニーを形成し，1つのスーパーコロニーは普通，長径数百 m 以下である．たとえば，Vogel *et al.* (2009) は 3 km の道路沿いで 11 個もの相互に異なるスーパーコロニーを発見している．筆者らもサラテを含めいくつかの地域で複数のスーパーコロニーを確認している（コラム-2 参照）．このように多数のスーパーコロニーが存在することは，原産地ではヒアリ類などとの種間競争に加えてアルゼンチンアリのスーパーコロニーどうしの種内競争も存在しており，アルゼンチンアリが侵入地と違って数を増やせないことを示唆する．

世界中に侵入したメガコロニー（第 6 章参照）は，これら多数のスーパーコロニーの 1 つである．では，メガコロニーは原産地において，ほかのスーパーコロニーを上回る性質をもつのだろうか．筆者らは，アルゼンチンアリが世界に進出したもとの 1 つであろう，そして交易の中心地として，再侵入の可能性がもっとも高い場所であるブエノスアイレスにおいて，敵対性試験にもとづき，複数のスーパーコロニーが存在するかを確かめた．もしも単一のスーパーコロニーが席巻しているようであれば，メガコロニーはほかのスーパーコロニーに比べて有利な性質を原産地の風土でも示している可能性が高いと考えられる．しかし，結果は，複数のスーパーコロニーが存在するというものだった．現在のブエノスアイレスにおいて，メガコロニーが優占するというわけではなさそうである．

5.2 北米

5.2.1 生息環境

北米では，アルゼンチンアリはカリフォルニア州を中心とした米国西海岸，

およびルイジアナ州からノースカロライナ州を中心とした米国東海岸に分布している（Suarez et al., 2001）．カリフォルニアではアルゼンチンアリは市街地に生息して主要な都市害虫になっているほか（Field et al., 2007），ブドウやオレンジの果樹園といった農業環境に生息して重要な農業害虫になっている（Phillips and Sherk, 1991）．さらに，河畔林などの自然環境にも進出して生態系の攪乱者ともなっている（Holway, 1998a）．カリフォルニアは地中海性気候で，降水量が少ない乾期がある．そのため，アルゼンチンアリは安定した水供給源がある市街地や灌漑農地，河岸部などに乾燥を避け，生息しているというわけである（Holway, 1998b）．一方，米国南東部ではアルゼンチンアリの生息地はほとんど市街地に限られている（Buczkowski et al., 2004）．この一帯にはアルゼンチンアリのほかにヒアリ類も侵入しており，アルゼンチンアリとヒアリ類は競合関係にある．アルゼンチンアリがヒアリ類と闘えばよくて互角，下手をすれば敗北を喫する（Wilson, 1951；Kabashima et al., 2007；LeBrun et al., 2007）．そのため，アルゼンチンアリは米国南東部において生息好適地すべてを占領することはできない状況となっている．

5.2.2　侵入の歴史

北米で最初にアルゼンチンアリの侵入が確認されたのは，カリフォルニアではなく米国南東部のニューオーリンズ港である（Suarez et al., 2001）．これは1891年のことで，世界の侵入地のなかでもマデイラにつぎ，ポルトガルと並んで侵入年代が古い．そのためニューオーリンズ港へは原産地から直接アルゼンチンアリが侵入したと考えられている．具体的には，ニューオーリンズ港は当時アルゼンチンと直接の通商はなかったが，19世紀前半よりブラジルからコーヒーを積んだ汽船がきており，それに付帯してアルゼンチンアリが持ち込まれたと考えられている（Foster, 1908）．

ニューオーリンズ周辺で，アルゼンチンアリは侵入後すぐに家屋害虫として猛威をふるいはじめた（Newell and Barber, 1913）．一部の人は被害を逃れるため未侵入地に引越しせざるをえない状況になった，あまりの騒動で侵入地の不動産価値が下落した，といった記録も残っている（De Ong, 1916）．汽船や鉄道に乗って，米国内での分布は着実に拡がっていったようである

(Newell and Barber, 1913). 具体的な貨物としては，植物の苗木や鉢植えの土に紛れていることが多いと考えられており，これについては 20 世紀初頭でも現在でも事情は同じようである（Newell and Barber, 1913 ; Smith, 1965 ; Costa and Rust, 1999）.

カリフォルニアでアルゼンチンアリの侵入が確認されたのは，ニューオーリンズより遅く 1907 年である．カリフォルニアのアルゼンチンアリは必ずしも米国南東部から持ち運ばれたものではないらしい（第 6 章参照）．なお，1927-1985 年の間に米国の国境検疫で外来アリが 394 回みつかっているが，意外にもアルゼンチンアリの記録はわずか 1 件のみである（Suarez et al., 2005）．アルゼンチンアリは侵入のチャンスが少なくても定着をしやすいか，もしくは検疫でみつけることが困難なものに潜んでいる可能性が考えられる．ちなみに，394 件の記録のうち 94% は植物からみつかったアリである．

5.2.3 スーパーコロニー

北米のスーパーコロニーでもっとも有名なのは，カリフォルニア沿岸部に 900 km 以上の広範囲にわたって分布する巨大スーパーコロニー，「カリフォルニアン・ラージ」だ（図 5.2 ; Tsutsui et al., 2000）．カリフォルニアではほかに，南部のサンディエゴから約 100 km の圏内で 3 つの小さなスーパーコロニーが知られている（Tsutsui et al., 2003）．1 つはホッジズ湖とテメキュラという 2 カ所に分散しており，残り 2 つはそれぞれスキナー湖，スウィートウォーター貯水池という場所でみつかっている．

米国南東部のスーパーコロニー事情はカリフォルニアとはだいぶ異なる．ノースカロライナ州，サウスカロライナ州，ジョージア州にかけて 700 km にわたる範囲の 16 地点からアルゼンチンアリを採集して相互の敵対性を調べたところ，なんとすべての採集地点間で敵対性がみられたというのだ（Buczkowski et al., 2004 ; Buczkowski, 私信）．各採集地点のアルゼンチンアリは規模 2500 m^2 以下の小さなスーパーコロニーを形成しているらしい．

5.2.4 ボトルネック仮説

本章の 5.1 節で記したように，原産地南米のアルゼンチンアリは多数の小規模スーパーコロニーを形成する．これに対し，カリフォルニアのアルゼン

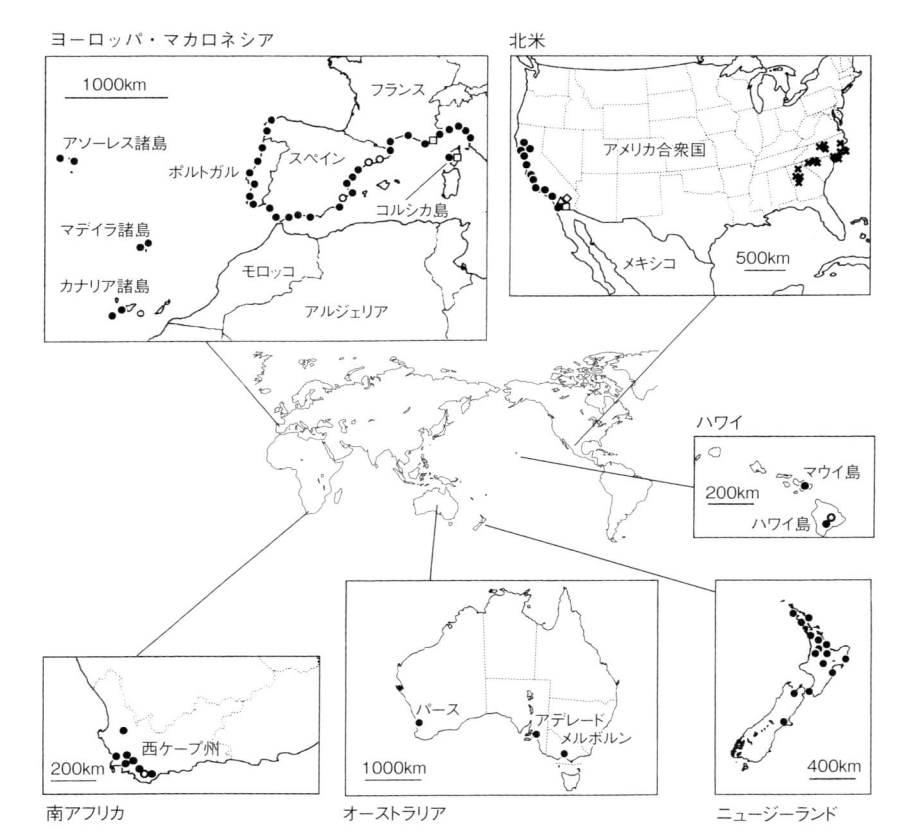

図 5.2 世界の侵入地 6 地域におけるアルゼンチンアリスーパーコロニーの分布. 地域ごとに一番大きなスーパーコロニーを黒丸, その他のスーパーコロニーを各種のシンボルで示した. 同じシンボルでも地域が異なるものは別のスーパーコロニーである. ヨーロッパ・マカロネシア：黒丸はヨーロピアン・メイン, 白丸はカタロニアン, 四角はコルシカン. 北米：黒丸はカリフォルニアン・ラージ, 三角, 四角, 菱形はカリフォルニアの小スーパーコロニー. 米国南東部には多数の小スーパーコロニーが点在し, ×で示した地点の個体群どうしはすべてたがいに敵対しあう. ハワイ：黒丸がハワイ島とマウイ島に, 白丸がハワイ島にのみ分布するスーパーコロニー. ニュージーランド：黒丸で示した 1 つのみが分布. オーストラリア：黒丸で示した 1 つのみが分布. 南アフリカ：黒丸で示したもののほかに, エリムという村で白丸のスーパーコロニーが知られる.

チンアリは 900 km 以上にわたる巨大スーパーコロニーを形成する．原則として，アリは血縁者に対して利他行動をとり，血縁度の低い個体は仲間として受け入れない巣仲間認識システムをもつはずである．南米では血縁者どうしで小さなスーパーコロニーをつくるアルゼンチンアリが，侵入地では血縁に関係なく利他行動をしあう巨大スーパーコロニーをつくるように社会構造が変化しているのではないかと Tsutsui et al.（2000）は考え，原産地南米と侵入地カリフォルニアでアルゼンチンアリの行動と遺伝を比較して，なぜ原産地と侵入地でコロニーの規模が異なるのかを考察した．

彼らはマイクロサテライトマーカーを用いた遺伝解析により，カリフォルニアのアルゼンチンアリの遺伝的多様性が「ボトルネック効果」により低下していることを示した．原産地からアルゼンチンアリのコロニーの一部が侵入地に持ち運ばれる場合のように，ある生物集団のサイズが小さくなると，遺伝的浮動が起きやすくなる．遺伝的浮動とは，自然選択とは関係なく偶然に，ある遺伝子をもつ個体がその対立遺伝子をもつ個体よりも繁殖に成功し，集団内から対立遺伝子が消えてしまうという現象である．遺伝的浮動が生じると，集団内の遺伝的多様性はもとよりも大きく狭まったものになる．このような効果をボトルネック効果という（図 5.3）．

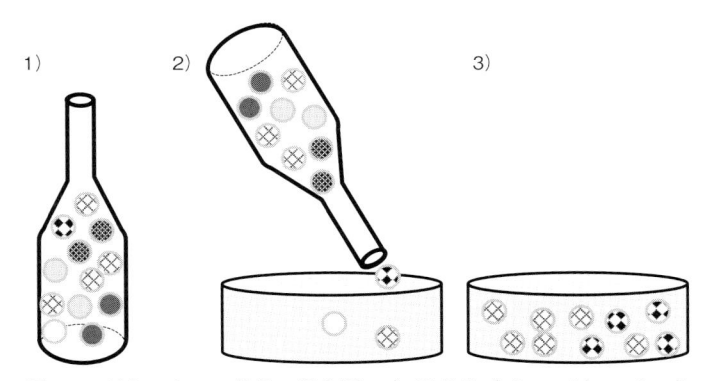

図 5.3 ボトルネック効果の概念図．1) 原産地（ビンの中）では，多様な遺伝子型（模様）をもったスーパーコロニーが存在する．2) 新たな場所（右下）に侵入する際には，細いビン首（ボトルネック bottle neck）を通って，一部のスーパーコロニーのみが入り込む．3) 遺伝的浮動により，たまたま初期の繁殖に成功した一部の遺伝子型のみが優勢となる．

Tsutsui et al.（2000）は，この遺伝的多様性の低下が，地理的に離れた巣間での敵対性の低下につながっていると考察した．具体的には，ボトルネック効果によって，アルゼンチンアリが巣仲間を認識する際の基準となる体表炭化水素などの遺伝的多様性が失われたため，アルゼンチンアリはカリフォルニアで繁殖を繰り返して広範囲に拡まっても，直近の血縁者だけで小さなコロニーをつくるのではなく，大きな枠で親戚どうしにあたる個体群どうしが敵対しないままで，巨大スーパーコロニーの形成につながった，ということである．上記のボトルネック仮説はアルゼンチンアリが侵入地で成功するメカニズム，さらにはスーパーコロニーの進化のメカニズムを説明する仮説として非常によく知られている．

　しかし，ボトルネック仮説は原産地と侵入地でスーパーコロニー内の遺伝的多様性，体表炭化水素のバリエーション，血縁度に違いがあることを仮定している．現実には，これらの仮定は必ずしも事実ではない．まず，ヨーロッパの侵入個体群についてはボトルネック効果が弱く，遺伝的多様性が原産地個体群と比べてさほど低下していないことが示されている（Giraud et al., 2002；5.4 節）．つぎに，アルゼンチンアリではスーパーコロニー間での交配を妨げる行動システムが存在し，スーパーコロニーごとの体表炭化水素のバリエーションはおそらく原産地でも侵入地でもたいして変わらないことが予想される（Jaquiéry et al., 2005；Pedersen et al., 2006：第7章参照）．さらに，スーパーコロニーのメンバーどうしの血縁度は，原産地個体群でも侵入地個体群でも変わらないという報告がある（Pedersen et al., 2006；Vogel et al., 2009）．以上の結果を総合的にとらえると，ボトルネック仮説は，理論的には起こりうるが，アルゼンチンアリについては実際にそのとおりの現象が起こったわけではないと考えられる．

5.3　ハワイ

5.3.1　生息環境と侵入の歴史

　ハワイは米国の1つの州であるが，太平洋中央の火山諸島（ハワイ島，マウイ島，カホオラヴェ島，ラナイ島，モロカイ島，オアフ島，カウアイ島，

ニイハウ島の8つの島，そして100を超える小島）から構成されており，米国本土からは大きく異なるためここに分けて記す．このうち，アルゼンチンアリの侵入はハワイ島，オアフ島およびマウイ島で記録されている（Krushelnycky et al., 2004）．ハワイでの生息環境として特筆すべきことは，高標高地に特化した分布であり，これはハワイの低地がアルゼンチンアリにとって暑すぎ，ほかの侵略的外来アリとの競合により低地から排除された結果であると推察されている（Krushelnycky et al., 2004）．たとえばハワイ島では，標高2640 mまでの分布（Wetterer et al., 1998），マウイ島では2850 mまでの分布が記載されている（Krushelnycky et al., 2004）．

　筆者の坂本は，2009年10月にハワイ島における高度2500 mでのアルゼンチンアリの生息環境を観察した．ハワイ島の高標高地は「すばる望遠鏡」が設置されるなど，日本にもなじみが深く，道路も整備されている．その道路横の，草丈の低い雑草が生えた攪乱地がアルゼンチンアリの生息地となっており，さらに奥を20 mほど歩めば森林もあるが，アルゼンチンアリは攪乱地に特異的に生息し，石の下にコロニーをつくっていた．アルゼンチンアリにとって好適な蜜源となるアブラムシの密度は低く，アルゼンチンアリにとってはむしろ追いやられた生息地であるという感覚を強く受けた．一方，ハワイ島の低標高地にはアルゼンチンアリにとって好適だと考えられる環境，川沿いの湿地などが多数存在したが，それらの場所ではオオズアリ *Pheidole* 類，またヒゲナガアメイロアリ *Paratrechina longicornis*，アカカミアリ *Solenopsis geminata* といった侵略的外来アリは多数みられたが，アルゼンチンアリは観察されなかった．

　また，筆者の砂村は，2008年5月にマウイ島ハレアカラ火山の頂上部，標高2850 mでのアルゼンチンアリの生息環境を観察した（図5.4）．ハレアカラ火山は美しい日の出や展望，クレーターなどが楽しめる観光地として人気があり，頂上部まで自動車で行くことができる．アルゼンチンアリはこの交通の便を利用して山頂部まで侵入したと考えられる．生息地は雲の上にあり，植生が乏しく岩だらけの土地で，一見しただけではアルゼンチンアリは行列どころか1個体もみつからない．しかし，石ころをひっくり返すと，ところどころで巣がみつかった．石の下に小さな巣穴が空いており，その下に坑道が続いているようだった．これは日本で見慣れた簡易的な巣（石の下

図 5.4（1） 世界のアルゼンチンアリ侵入地．A：ハワイ．1）ハレアカラ火山の火口．2）ハレアカラ火山の山頂部．標高 2850 m と雲より高いところに位置し，アルゼンチンアリは石の下でみられた．3）周囲は植生に乏しい．4）ハワイの高標高地に固有の植物，ギンケンソウ．5）ギンケンソウがアルゼンチンアリによって絶滅の危機に瀕していることを訴える国立公園内の展示物．6）ハレアカラ火山の標高 2000 m のところに位置するクラ．B：ヨーロッパ．[1-5] ポルトガルのポルト．1）ドウロ川沿いの風景．2，3）ドウロ川沿いのプラタナスの幹でアルゼンチンアリを確認した．他種のアリはみられなかった．4）ホテルの庭にも多数のアルゼンチンアリがいた．5）ホテル庭の植木にきていたアルゼンチンアリの大群．[6-9] スペインのバルセロナ．6）アルゼンチンアリが生息する市街地．7）街路樹のプラタナスの幹にできた行列からアルゼンチンアリを採集中の鈴木（第 11 章執筆者）．8）生息地に流れる川．アルゼンチンアリが水源の近くを好むのは世界共通である．9）公園の石垣にできた行列からアルゼンチンアリを採集する筆者の砂村．

C　マデイラ島

D　オセアニア

図 5.4（2）　C：マデイラ島．1）首都フンシャルの街並み．2）マデイラは亜熱帯性で，写真のゴクラクチョウカなどさまざまな南国の植物が栽培されている．3）低地はアルゼンチンアリにとってやや暑すぎる印象を受けたので小高い丘の市街地を調べたところ，道路沿いの草むらでアルゼンチンアリを発見できた．4）家屋の塀やゴミ集積所でアルゼンチンアリの行列を確認した．5）多少自然度の高い場所でもアルゼンチンアリがみられた．6）低地ではアルゼンチンアリがみられない場所が多かったものの，港町のカマラ・ド・ロボスでは行列を複数発見することができた．7）カマラ・ド・ロボスでみたアルゼンチンアリの行列．8）河口に位置するマシコの町でも，堤防やバナナ農園の塀で多数の個体からなるアルゼンチンアリ行列を確認した．9）堤防のなかにできた巣を出入りするアルゼンチンアリ．D：オセアニア．［1-3］オーストラリア・メルボルン．1）モナッシュ大学の構内．2）大学構内では枯れ木のチップの下にアルゼンチンアリの巣がみられた．3）郊外の民家の庭でもアルゼンチンアリを観察できた．［4-6］ニュージーランド・クライストチャーチ．4）アルゼンチンアリ生息地の様子．5）ツタの葉の上を歩くアルゼンチンアリ．6）巣を暴くと多数の個体が手を這い上がってきた．

になんとなく女王，ワーカー，ブルードが集まっただけの状態）よりはやや
しっかりしたものだった．1つ驚いたのは，ハレアカラではオスアリが年間
を通してみられることだ（Krushelnycky，私信）．筆者の砂村が訪れた際も
みつけることができた．アルゼンチンアリの数は少なかったが，それ以外の
昆虫や小動物も少なく，石の下からときどきクモなどがみつかる程度だった．
アルゼンチンアリは乏しい資源を探し求めながら生活しているのだろう．在
来生物にとっては，アルゼンチンアリはまさしく「血に飢えた狼」なのであ
る．ハレアカラ火山ではアルゼンチンアリの生息エリアが2カ所知られて
おり，山頂部のほか，やや下った標高2000 mのクラという場所にもアルゼ
ンチンアリがいる（図5.4）．ここは山頂より植生が豊かでアルゼンチンア
リの生息に好適そうにみえたが，ちょろちょろとみられる程度でなぜか少な
かった．

ハワイへのアルゼンチンアリの侵入は，1940年にオアフ島のホノルルで
初めて見出された（Zimmerman, 1941）．これには，第二次世界大戦におい
て重要な軍事拠点であったハワイに軍の物資に紛れて米国本土から持ち込ま
れたという説（Passera, 1994）と，カリフォルニアから通商によって持ち
込まれた（Zimmerman, 1941）という説がある．アルゼンチンアリは，ほ
かの侵略的外来アリと異なり高標高地への侵入が可能であることが注目され，
マウイ島のハレアカラ国立公園では1967年に早くも2000 m以上の標高へ
の侵入が観察されている（Huddleston and Fluker, 1968）．ハワイには後述
のように複数のスーパーコロニーが分布することから，侵入は複数回にわた
ると推測される．ただし，マウイ島の個体群は，ハワイ島の2つの個体群
の片方に由来することが，Tsutui et al. (2001) の遺伝解析によって示唆さ
れている．

5.3.2　生態系への影響

ハワイ諸島は，数百万年前に太平洋中央の海底における火山活動によって
生じたため，自然分布の社会性昆虫は存在しない（Krushelnycky et al.,
2004）．そのため，在来アリの一掃といった現象は起こらないが，高標高地
に到達したアルゼンチンアリは，生息地における強大な捕食者として在来の
自然生態系に大きな影響をおよぼしている．とりわけ，ハナバチ類やガ類な

どのポリネーターを捕食することにより，植物の繁殖への負の影響が間接効果として注目される．ハワイ特産の高山植物であるギンケンソウ（銀剣草 *Argyroxiphium sandwicense*）は数十年に一度開花するキク科の植物であるが，貴重な送粉者となっている単独性ハナバチやガがアルゼンチンアリによって除去されてしまうことにより，絶滅の可能性が危惧されている（Cole et al., 1992）．

5.3.3　スーパーコロニー

ハワイのアルゼンチンアリについて注目されることの1つに，ハワイ島内において，2つのスーパーコロニーが発見されていることがある．Tsutsui et al.（2001）は，マイクロサテライト多型解析を行ない，ハワイ島のキラウエア火山国立公園において2 kmも離れていない2地点のアルゼンチンアリが遺伝的に大きく異なることを見出した．さらに，Brandt et al.（2009）と van Wilgenburg et al.（2010）は体表炭化水素や行動の面からも実験を行ない，ハワイ島に2つのスーパーコロニーが存在することを示した．

5.4　ヨーロッパ

5.4.1　生息環境

ヨーロッパにおけるアルゼンチンアリの生息環境について，Espadaler and Gómez（2003）はイベリア半島での調査をもとに以下のように述べている．まず，アルゼンチンアリの生息地は低地が多いが，標高690 mの高所でもみられ，高標高自体は分布の制限要因ではない．つぎに，分布は海沿いがほとんどで，これはおそらくアルゼンチンアリにとって温暖な気候，高い湿度，もしくはその両方が必須であることを反映している．海沿いの生息地から河川沿いにやや内陸方面に進出して生息している場合もある．そして，生息地の大部分は市街地や，激しい人為攪乱を受けた場所である．以上のパターンと異なり，イベリア半島内陸部の乾燥高原で，冬は低温になるメセタ地域からも，ほんの数カ所ではあるがアルゼンチンアリの生息が確認されて

いる．ただし，それらはいずれも市街地であり，人の手によって環境条件がアルゼンチンアリに好適なように改変されているため侵入に成功したのだと考えられる．

筆者の砂村と，第11章の執筆者である鈴木は2009年秋にポルトガルのポルトとスペインのバルセロナでアルゼンチンアリを観察した（図5.4）．ポルトへは学会参加が目的で赴いたが，現地にくわしい人の案内がなくとも容易に街中でアルゼンチンアリを発見できた．プラタナスの街路樹上に行列をなしている様子がしばしばみられた．宿泊したホテルの庭にも生息しており，柑橘類の幹で非常に多数の個体を観察した．アルゼンチンアリのいる場所ではほかのアリはまったくみられなかった．バルセロナでは上記 Espadaler and Gómez（2003）の筆頭著者かつ，コラム-3の執筆者であるエスパダレール博士の案内で，市街地の公園や通りに生息するアルゼンチンアリを観察した．生息場所や個体数など，ヨーロッパにおけるアルゼンチンアリの様子は日本とあまり変わらない印象を受けた．

5.4.2　侵入の歴史

ヨーロッパにアルゼンチンアリが最初に侵入したのはポルトガルで，1890年代にポルトやリスボンなどポルトガル国内のいくつかの場所から続けて生息が確認された（Wetterer and Wetterer, 2006）．地中海沿岸諸国では1911年までにフランス，1921年までにイタリア，1939年までにアルジェリア，1956年にモロッコで生息が確認されている．また，ヨーロッパ北部では1900年代にアイルランド，ドイツ，1910年代にベルギー，イギリス，ポーランドなどで続々と生息が確認された．

第6章でくわしく触れるが，地中海沿岸に分布するアルゼンチンアリの多く（具体的には，5.4.3項で取り上げるヨーロピアン・メインスーパーコロニー）はマデイラからポルトガルに持ち込まれた個体群が拡散したものである可能性が高い．この際，イベリア半島ではコルク産業における材木の移送がアルゼンチンアリの分布拡大に一役買っていたらしい（Roura-Pascual et al., 2009）．ただし，フランスではヨーロッパ大陸の他地域からの侵入ではない可能性が指摘されている．南仏でアルゼンチンアリが最初に確認されたのは20世紀初頭のカンヌおよびトゥーロンである（Blight et al., 2012）．

Blight et al.（2012）はこれら 2 つの生息地への侵入ルートについて，これまでに提唱されていた仮説を紹介している．1 つは，カンヌへは南米から輸入されたランに付帯してアルゼンチンアリが侵入したという説で，もう 1 つは，トゥーロンへはカナリア諸島から輸入されたヤシの木についてアルゼンチンアリが侵入したという説である．カンヌ付近には 5.4.4 項で取り上げるコルシカンスーパーコロニーが分布し，一方でカナリア諸島およびトゥーロン付近にはヨーロピアン・メインスーパーコロニーが分布する（Blight et al., 2012）ことをふまえると，これらの説はあながちまちがっていないのかもしれない．

5.4.3　2 つの巨大スーパーコロニーと遺伝的浄化仮説

　ヨーロッパではこれまでに 3 つのスーパーコロニーがみつかっている（図 5.2）．まず，Giraud et al.（2002）は地中海沿岸各地からアルゼンチンアリを採集して敵対性試験を行ない，2 つのスーパーコロニーを発見した．1 つめは，スペイン北部からポルトガルを経てイタリアまでの海沿いに 6000 km 以上にわたって分布する「ヨーロピアン・メイン」スーパーコロニーである．2 つめは，スペイン東部のイベリア半島に 700 km にわたって分布する「カタロニアン」スーパーコロニーである．同じスーパーコロニーに属する巣どうしはたとえ地理的にかなり離れていてもたがいに敵対しないが，異なるスーパーコロニーに属する巣どうしは例外なく激しく敵対する．

　これらのスーパーコロニーについて，Giraud et al.（2002）はさらにマイクロサテライトマーカーを用いて遺伝解析を行い，5.2 節で紹介した Tsutsui et al.（2000）のボトルネック仮説を検証した．その結果，ヨーロッパのスーパーコロニーは原産地個体群に比べて遺伝的多様性はあまり低下しておらず（17 座位を調べて座位あたり平均 28%），侵入時のボトルネックはさほど厳しくなかったと結論づけられた．実際，同じスーパーコロニー内でも生息地間でかなりの遺伝的差異がみられた．これらの結果から Giraud et al.（2002）は，ヨーロッパのアルゼンチンアリが原産地ではみられないような巨大スーパーコロニーを形成するに至ったメカニズムは，侵入後に「遺伝的浄化」が起こってそれぞれのスーパーコロニーのなかで巣仲間認識の基準が遺伝的に固定されてしまったからだと考えた．この仮説は遺伝的浄化仮説と

5.4 ヨーロッパ

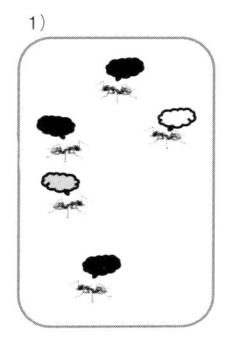

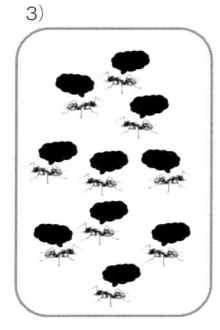

図 5.5 遺伝的浄化仮説の概念図．1）侵入初期のアルゼンチンアリ．スーパーコロニーはつくっておらず，さまざまな体表炭化水素をもつコロニーがある．吹き出しは各コロニーの体表炭化水素を表す．各コロニーで適応度に差はない．おたがいが出会う可能性はまだ少ない．2）アルゼンチンアリ密度が高まった状態．黒のコロニーとの競争で，まれな体表炭化水素をもつ白のコロニーは絶滅した．3）侵入後期．もっとも普遍的な黒だけが残り，スーパーコロニー化して拡がっている．

してボトルネック仮説とともによく知られており（図 5.5），くわしくは以下のようなものである．まず，アルゼンチンアリが新天地に侵入すると，原産地にいた天敵や競争相手から解放されて旺盛に繁殖するので巣の密度が高まる．この状況ではアルゼンチンアリがよその巣の個体と出会う頻度が高く，なわばり防衛のコストがメリットを上回ってしまう可能性がある．そうであれば，集団のなかでもっとも普遍的な巣仲間認識の基準（体表炭化水素のことだと理解してよい）をもつコロニーが自然選択のなかで有利となる．なぜならば，そのコロニーはよそのコロニーと争うことが少ないからである．こうして普遍的ではない巣仲間認識の基準が淘汰され消えていった結果，まったく同じ巣仲間認識の基準をもつ巨大なスーパーコロニーが誕生した．そしてこの現象が 2 回起こることによって 2 つの巨大スーパーコロニーが現在ヨーロッパに分布していると Giraud *et al.*（2002）は考えたわけである．

ただし，遺伝的浄化仮説は，ボトルネック仮説と同様に，原産地と侵入地でアルゼンチンアリの社会構造が根本的に変化しているという想定にもとづいた仮説である．この想定が誤りであったことはボトルネック仮説の項で述べたとおりである．

5.4.4 3つめのスーパーコロニー

Blight *et al.*（2009, 2012）は，フランスのコルシカ島および本土の一部において，ヨーロピアン・メインおよびカタロニアンのいずれとも違う3つめのスーパーコロニー，「コルシカン」を発見している（図 5.2）．コルシカンはヨーロピアン・メインとの敵対性が弱く，両者は遺伝的にもよく似て，解析方法次第では区別すらつかないほどである．日本でいうジャパニーズ・メインと神戸 B の関係とよく似ているように思われる（第 4 章参照）．Blight *et al.*（2009）は，コルシカンがヨーロピアン・メインとは別に原産地から侵入した可能性以外に，コルシカンがヨーロピアン・メインから分岐した，あるいはヨーロピアン・メインがコルシカンから分岐したスーパーコロニーである可能性も指摘している．

5.5 マカロネシア・オセアニア・アフリカ

5.5.1 マカロネシア——アソーレス諸島・マデイラ諸島・カナリア諸島

侵入の歴史とスーパーコロニー

マカロネシアとは，大西洋においてヨーロッパや北アフリカの沖に位置するいくつかの諸島の総称である（図 5.2）．本節で取り上げるアソーレス（アゾレス）諸島とマデイラ諸島はポルトガル領，カナリア諸島はスペイン領となっている．とりわけ，マデイラ島は世界で最初にアルゼンチンアリが原産地以外でみつかった場所として知られ，その発見記録は 1850 年ごろまでさかのぼる（Wetterer and Wetterer, 2006）．当時のマデイラ島はポルトガルと南米間の通商の重要な中継点になっており，その関係でアルゼンチンアリが南米から持ち運ばれたらしい．マデイラ島では 1890 年ごろにアルゼンチンアリの生息密度が爆発的に高まり，アリ学者たちはヨーロッパ本土への侵入をおそれた．その懸念はすぐさま現実のものとなり，1890 年から 1896 年の間にポルトガル本土の複数の場所でアルゼンチンアリが確認された．その後 1920 年までにアソーレス諸島およびカナリア諸島，そしてヨー

ロッパ本土のさまざまな場所で記録されるに至った.

　マカロネシアのアルゼンチンアリは島内の巣どうしでも島間の巣どうしでも相互に敵対せず，単一のスーパーコロニーに属する（図 5.2）．それだけでなく，本章の 5.4 節で紹介したヨーロピアン・メインスーパーコロニーとも敵対しない．第 6 章で再度くわしく取り上げるが，マデイラのアルゼンチンアリがマカロネシアのほかの諸島やヨーロッパ本土に飛び火して巨大スーパーコロニーに発展したと考えられる．

生息環境

　マカロネシアの島々の気候は亜熱帯から熱帯である．筆者の砂村と，第 11 章の執筆者である鈴木は 2009 年秋にマデイラ島を訪れたので，ここで現地でのアルゼンチンアリの様子を紹介したい（図 5.4）．マデイラ島は山地性の島で，島の 90% は標高 500m 以上，33% は標高 1000m 以上となっている．人口は島の南岸の低標高地に集中しており，それ以外の場所は比較的人為攪乱を受けていない．アルゼンチンアリは市街地を中心に生息している（Wetterer et al., 2006）．低地の市街地は気温が高く土壌は比較的乾燥しており，アルゼンチンアリの生息にはやや向いていないように思われた．実際，Wetterer and Wetterer（2006）がアルゼンチンアリを確認した箇所のなかに，筆者らが訪れた際にはまったく確認できない場所がいくつかあった．代わりに，ツヤオオズアリ *Pheidole megacephala* やヒゲナガアメイロアリといった熱帯性の外来アリが多くみられた．マデイラ島のアルゼンチンアリは，好適な条件のときは爆発的に増えるが，環境が悪くなればたちまちコロニーが絶えたり縮小したりしてしまうという栄枯盛衰を繰り返しているのかもしれない．なお，マデイラ島の中心部の山地は冷涼で降雨も多いが，ハワイとは事情が違い，アルゼンチンアリはほとんど高標高地に侵入できないでいるらしい（Wetterer et al., 2006）．山地は湿度が高すぎること，アルゼンチンアリにとって主要な蜜源であるアブラムシが好む植生が乏しいこと，在来のケアリの一種 *Lasius grandis* が競争相手となっていること，などが原因として考えられている．

　アソーレス諸島でもアルゼンチンアリは低標高の市街地に生息している（Wetterer et al., 2004）．カナリア諸島でも人為攪乱を受けた場所に生息する

が，標高550m程度の場所でもみられる（Espadaler and Bernal, 2003）．

5.5.2 オセアニア――オーストラリア・ニュージーランド

オーストラリア

オーストラリアでアルゼンチンアリが最初に発見されたのは，1939年ビクトリア州メルボルンの郊外においてである（Suhr et al., 2011）．その後西オーストラリア州（1941年），ニューサウスウェールズ州（1950年），タスマニア州（1951年），南オーストラリア州（1979年），クイーンズランド州（2002年）にかけてオーストラリア南部で急速に分布を拡大した．基本的には家屋害虫として認識されているが，園芸害虫ともなりうる（Davis and Widmer, 2011）．生態系への影響としては，在来アリの排除，それによる植物の種子散布の攪乱などが報告されている（Rowles and O'Dowd, 2009a, 2009bなど）．筆者の砂村は，2008年，11月末から12月初めにかけてメルボルンでアルゼンチンアリを観察する機会を得た．大学の構内や郊外の民家の庭などの攪乱環境で，たくさんの幼虫・蛹を抱えた巣を観察できた．残念ながら観察地点はピンポイントとなり，周辺地域のアリ相などと比較はできなかったが，少なくとも観察したポイントではアルゼンチンアリが優占し，生息環境や個体数において日本と同様の状況を確認できた．

Suhr et al.（2011）はメルボルン，南オーストラリア州のアデレード，西オーストラリア州のパースの3都市のアルゼンチンアリを用いて敵対性試験とマイクロサテライト多型解析を行ない，オーストラリアのスーパーコロニーと侵入の歴史を研究した．同じ都市内，異なる都市間のいずれの巣の間でも敵対性はみられず，3都市のアルゼンチンアリは1つのスーパーコロニーに属することがわかった（図5.2）．また，これらの巣間では遺伝的変異が0から弱程度にみられた．パースとアデレードでアルゼンチンアリが確認されたのはそれぞれ1950年と1979年だが，アデレードでは1979年時点ですでに郊外の69カ所に拡がっていたことから，侵入から相当の年月が経っていたと考えられる．メルボルンからアデレード，パースへは物流の流れが東から西の方向へ偏っていたこと，メルボルンから西方面へ運送中の鉢植えからアルゼンチンアリのコロニーが複数みつかっている実績からも，オーストラリア南部においてアルゼンチンアリは東から西へと分布を拡大して

いったと考えられた．

ニュージーランド

ニュージーランドは，2つの大きな島（南島・北島）と，多数の小さな島々からなる．この国でアルゼンチンアリは，北島にある国内最大の都市，オークランドにおいて1990年に初めて記録された（Green, 1990；Warwick, 2007）．発見者のグリーンは，アルゼンチンアリの行列を最初に発見した地点から，ベイトトラップを用いた分布調査を行なった．調査の結果，数ヘクタールにわたって分布が拡がっていることが確認されたが，国や地方自治体による根絶の試みはなされなかった（Ward *et al.*, 2010）．グリーンの調査から数年間はオークランドの外での記録はほとんどなかったが，1997年以降，アルゼンチンアリの認知度が高まったことや精力的な分布調査が行なわれたことを受け，多くの記録が出るようになった．現在では首都ウェリントンを含む北島，そして，南島最大の都市であるクライストチャーチを含む南島においても生息が確認されている．分布は，何回もの飛び地的な移動を示唆し，周辺の小島においても，オークランド沖の自然保護区，チリチリマタンギ島への侵入が見出された（Harris, 2002；コラム-5参照）．幸いなことに，この島に移入した個体群は，現在ではほぼ根絶に成功している．ニュージーランドの多くの地域はアルゼンチンアリにとっては寒すぎ，分布拡大のペースは105 m/年にすぎないと見積もられている（Harris, 2001）．侵入環境としては，市街地や，道路沿いの草地のような攪乱された環境が中心だが，低木林やマングローブ林といった自然環境にも進出している．

筆者の坂本は，2010年の5月に南島のクライストチャーチ近郊における生息地を観察したが，そこはイネ科雑草が優占する郊外の攪乱地であった．アルゼンチンアリは水の流れる側溝沿いでのみ観察され，道路を1本隔てるとすぐに姿を消し，行列密度も低かった．クライストチャーチは，南緯43度31分48秒に位置し，アルゼンチンアリにとっては寒さの限界に近い生息地であることに起因するのであろう．同様の気候帯に属するニュージーランド南島におけるアルゼンチンアリの分布拡大は，日本においてどの地域までが危険かということを考えるうえで多くの示唆を与えるものになりうる．

ニュージーランドに侵入したアルゼンチンアリの起源を推定するため，

Corin et al.（2007a）は，ニュージーランド南北島にまたがる 900 km の範囲内の 15 ヵ所からアルゼンチンアリを採集し，敵対性試験とマイクロサテライト多型解析を行なった．その結果，採集した巣はすべて同じスーパーコロニーに属すること，遺伝的多様性が非常に低く，侵入起源はおそらく共通であろうことが示唆された（図 5.2）．さらに，Corin et al.（2007b）はミトコンドリア DNA の解析および輸入品の検疫記録をもとに，ニュージーランドのアルゼンチンアリはオーストラリアから持ち込まれたものと結論づけている．

5.5.3 アフリカ

アフリカでアルゼンチンアリが確認されたのは 1900 年代初頭で，世界のアルゼンチンアリ侵入地のなかでもかなり古い部類に入る（Skaife, 1955）．ボーア戦争中に家畜の飼料に紛れてアルゼンチンから直接持ち込まれたといわれている．現在，分布は南アフリカ共和国の西ケープ州一帯に拡がっており，市街地，自然環境の両方でみられる．自然環境では，西ケープ州に固有の植生であるフィンボス（硬い葉の常緑矮木を中心とした植生）に進出し在来アリの排除，植物の種子散布の攪乱を引き起こしている（Bond and Slingsby, 1984；Christian, 2001）．また，アフリカ大陸では，シジミチョウ科のチョウの大半が在来アリと共生関係にある固有種であることが知られており（Pierce et al., 2002），これら貴重な種の保全に悪影響をおよぼすことが懸念される．

Tsutsui et al.（2001）は世界各地のアルゼンチンアリについてマイクロサテライト多型解析を行なったが，そのなかで，南アフリカの 3 地点で採集したアルゼンチンアリのうち 1 地点のものがほかの 2 地点と遺伝的に大きく異なることを発見した．これは南アフリカにアルゼンチンアリが複数回侵入したこと，スーパーコロニーが複数存在することを示唆している．実際，Mothapo and Wossler（2011）は敵対性試験と体表炭化水素分析を行ない，西ケープ州の 150 km 以上の範囲の 8 地点から 2 つのスーパーコロニーを発見した（図 5.2）．1 つのスーパーコロニーはエリムという村だけでみられた．7 地点で確認された大きなほうのスーパーコロニーは，7 地点のうちの 1 つであるステレンボッシュの巣が遺伝的に世界のほかの侵入地とかけ離れてい

ることから，世界のほかの侵入地から持ち込まれたのではなく，原産地から直接持ち込まれたものである可能性が高いと考えられる（Vogel *et al.*, 2010 ; van Wilgenburg *et al.*, 2010）．これらの結果をもとにすると，上記のボーア戦争にまつわる仮説は信憑性が高く感じられる．

引用文献

Blight, O., J. Orgeas, M. Renucci, A. Tirard and E. Provost. 2009. Where and how Argentine ant (*Linepithema humile*) spreads in Corsica? Comptes Rendus Biologies, 332 : 747-751.

Blight, O., L. Berville, V. Vogel, A, Hefetz, M. Renucci, J. Orgeas and L. Keller. 2012. Variation in the level of aggression, chemical and genetic distance among three supercolonies of the Argentine ant in Europe. Molecular Ecology, 21 : 4106-4121.

Bond, W. and P. Slingsby. 1984. Collapse of an ant-plant mutualism : the Argentine ant (*Iridomyrmex humilis*) and myrmecochorous Proteaceae. Ecology, 65 : 1031-1037.

Brandt, M., E. van Wilgenburg and N. D. Tsutsui. 2009. Global-scale analyses of chemical ecology and population genetics in the invasive Argentine ant. Molecular Ecology, 18 : 997-1005.

Buczkowski, G., E. L. Vargo and J. Silverman. 2004. The diminutive supercolony : the Argentine ants of the southeastern United States. Molecular Ecology, 13 : 2235-2242.

Christian, C. E. 2001. Consequences of a biological invasion reveal the importance of mutualism for plant communities. Nature, 413 : 635-639.

Cole, F. R., A. C. Medeiros, L. L. Loope and W. W. Zuehlke. 1992. Effects of the Argentine ant on arthropod fauna of Hawaiian high-elevation shrubland. Ecology, 73 : 1313-1322.

Corin, S. E., K. A. Abbott, P. A. Ritchie and P. J. Lester. 2007a. Large scale unicoloniality : the population and colony structure of the invasive Argentine ant (*Linepithema humile*) in New Zealand. Insectes Sociaux, 54 : 275-282.

Corin, S. E., P. J. Lester, K. L. Abbott and P. A. Ritchie. 2007b. Inferring historical introduction pathways with mitochondrial DNA : the case of introduced Argentine ants (*Linepithema humile*) into New Zealand. Diversity and Distributions, 13 : 510-518.

Costa, H. S. and M. K. Rust. 1999. Mortality and foraging rates of Argentine ant (Hymenoptera : Formicidae) colonies exposed to potted plants treated with fipronil. Journal of Agricultural and Urban Entomology, 16 : 37-48.

Davis, P. and M. Widmer. 2011. Argentine ants. Department of Agriculture and Food, Western Australia Gardennote 502.

De Ong, E. R. 1916. Municipal control of the Argentine ant. Journal of Economic

Entomology, 9 : 468-472.
Espadaler, X. and V. Bernal. 2003. Exotic ants in the Canary islands (Hymenoptera, Formicidae). Vieraea : Folia scientarum biologicarum canariensium, 31 : 1-8.
Espadaler, X. and C. Gómez. 2003. The Argentine ant, *Linepithema humile*, in the Iberian Peninsula. Sociobiology, 42 : 187-192.
Field, H. C., W. E. Evans Sr., R. Hartley, L. D. Hansen and J. H. Klotz. 2007. A survey of structural ant pests in the southwestern U. S. A. (Hymenoptera : Formicidae). Sociobiology, 49 : 151-164.
Foster, E. 1908. The introduction of *Iridomyrmex humilis* (Mayr) into New Orleans. Journal of Economic Entomology, 1 : 289-293.
Giraud, T., J. S. Pedersen and L. Keller. 2002. Evolution of supercolonies : the Argentine ants of southern Europe. Proceedings of the National Academy of Sciences of U. S. A., 99 : 6075-6079.
Green, O. R. 1990. Entomologist sets new record at Mt. Smart for *Iridomyrmex humilis* established in New Zealand. The Weta, 13 : 14-16.
Harris, R. J. 2001. Argentine ant (*Linepithema humile*) and other adventive ants in New Zealand. DOC Science Internal Series 7. Department of Conservation, Wellington, New Zealand.
Harris, R. J. 2002. Potential impact of the Argentine ant (*Linepithema humile*) in New Zealand and options for its control. Science for Conservation 196. Department of Conservation, Wellington, New Zealand.
Holway, D. A. 1998a. Effect of Argentine ant invasions on ground-dwelling arthropods in northern California riparian woodlands. Oecologia, 116 : 252-258.
Holway, D. A. 1998b. Factors governing rate of invasion : a natural experiment using Argentine ants. Oecologia, 115 : 206-212.
Huddleston, E. W. and S. Fluker. 1968. Distribution of ant species of Hawaii. Proceedings of Hawaiian Entomological Society, 3 : 349-368.
Jaquiéry, J., V. Vogel and L. Keller. 2005. Multilevel genetic analyses of two supercolonies of the Argentine ant, *Linepithema humile*. Molecular Ecology, 14 : 589-598.
Kabashima, J. N., L. Greenberg, M. K. Rust and T. D. Paine. 2007. Aggressive interactions between *Solenopsis invicta* and *Linepithema humile* (Hymenoptera : Formicidae) under laboratory conditions. Journal of Economic Entomology, 100 : 148-154.
Krushelnycky, P. D., L. L. Loope and S. M. Joe. 2004. Limiting spread of a unicolonial invasive insect and characterization of seasonal patterns of range expansion. Biological Invasions, 6 : 47-57.
LeBrun, E. G., C. V. Tillberg, A. V. Suarez, P. J. Folgarait, C. R. Smith and D. A. Holway. 2007. An experimental study of competition between fire ants and Argentine ants in their native range. Ecology, 88 : 63-75.

Mothapo, N. P. and T. C. Wossler. 2011. Behavioural and chemical evidence for multiple colonisation of the Argentine ant, *Linepithema humile*, in the Western Cape, South Africa. BMC Ecology, 11：6.
Newell, W. and T. C. Barber. 1913. The Argentine ant. U. S. Department of Agriculture, Bureau of Entomology Bulletin, 122：1-98.
Passera, L. 1994. Characteristics of tramp species. *In*（Williams, D. F. ed.）Exotic Ants：Biology, Impact, and Control of Introduced Species. pp. 23-43. Westview Press, Boulder.
Pedersen, J. S., M. J. B. Krieger, V. Vogel, T. Giraud and L. Keller. 2006. Native supercolonies of unrelated individuals in the invasive Argentine ant. Evolution, 60：782-791.
Phillips, P. A. and C. J. Sherk. 1991. To control mealybugs, stop honeydew-seeking ants. California Agriculture, 45：26-28.
Pierce, N. E., M. F. Braby, A. Heath, D. J. Lohman, J. R. Mathew, D. B. Rand and M. A. Travassos. 2002. The ecology and evolution of ant association in the Lycaenidae（Lepidoptera）. Annual Review of Entomology, 47：733-771.
Roura-Pascual, N., J. M. Bas, W. Thuiller, C. Hui, R. M. Krug and L. Brotons. 2009. From introduction to equilibrium：reconstructing the invasive pathways of the Argentine ant in a Mediterranean region. Global Change Biology, 15：2101-2115.
Rowles, A. D. and D. J. O'Dowd, 2009a. New mutualism for old：indirect disruption and direct facilitation of seed dispersal following Argentine ant invasion. Oecologia, 158：709-716.
Rowles A. D. and D. J. O'Dowd. 2009b. Impacts of the invasive Argentine ant on native ants and other invertebrates in coastal scrub in south-eastern Australia. Austral Ecology, 34：239-248.
Skaife, S. H. 1955. The Argentine ant *Iridomyrmex humilis* Mayr. Transactions of the Royal Society of South Africa, 34：355-377.
Smith, M. R. 1965. House-infesting ants of the eastern United States. United States Department of Agriculture Technical Bulletin, 1326：1-105.
Suarez, A. V., D. A. Holway and T. J. Case. 2001. Patterns of spread in biological invasions dominated by long-distance jump dispersal：insights from Argentine ants. Proceedings of the National Academy of Sciences of U. S. A., 98：1095-1100.
Suarez, A. V., D. A. Holway and P. S. Ward. 2005. The role of opportunity in the unintentional introduction of nonnative ants. Proceedings of the National Academy of Sciences of U. S. A., 102：17032-17035.
Suhr, E. L., D. J. O'Dowd, S. W. McKechnie and D. A. Mackay. 2011. Genetic structure, behaviour and invasion history of the Argentine ant supercolony in Australia. Evolutionary Applications, 4：471-484.
砂村栄力．2011．侵略的外来種アルゼンチンアリの社会構造解析および合成道しるべフェロモンを利用した防除に関する研究．東京大学博士論文．

Tsutsui, N. D., A. V. Suarez, D. A. Holway and T. J. Case. 2000. Reduced genetic variation and the success of an invasive species. Proceedings of the National Academy of Sciences of U. S. A., 97 : 5948-5953.

Tsutsui, N. D., A. V. Suarez, D. A. Holway and T. J. Case. 2001. Relationships among native and introduced populations of the Argentine ant (*Linepithema humile*) and the source of introduced populations. Molecular Ecology, 10 : 2151-2161.

Tsutsui, N. D., A. V. Suarez, D. A. Holway and T. J. Case. 2003. Genetic diversity, asymmetrical aggression, and recognition in a widespread invasive species. Proceedings of the National Academy of Sciences of U. S. A., 100 : 1078-1083.

van Wilgenburg, E., C. W. Torres and N. D. Tsutsui. 2010. The global expansion of a single ant supercolony. Evolutionary Applications, 3 : 136-143.

Vogel, V., J. S. Pedersen, P. d'Ettorre, L. Lehmann and L. Keller. 2009. Dynamics and genetic structure of Argentine ant supercolonies in their native range. Evolution, 63 : 1627-1639.

Vogel, V., J. S. Pedersen, T. Giraud, M. J. B. Krieger and L. Keller. 2010. The worldwide expansion of the Argentine ant. Diversity and Distributions, 16 : 170-186.

Ward, D. F., C. Green, R. J. Harris, S. Hartley, P. J. Lester, M. C. Stanley and R. J. Toft. 2010. Twenty years of Argentine ants in New Zealand : past research and future priorities for applied management. New Zealand Entomologist, 33 : 68-78.

Warwick, D. 2007. Ants of New Zealand. Otago University Press, Otago.

Wetterer, J. K., P. C. Banko, L. P. Laniawe, J. W. Slotterback and G. J. Brenner. 1998. Nonindigenous ants at high elevations on Mauna Kea, Hawaii. Pacific Science, 52 : 228-236.

Wetterer, J. K., X. Espadaler, A. L. Wetterer and S. G. Cabral. 2004. Native and exotic ants of the Azores (Hymenoptera : Formicidae). Sociobiology, 44 : 1-20.

Wetterer, J. K. and A. L. Wetterer. 2006. A disjunct Argentine ant metacolony in Macaronesia and southwestern Europe. Biological Invasions, 8 : 1123-1129.

Wetterer, J. K., X. Espadaler, A. L. Wetterer, D. Aguin-Pombo and A. M. Franquinho-Aguiar. 2006. Long-term impact of exotic ants on the native ants of Madeira. Ecological Entomology, 31 : 358-368.

Wild, A. L. 2007. Taxonomic revision of the ant genus *Linepithema* (Hymenoptera : Formicidae). University of California Publications in Entomology, 126 : 1-159.

Wilson, E. O. 1951. Variation and adaptation in the imported fire ant. Evolution, 5 : 68-79.

Zimmerman, E. C. 1941. Argentine ant in Hawaii. Proceedings of the Hawaiian Entomological Society, 11 : 108.

コラム-2　原産地のスーパーコロニー

坂本洋典

　マデイラ島から世界に拡がったアルゼンチンアリは，メガコロニーと称される巨大なスーパーコロニーを汎世界的に形成するほどに繁栄した．そんなアルゼンチンアリの原産地での姿はどのようなものだろう．いくつかの論文によって，生息地やコロニー構造の断片的な情報こそあれど，それらは実像をイメージさせるものではない．やはり，原産地での姿を知ることはその生物種の理解に必須であると考え，筆者は，地球の裏側・アルゼンチンへと 2010 年，2011 年の 2 回にわたる調査に赴いた．第 1 回の調査には，本書の執筆者の 1 人砂村栄力氏も合流した．調査の細かな内容は第 5 章に譲り，ここでは原産地でのアルゼンチンアリの姿と調査風景をより鮮明に描き出そう．

　日本からアルゼンチンへは，40 時間を超える長旅となる．経由地のアメリカまでは日本人の同乗者も多いが，アルゼンチン行きの飛行機には東洋系の顔すらおらず，地球の裏に行く実感は否が応に湧き上がる．そして降り立つのが，南米のパリと称される首都ブエノスアイレスだ．われわれはアルゼンチンで，自然に近い本来の生息地から，日本と同じく攪乱地でのコロニーまで観察したが，大都会であるブエノスアイレスはもちろん後者である．観光を兼ねてエル・ロサーダ（ピンクハウス）の愛称で知られる大統領官邸を訪れた際，その裏で見慣れた行列を発見したときはむしろあきれてしまった（図 1）．侵入地では大いに猛威を奮うこのアリだが，人を刺すアリの多いこの地では興味を示す人は少ない．外来生物研究者ですら，アカヒアリ *Solenopsis invicta* やコカミアリ *Wasmannia auropunctata* のほうを重要と考え，日本からアルゼンチンアリのためにきたと話すとしばしば驚かれた．上述の大統領官邸の裏には，コカミアリの巣もあり，大統領すら刺される危険性がある環境ではかくありきかと納得もしたが．ちなみに，大統領官邸近郊は，警察官が多く歩いていて，ブエノスアイレスのなかで比較的安全な地域であるため，コロニー構造の調査区としても利用した．安心してアリを観察していたら，突然「フリーズ」といわれ，10 人以上もの警察官に銃を突きつけられたことがある．その道は，翌日大統領が通る予定であり，地面に屈んでアリをみている姿は爆弾を仕掛けているようにみえたと，疑いが晴れた後に警察官に説明された．とんだことに巻き込まれたものだが，ほかの地域では，調査をしたいというと，強

図 1 アルゼンチンアリが裏手にいた大統領官邸（エル・ロサーダ）．

盗に会いたくなければやめておけといわれるところも多かった．南米の調査は楽ではないのである．

原産地では，アルゼンチンアリと水場との密接な関係を日本で観察したときより強く感じた．湿気がある水源近くでしか，その姿はみられないのだ．アルゼンチンアリの学名 *humile* は，ラテン語で「人目につかない，つまらない」といった意味だが，むしろ「ジメジメした」を表す英語，humid との語感の類似が強く意識づけられた（きちんと調べるまで，humile＝humid と信じてやまなかったほどである）．パラナ川下流，アルゼンチンでいうラ・プラタ川，対岸がみえないチョコレート色の大河の河口には多くの人々が泳ぎや釣りを楽しみに集まるが（われわれからすれば濁って少し怖いのだが），そうした場所は，アルゼンチンアリのよいポイントだった．しかし，泳ぐ人々に背を向け，ひたすらアリを吸虫管で吸うわれわれの姿は，さぞや不思議だったであろう．そうしたアリを元気なうちにホテルに持ち帰り，敵対性試験によってコロニー構造を調べるのが日課だった（図 2）．ここで悩まされるのが，南米の広大さだ．なにせ，採集地までバスで数時間かかるのはざらで，北部のイグアスまで行った際には，なんと 30 時間も揺られたのである……．

もう 1 つ，南米でぜひみたかったのがアルゼンチンアリ以外の *Linepithema* 属のアリだ．2 回目の滞在時に，この願いは叶えられた．めずらしく朽木中に巣をつくるアルゼンチンアリがいて，やや色が黒い姿に違和感を覚えた．現地協力者に確認したところ，やはり別種，ミカンスアルゼンチンアリ *L. micans* だったのである（図 3）．驚いたことには，ほとんどの

図2 ホテル内で敵対性試験を行う砂村栄力氏.

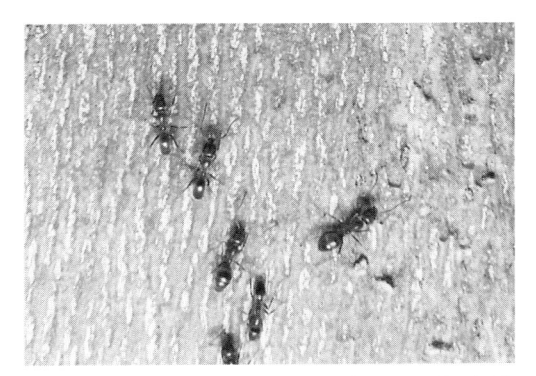

図3 ミカンスアルゼンチンアリ（*L. micans*）．同定は現地協力者のキャロリーナ・パリス博士による．

特徴はアルゼンチンアリとまるで変わらず，少し変なアルゼンチンアリで見過ごしてしまうほどそっくりなアリだった．これら近縁種のなかで，なぜアルゼンチンアリのみが世界中に拡がることができたのだろう．上述のコカミアリも，近縁種はすべてジャングルのなかの珍種である．原産地で生態をみてこそ考えられることは尽きることがない．

コラム-3　縮尺によって異なる
　　　　ヨーロッパ二大スーパーコロニーの勢力比

シャビエール・エスパダレール　Xavier Espadaler（砂村栄力　訳）

　ヨーロッパ南西部では Giraud et al.（2002）によって 2 つのアルゼンチンアリスーパーコロニーが記載されている．調査の一行は海岸沿いを約 200 km 進むごとに立ち止まり，33 カ所のサンプルを採集した．分子遺伝学的解析と敵対性の行動実験を行ない，彼女らはすべてのサンプルを 2 つの明瞭に異なるスーパーコロニーに振り分けることができた．そのうちの 1 つ，空間的にはるかに拡がりをみせるヨーロピアン・メインスーパーコロニー（以下 M）は，地中海沿岸 6000 km を超える範囲をカバーするものであった．M の分布に混じってみつかった，より小さなまとまりであるカタランスーパーコロニー（カタロニアンとも呼ばれる：以下 C）は，600 km ほどの分布に限られていた．33 カ所のサンプル中，M：C の比は 10：1 であった．2 つのスーパーコロニーの間での遺伝的な交流はないようであり（Jaquiéry et al., 2005），各スーパーコロニーが完全に隔離された遺伝子プールを維持できる行動メカニズムが，日本のスーパーコロニーを用いた室内実験により報告されている（Sunamura et al., 2011；第 7 章参照）．それは，アルゼンチンアリのオスが交尾のために出身とは異なるスーパーコロニーの巣に入ろうとしたとき，その巣にいるワーカーから攻撃を受け排除されてしまうというものである．

　生態学において縮尺をどうとるかは重要である（Levin, 1992）．したがって，上記の M：C 比がより小さな縮尺でも保存されているのか，あるいは変動するのかは興味をもってしかるべき疑問である．本コラムで紹介する調査はイベリア半島を中心としたものである．イベリア半島において，アルゼンチンアリは地中海および大西洋の沿岸地域ほぼ一帯に生息している（図 1；Espadaler and Gómez, 2003）．各都市内で，アルゼンチンアリは，最低限の植生（樹林，藪，草地）と水源（灌漑や泉）が確保できる，生存に好適な場所でだけみられる．こうした都市では現在，アルゼンチンアリのほかに在来アリもみることができる（エスパダレール，未発表）．筆者らは過去 10 年の間にスーパーコロニーのアイデンティティーに関する情報をルーチン的に調べてきた．その際，生体を採集して実験室あるいは現地で行動実験を行なった．ここではその調査の初期の結果を発表する．なお，最近コルシカ島からヨーロッパ第 3 のスーパーコロニーがみつかっている（Blight et al., 2010, 2012）．M と C が明確に異なるのに対し，

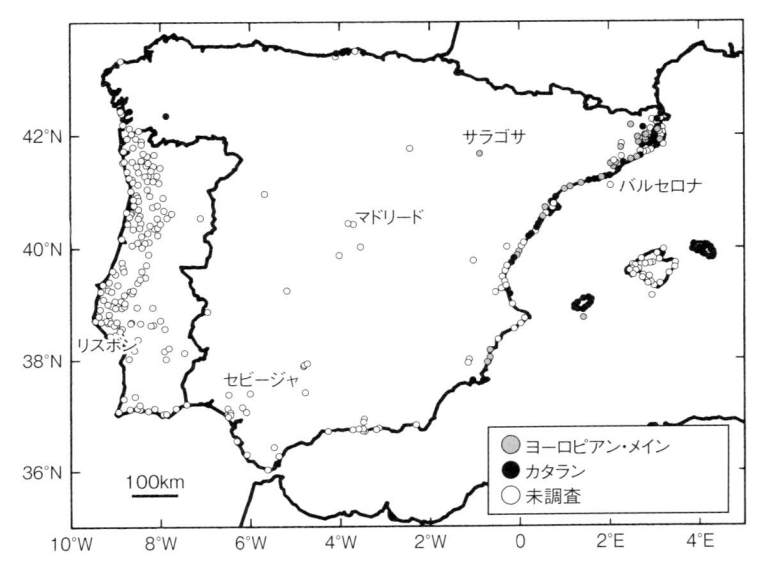

図1 イベリア半島におけるヨーロピアン・メインおよびカタランスーパーコロニーの分布（2013年までのデータ）.

表1 複数の縮尺におけるアルゼンチンアリ・ヨーロッパ個体群の M：C 比. M：ヨーロピアン・メインスーパーコロニー，C：カタランスーパーコロニー.

縮尺	地域	M：C 比	n	データ源
1000 km	地中海沿岸西部	10：1	33	Giraud et al. (2002)
100 km	イベリア半島	81：35	116	今回の調査
10 km	カタロニア	47：29	76	今回の調査
0.1 km	コスタ・ブラバ	30：16	46	Jaquiéry et al. (2005) の Fig. 1a
0.1 km	バルセロナ市	52：26	78	今回の調査
0.1 km	バダロナ市	17：9	26	今回の調査

この第3のスーパーコロニーは遺伝的に M と非常に似ており，M との違いがはっきりしない．

筆者らは3段階の縮尺で M：C 比を調べた（表1）．すなわち，①イベリア半島全域スケール：10^2 km，②カタロニア地域スケール：10^1 km，③都市スケール：$<10^0$ km，である．この調査はスペインとフランスの国境を北端として，スペインの地中海岸に沿って現地で試験をしながら行なった．バルセロナ市とバダロナ市の個体群については小さな地理的スケールでの野外試験を実施した（図2）．また，熱心な協力者がポルトガル

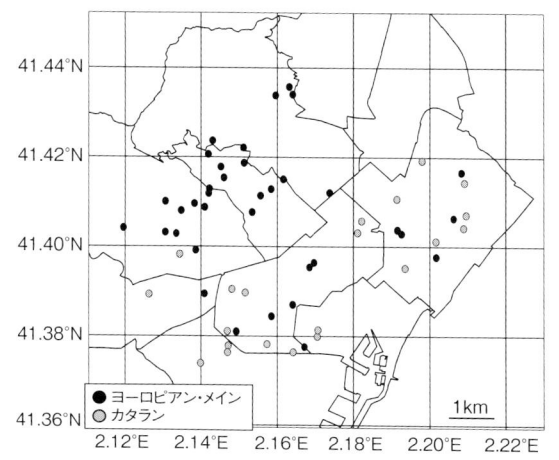

図2 バルセロナ市街におけるヨーロピアン・メインおよびカタランスーパーコロニーの分布（2004年のデータ）.

およびスペインの大西洋岸のサンプルを提供してくれたおかげで，イベリア半島におけるスーパーコロニー分布の全体像をよりよく把握することが可能になった．なお，本調査は，厳密な統計解析を意図した調査ではなく，縮尺ごとに反復をとってはいない．

敵対性試験はフィールドまたは実験室で行なった．2スーパーコロニーの基準ワーカーとして，Giraud et al.（2002）も調査した以下の産地の個体群を用いた．Cはバルセロナ市サン・クガット・デル・バジェス（41°28'29.24"N，2°4'39.03"E），Mはバルセロナ市セルダニョーラ・デル・バジェス（41°29'30.96"N，2°8'52.84"E）．1：1の敵対性試験（5反復）を，側面にフルオンをぬったプラスチック製のペトリ皿（直径5.5 cm）を用いて行なった．細い毛の絵筆を用いてCの基準ワーカー1頭をペトリ皿に入れ，その後で新規採集地点のワーカー1頭を入れて5分間観察した．結果は普通，触角で軽く触れるだけにとどまるか，激しい攻撃がみられるかのどちらかで，新規採集地点はC（攻撃なし）かM（攻撃あり）のどちらかにふりわけられた．同様の試験をMの基準ワーカーを使っても行なった．CとMの基準ワーカーを使った計10回の試験によって，新規調査地点のアルゼンチンアリはいずれもはっきりとMかCに分類できた．

M：C比は，最大の縮尺で10：1だったが，イベリア半島スケールで

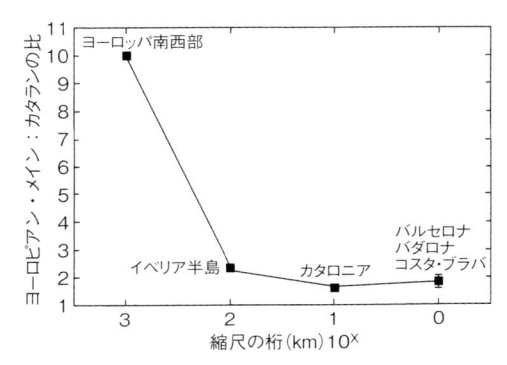

図3 ヨーロピアン・メイン：カタラン比の縮尺依存性．最小の縮尺については3反復（バルセロナ，バダロナの街および公園，コスタ・ブラバ（パルス-パラフリュージェルの周辺））の平均および95％信頼区間を示した．

2.3：1，最小の縮尺で平均1.9：1に縮まった（図3）．小さな縮尺でのM：C比は，3反復の結果を並べると非常に振れが小さいようである．もっとも注目すべき結果は，数十mに満たない位置に異なるスーパーコロニーが分布していたことである．最小の縮尺でのM：C比が分布面積の比を反映しているかどうかは精査が必要だが，もし反映しているとするならば，各侵入地においてMのほうがCよりも広い範囲を占めていることになる．現在，バルセロナの市街におけるフィールドワークが進行中で，得られたデータと約10年前のデータを比較することでM：C比の動的平衡を明らかにしようとしている．

イベリア半島の地中海沿岸ではMとC両方のスーパーコロニーがみつかるが，フランス南岸ではこれまでCの分布は見出されていない．すなわち，Cの分布はまだスペインの地中海沿岸の上半分に限定されている．内陸部ではサラゴサ市が隔離されたCの生息地となっており（Blanco et al., 2012），これは2008年に開催されたサラゴサ国際博覧会のときの大量の物流や建築にともなう分布拡大ではないかと思われる．

それぞれの縮尺におけるM：C比を決めている要因は明らかではない．今後検討すべき要因の候補としては，侵入時期の違い，攻撃性（Abril and Gómez, 2010）や採餌能力など行動面での違い，生理学的な違い，気候や在来生物相に対する耐性の違い，などがあげられる．

これまでに調べられたカナリア諸島のサンプルはすべてMに属してお

り（Espadaler, 2007；エスパダレール，未発表），アソーレス諸島，マデイラ諸島のアルゼンチンアリについても同様である（Wetterer and Wetterer, 2006）．M はさらに世界のほかの場所でも分布が知られており，世界でもっとも繁栄しているアリのスーパーコロニーのようである（Sunamura et al., 2009；Vogel et al., 2010）．

Sunamura et al.（2007）は，兵庫県神戸港の限られた範囲内で4つのスーパーコロニーを発見した．Hirata et al.（2008）は，日本国内から遺伝的に大きな違いのある3つのアルゼンチンアリのグループ（山口県柳井市，広島湾のその他各生息地，神戸市）を発見した．これに対して，Suhr et al.（2009）は異なる縮尺で十分なサンプリング（近隣：30-200 m，細域：1-3.3 km，広域：5-82 km）を行なったにもかかわらず，オーストラリアのメルボルンからは単一のスーパーコロニーしかみつからなかった．

ヨーロッパにおいてスーパーコロニーのアイデンティティーがわからない生息地からサンプリングを行ない，所属するスーパーコロニーを決めようとする際は注意が必要である．30 m 未満という小さな縮尺での M と C の共存がバルセロナ，バダロナ，そしてコスタ・ブラバのうちパルスとパラフリュージェルの間の小さな区域で確認されている．すべてのサンプルについて，M と C の既知の産地のサンプルを用いてフィールドで簡単な敵対性試験を実施する必要がある．

引用文献

Abril, S. and C. Gómez. 2011. Aggressive behaviour of the two European Argentine ant supercolonies (Hymenoptera : Formicidae) towards displaced native ant species of the northeastern Iberian Peninsula. Myrmecological News, 14 : 99-106.

Blanco, J. L., D. Carpi and X. Espadaler. 2012. Tres nuevas adiciones a las hormigas de Aragón (Hymenoptera, Formicidae). Boletín de la Sociedad entomológica Aragonesa, 50 : 563-564.

Blight, O., M. Renucci, A. Tirard, J. Orgeas and E. Provost. 2010. A new colony structure of the invasive Argentine ant (*Linepithema humile*) in Southern Europe. Biological Invasions, 12 : 1491-1497.

Blight, O., L. Berville, V. Vogel, A. Hefetz, M. Renucci, J. Orgeas, E. Provost and L. Keller. 2012. Variation in the level of aggression, chemical and genetic distance among three supercolonies of the Argentine ant in Europe. Molecular Ecology, 21 : 4106-4121.

Espadaler, X. 2007. The ants of El Hierro (Canary Islands). *In* : Advances in Ant Systematics (Hymenoptera : Formicidae) : Homage to E. O. Wilson-50 Years of Contributions. Memoirs of the American Entomological Institute, 80 : 113-127.

Espadaler, X. and C. Gómez. 2003. The Argentine ant, *Linepithema humile*, in the Iberian Peninsula. Sociobiology, 42 : 187-192.
Giraud, T., J. S. Pedersen and L. Keller. 2002. Evolution of supercolonies : the Argentine ants of southern Europe. Proceedings of the National Academy of Sciences of U.S.A., 99 : 6075-6079.
Hirata, M., O. Hasegawa, T. Toita and S. Higashi. 2008. Genetic relationships among populations of the Argentine ant *Linepithema humile* introduced into Japan. Ecological Research, 23 : 883-888.
Jaquiéry, J., V. Vogel and L. Keller. 2005. Multilevel genetic analyses of two European supercolonies of the Argentine ant, *Linepithema humile*. Molecular Ecology, 14 : 589-598.
Levin, S. A. 1992. The problem of pattern and scale in ecology. Ecology, 73 : 1943-1967.
Suhr, E. L., S. W. McKechnie and D. J. O'Dowd. 2009. Genetic and behavioural evidence for a city-wide supercolony of the invasive Argentine ant *Linepithema humile* (Mayr) (Hymenoptera : Formicidae) in southeastern Australia. Australian Journal of Entomology, 48 : 79-83.
Sunamura, E., K. Nishisue, M. Terayama and S. Tatsuki. 2007. Invasion of four Argentine ant supercolonies into Kobe Port, Japan : their distributions and effects on indigenous ants (Hymenoptera : Formicidae). Sociobiology, 50 : 659-674.
Sunamura, E., X. Espadaler, H. Sakamoto, S. Suzuki, M. Terayama and S. Tatsuki. 2009. Intercontinental union of Argentine ants : behavioral relationship among introduced populations in Europe, North America, and Asia. Insectes Sociaux, 56 : 143-147.
Sunamura, E., S. Hoshizaki, H. Sakamoto, T. Fujii, K. Nishisue, S. Suzuki, M. Terayama, Y. Ishikawa and S. Tatsuki. 2011. Workers select mates for queens : a possible mechanism of gene flow restriction between supercolonies of the invasive Argentine ant. Naturwissenschaften, 98 : 361-368.
Vogel, V., J. S. Pedersen, T. Giraud, M. J. B. Krieger and L. Keller. 2010. The worldwide expansion of the Argentine ant. Diversity and Distributions, 16 : 170-186.
Wetterer, J. K. and A. L. Wetterer. 2006. A disjunct Argentine ant metacolony in Macaronesia and southwestern Europe. Biological Invasions, 8 : 1123-1129.

第6章 メガコロニー

砂村栄力

　世界各地に分布するアルゼンチンアリのスーパーコロニー間の関係はほとんどわかっていなかった．そこで筆者らは，ヨーロッパおよび北米からアルゼンチンアリ生体を輸入し，日本のアルゼンチンアリとの間で行動実験を行なうことにより，大陸を越えたスーパーコロニー間の敵対性の度合いを調べた．その結果，ヨーロッパ，カリフォルニアでそれぞれ最大のスーパーコロニーに属するワーカーは，日本最大のスーパーコロニーに属するワーカーとの間でまったく敵対性を示さなかった．しかし，日本の小規模スーパーコロニーとの間では激しい敵対行動が観察された．以上から，三大陸の巨大スーパーコロニーは，ヨーロッパの巨大スーパーコロニーと敵対しないことが知られているマデイラ島の個体群も含め，地球規模で1つのスーパーコロニー，すなわち「メガコロニー」を形成していることがわかった．このコロニーは，マデイラ島に150年以上前に侵入した世界最古の侵入個体群から派生したと考えられる．

6.1　体表炭化水素分析から得られたヒント

　本章では，大陸を越えたアルゼンチンアリスーパーコロニー間の関係について調べた筆者らの研究，およびその後ほかの研究グループが行なった関連論文を紹介する．第4章では日本のアルゼンチンアリだけを材料にしていたが，海外のアルゼンチンアリも供試することによってグローバルスケールでの侵入の歴史を紐解くことが可能になる．本節ではまず，筆者らが研究の着想に至った経緯を記す．

6.1 体表炭化水素分析から得られたヒント

　第4章では，日本の4スーパーコロニーそれぞれの体表炭化水素を明らかにした．図4.5では各スーパーコロニーについて体表炭化水素成分の相対含有率を示したが，実際のサンプルごとのデータは図6.1のようなガスクロマトグラムで得られる．基本的には分子量の小さな成分から大きな成分へと順にピークとして検出されていき，含有量の多い成分ほど大きなピークとして現れる．図4.5と図6.1とで成分番号を対応させると，だいたい同じような山を描いているのがわかる．

　第4章の研究を行なっていた当時，アルゼンチンアリの体表炭化水素を調べた文献が2件あった．そこには，カリフォルニアン・ラージスーパーコロニーと，ヨーロッピアン・メインスーパーコロニーの体表炭化水素のガスクロマトグラムが掲載されていた（Liang *et al*., 2001；de Biseau *et al*., 2004）．それぞれのガスクロマトグラムを図6.2に示す．これをすでにみていた筆者は，ジャパニーズ・メインスーパーコロニーのガスクロマトグラムを最初に得た時点で，海外の二大スーパーコロニーと非常にピークの出方が似ていると感じた．図6.2に示したように，ピーク番号14，21，26といった5位ほかにメチル基をもつトリメチルアルカンが炭素鎖長33，35，37の成分グループの中でそれぞれ最大ピークとなっている点などがとくに類似する．そういった視点で神戸A–Cと見比べると，ヨーロッパ，北米，日本の巨大スーパーコロニーどうしがよく似ているのが浮き彫りになった．もしかすると，ヨーロッパ，北米，日本の巨大スーパーコロニーはたがいに敵対しないのではないか．

　実際には，ガスクロマトグラフィーではガスクロマトグラフの機種や使用するカラム，その他分析条件によって，ピークの保持時間（試料をガスクロマトグラフに注入してから各ピークが検出されるまでの時間）やピーク面積の値が影響を受ける．すなわち，これらの条件が一致しなければ，2つのガスクロマトグラムを正確に比べることはできない．そのため，海外の文献中のデータを利用して，上記3つのスーパーコロニーの体表炭化水素が定量的に似ていると主張することはむずかしい．しかし，筆者にはなにか確信に近いものがあり，いつか海外のスーパーコロニーを生きたまま輸入して，3つのスーパーコロニーが相互に敵対するかどうかを調べたいと思った．

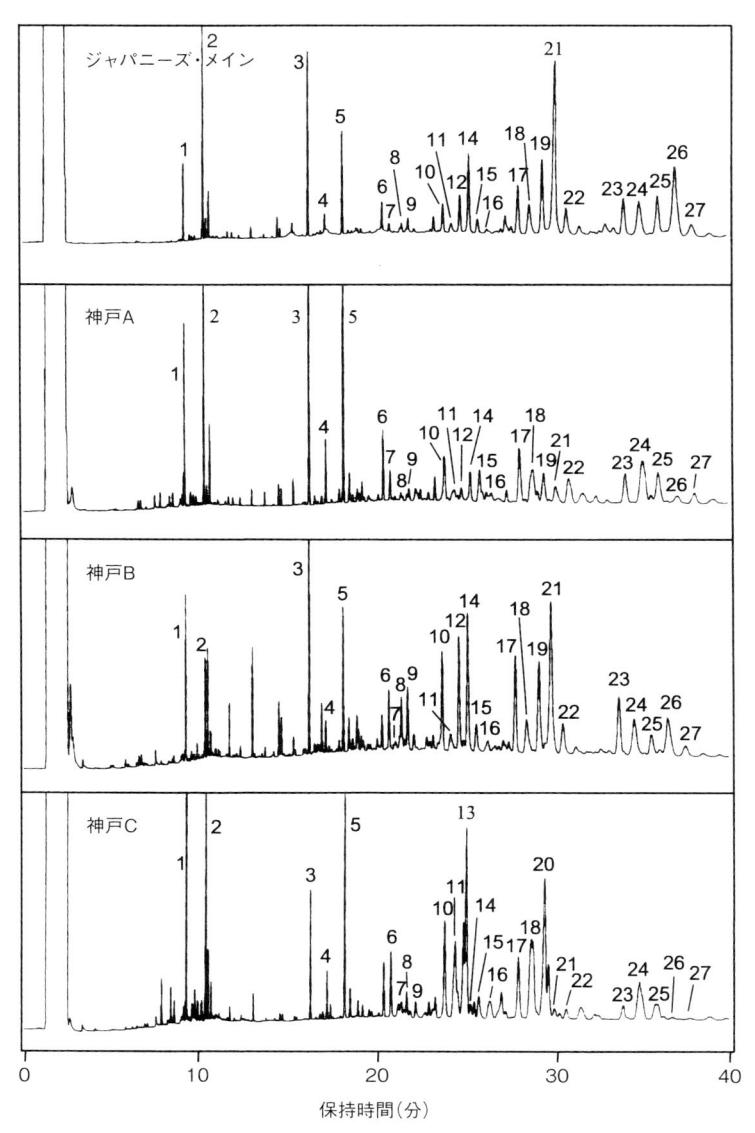

図 6.1　日本のアルゼンチンアリ 4 スーパーコロニーの体表炭化水素ガスクロマトグラム．ピーク番号と化合物の対応は図 4.5 と同一である．

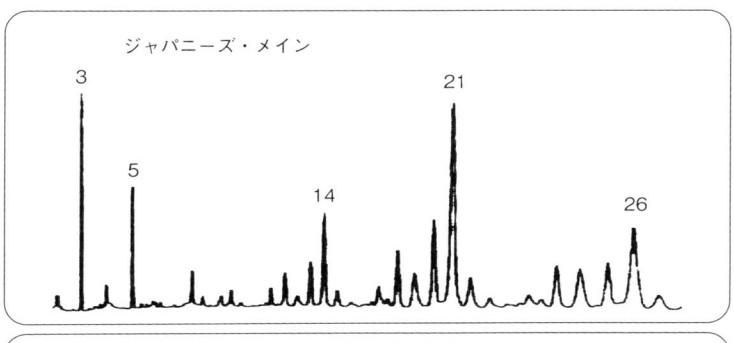

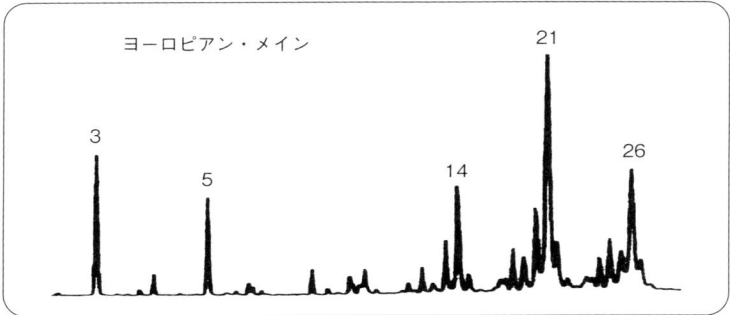

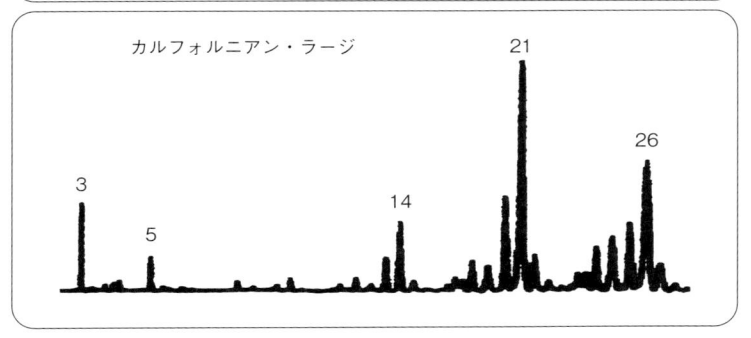

図 6.2 ジャパニーズ・メインの体表炭化水素ガスクロマトグラムを先行論文に掲載されていたカリフォルニアン・ラージおよびヨーロピアン・メインと並べて比較した．ここでは特徴がわかりやすい後半のピークを表示しており，なかでも特徴的なピークについて図 4.5，図 6.1 と対応させてピーク番号を示した．海外のアルゼンチンアリのガスクロマトグラムは de Biseau *et al.*（2004）および Liang *et al.*（2001）を改変したもの．ともに出版社（Elsevier）の許可を得て掲載．

6.2 海外からのアルゼンチンアリ生体の輸入

6.2.1 ヨーロッパの共同研究者

6.1 節で述べた海外のアルゼンチンアリ生体を輸入しての行動実験という構想は 2005 年にはすでに頭の片隅にあった．しかし，このアイデアを実行に移すには 2007 年まで待たなければならなかった．それは，アイデアの実現には海外の協力者が必要だったが，筆者らの研究室はアルゼンチンアリの研究を開始してまもなく，まだ世界的に認知されていなかったため，いきなり連絡をとっても相手にしてもらえないだろうという事情があったからだ．しかし 2007 年の夏，神戸港における 4 つのスーパーコロニーの発見が Sociobiology 誌に掲載され（Sunamura *et al.*, 2007；第 4 章参照），自信をもって海外の研究者とやりとりできる状態になった．

まず，アメリカの Florida Atlantic University のジェームズ・K・ウェッテラー（James K. Wetterer）博士に連絡をとった．彼は第 5 章で述べた，マデイラ諸島のアルゼンチンアリがヨーロピアン・メインスーパーコロニーの一部であることを発見した人物で，筆者らのアイデアに興味をもってくれそうに思われたからだ．そして期待どおり，ウェッテラー博士からはたいへん親切なアドバイスをもらうことができた．彼は，ヨーロッパの共同研究者としてスペインのシャビエール・エスパダレール（Xavier Espadaler）博士（コラム-3 の筆者）を強く推薦してくれた．エスパダレール博士はスペイン東部におけるヨーロピアン・メインとカタロニアンの二大スーパーコロニーの分布を詳細に調べていた（当時はまだ第 3 のスーパーコロニー，コルシカンの存在は知られていなかった）．さっそくエスパダレール博士に共同研究依頼状を送ったところ，快諾してもらうことができた．なお，エスパダレール博士とはその後直接会う機会をもったが，ウェッテラー博士が"terrific collaborator"と紹介してくれたとおりの非常な好人物であった．

6.2.2 ヨーロッパからの輸入手続き

アルゼンチンアリの運搬や飼育は，日本では 2005 年に施行されたいわゆる外来生物法によって厳しく規制されている．研究室では飼育設備などにつ

いての審査をパスしたうえで，環境省から飼養等許可証を発行してもらってアルゼンチンアリを飼育していた．そこで，輸入について環境省に問い合わせたところ，まだ外来生物法が施行されたばかりで海外から生体輸入の手続きを行なった前例がなく，返答に少し時間がかかったが，けっきょく，輸入するためには2種類の書類が必要であることがわかった．1つは飼養等許可証の正式な写しである．これはたんなるコピーではなく環境省が発行する正式書類であり，申請から発行まで約1カ月かかる．もう1つは，財団法人自然環境研究センターが発行する種類名証明書である．これを発行してもらうには，輸入しようとする生物の種名や頭数，産地情報などを申告するとともに，産地で撮影された，それをみれば種を特定できる標本写真を提出する必要がある．標本写真をエスパダレール博士に撮って送ってもらい，書類をそろえることができた．実際の輸入に際しては，以上2つの書類を空港の税関で提出する必要があり，この手続きは一般人ではできないので業者に代行してもらった．

　こうしてこちらの準備は整い，ついにヨーロッパから生きたアルゼンチンアリを発送してもらう日がやってきた．予定日，そわそわしながら発送の知らせを待つ．しかし，エスパダレール博士からの連絡はこない．日本とスペインでは時差があり，向こうのほうが9時間ほど遅いので，夜自宅に戻ってからも電子メールを確認するが，やはり連絡はこない．つぎの日も，またつぎの日も……．途中で一度，状況確認の電子メールを送ったが，返信はなかった．まったく状況がつかめないまま約1週間が経過したところで，エスパダレール博士から連絡がきた．それによると，発送しようとしたとたんに役人がおしかけてきて，その後何日も対応に追われることになった．もうほとんどあきらめかけていたがようやく発送することができた，ということであった．彼はEU諸国の間ではアルゼンチンアリ生体を輸送した経験があったそうだが，日本への輸送は事情が違ったらしい．こうしてギリギリのところでヨーロピアン・メインおよびカタロニアンスーパーコロニーの生体を日本に輸入するができた．

6.2.3　アメリカの協力者

　カリフォルニアのアルゼンチンアリは，何人かの仲介を経て最終的にカリ

フォルニア大学のニール・D・ツツイ（Neil D. Tsutsui）博士から提供いただけることになった．ツツイ博士は若手だが，本書でも彼の論文を多数引用しているようにアルゼンチンアリの大家である．しかし，彼と協力関係を結ぶまでにはひと悶着あった．

カリフォルニアにはアルゼンチンアリ研究者が大勢いるが，じつは筆者は，カリフォルニアの協力者は注意深く選ぶ必要があると思っていた．なぜならば，筆者らと研究テーマが同じ競合相手がいるかもしれないからだ．そして，筆者の懸念はあたった．ツツイ博士はまさに筆者らと同じ実験を計画していたのである．最初にサンプル提供依頼をしたとき，彼から「最近私たちのグループは世界のいくつかの場所のアルゼンチンアリを解析し，各地の巨大スーパーコロニーどうしがよく似た体表炭化水素をもち，さらに遺伝的にもよく似ていることを発見した．これから生体を輸入しての行動実験を計画しているところだ．私たちは共同研究ができるかもしれない．ただし，研究成果を論文発表する際はファーストオーサーとラストオーサーをこちらに譲ってもらう必要がある」という趣旨の返答があった．ファーストオーサーとラストオーサーはそれぞれ，研究を中心的に遂行した人物と総監督にあたるので，主導権は全面的にツツイ博士らに譲れ，ということである．

両グループが一緒に研究できればベストではあるが，筆者は自分たちでオリジナリティーを認められるような形にしなければならないので，ツツイ博士の提案はお断りすることにした．ツツイ博士のような世界的権威を競争相手にするのは非常にプレッシャーが大きかったが，NOといえる日本人であれたことはよかったと思っている．けっきょく，おたがいにサンプルを交換しあい，別々に研究を進めることで合意できた．

6.2.4 アメリカからの輸入

アメリカからの輸入はスペインからの輸入の後で行なったので，筆者らは経験があり手続き自体はスムーズであった．唯一の失敗は，運送業者が手続きに必要な書類を「必要ないから」といってきかず引き取りにこなかったことだ．実際にはその書類が必要で，空港にアルゼンチンアリが届いたのは金曜だったのに，翌週月曜までアリを引き取ることができない状態になってしまった．週末の間にアリが死んでしまわないかとひどく心配したが，カリフ

ォルニアのグループが非常に洗練された梱包をしてくれたおかげで月曜に無事生きたままのアリを受け取ることができた．

彼らの梱包方法は以下のようなものだった．まず，50ミリリットルの遠沈管に脱脂綿を入れ，脱脂綿にほんの1滴水を加える．そこにアルゼンチンアリ数百頭を入れてフタをする．そのような遠沈管を何本かつくり，発泡スチロールの箱に納め，約1週間もつように保冷剤をつめて完成だ．脱脂綿に含ませる水が多すぎると，アリは蒸れて死んでしまう．また，保冷剤を入れておくことでアリの活動を抑え，暴れなどによる死亡を抑えることができる．

6.3　メガコロニーの発見

6.3.1　実験に用いたアルゼンチンアリ

以上のような経過を経て本研究ではヨーロッパ，北米，アジアの三大陸から計7つのアルゼンチンアリのスーパーコロニーを利用することができた．まず，ヨーロッパではエスパダレール博士が2007年10月にヨーロピアン・メインとカタロニアンに属する1巣ずつからアルゼンチンアリを採集し，同年11月に日本に発送してくれた．つぎに，北米からは，ツツイ博士らが2007年7月にカリフォルニアン・ラージに属する1巣から採集し，研究室で飼育していたアルゼンチンアリを2008年2月に日本に送ってくれた．ちなみに，ヨーロッパ，北米のどちらからも，輸入したのはワーカーのみで，女王やブルードは含めなかった．万が一脱走して繁殖したらたいへんだからである．最後に，日本ではジャパニーズ・メイン，神戸A，神戸B，神戸Cの4つのスーパーコロニーそれぞれから2007年11月にアルゼンチンアリを採集した．以上の採集地の詳細は表6.1のとおりである．

採集した巣は実験に供するまで研究室内で飼育した．日本に輸送されるまで，エスパダレール博士のところではBhatkar and Whitcomb（1970）の人工餌が週2回与えられていた．一方，ツツイ博士のところではスクランブルエッグ，コオロギ，プロテイン溶液，砂糖水が週3回，餌として与えられていた．そして日本では，ゆで卵と砂糖水を約3日おきに与えた．

表 6.1 敵対性試験に供試したアルゼンチンアリの採集地情報.

巣	採集地	緯度経度
ジャパニーズ・メイン (1)[*]	日本 山口県岩国市黒磯	34°06′15″N, 132°12′01″E
ジャパニーズ・メイン (2)[*]	日本 兵庫県神戸市摩耶埠頭東部	34°41′49″N, 135°13′47″E
ジャパニーズ・メイン (3)[*]	日本 大阪府大阪市此花	34°40′32″N, 135°25′12″E
神戸 A	日本 兵庫県神戸市ポートアイランド北公園	34°40′24″N, 135°12′18″E
神戸 B	日本 兵庫県神戸市ポートアイランド中埠頭	34°40′19″N, 135°13′16″E
神戸 C	日本 兵庫県神戸市摩耶埠頭西部	34°41′37″N, 135°13′25″E
カリフォルニアン・ラージ	米国 カリフォルニア州ヨロ デイビス	38°30′00″N, 121°41′00″W
ヨーロピアン・メイン	スペイン バルセロナ セルダニョーラ	41°29′30″N, 2°08′48″E
カタロニアン	スペイン バルセロナ サン・クガット・デル・バジェス	41°28′28″N, 2°04′34″E

[*] ジャパニーズ・メインは 3 地点から採集した.

6.3.2 敵対性試験

第 4 章と類似の 1 頭対 1 頭の敵対性試験を行なった．すなわち，2 つの巣からワーカーを 1 頭ずつ取り出して直径 5.2 cm のプラスチックシャーレに導入し，ワーカー間の相互作用を 10 分間観察して以下のようにスコアづけした．0 点＝無視する；1 点＝触角でたたく；2 点＝逃避する；3 点＝攻撃する（威嚇する，咬みつく，ひっぱる，化学物質を腹部末端から放出する）；4 点＝闘争する（執拗に攻撃を続ける）．同じ巣やスーパーコロニーに属する個体どうしであればスコアは 0 や 1 ばかり，一方で異なるスーパーコロニーの個体どうしであればスコア 2 以上の行動，とくにスコア 3 や 4 のような敵対行動が頻繁にみられることが期待される．巣の組み合せ 1 つにつき 6 回の反復試行を，異なる個体を用いて行なった．10 分間で観察された最高のスコアをその試行の敵対性スコアとした．

試験を行なった時期は以下のとおりである．まず，2007 年 11 月，ヨーロッパから輸送された 2 スーパーコロニーと日本の 4 スーパーコロニーとの間で敵対性試験を行なった．つぎに，2008 年 2 月，北米から輸送されたカリフォルニアン・ラージと日本の 4 スーパーコロニーの間で敵対性試験を行なった．このとき，ヨーロピアン・メインのワーカーがたった 1 頭だ

表 6.2 敵対性試験の結果.巣の組み合せごとに敵対性スコアの平均値と標準偏差を示した（$n=6$）.

	ジャパニーズ・メイン(1)	ジャパニーズ・メイン(2)	ジャパニーズ・メイン(3)	神戸A	神戸B	神戸C
ジャパニーズ・メイン(1)	0.83±0.41	1.0±0.0	0.83±0.41	3.3±0.82	2.7±0.82	3.5±0.84
ジャパニーズ・メイン(2)		0.67±0.52	0.83±0.41	3.8±0.41	3.5±0.84	3.7±0.52
ジャパニーズ・メイン(3)			0.67±0.52	3.8±0.41	3.3±0.52	3.8±0.41
神戸A				0.83±0.41	4.0±0.0	3.5±0.84
神戸B					1.0±0.0	3.7±0.52
神戸C						0.83±0.41
カリフォルニアン・ラージ	0.83±0.41	0.67±0.52	0.67±0.52	3.7±0.52	3.7±0.52	4.0±0.0
ヨーロピアン・メイン	1.0±0.0	—	—	3.0±0.63	3.0±0.0	3.0±0.89
カタロニアン	3.2±1.6	—	—	3.7±0.82	3.7±0.82	2.8±1.6

け生き残っていたので，カリフォルニアン・ラージとの間で1反復だけではあるが敵対性試験を行なうことができた．以上の試験は空輸されたアリを日本で受け取ってから48時間以内に行なった．もう少しアリを休ませてからでもよかったかもしれないが，せっかく生きて到着したアリがなんらかの事故で死亡して実験ができなくなってしまう可能性を危惧したためである．また，日本の4スーパーコロニーについては，採集したすべての巣間および同巣の個体どうしについても敵対性試験を行なった．

試験の結果を表6.2に示した．ヨーロピアン・メイン対ジャパニーズ・メイン，およびカリフォルニアン・ラージ対ジャパニーズ・メインの試験では，ワーカー間の相互作用はスコア0か1のいずれかで，スコア2以上の行動はみられなかった（①とする．以下同様）．この行動パターンは，同巣内の個体（②），および同じスーパーコロニーに属する巣間の個体（③）でみられたのと同様であった．これに対して，上記①，②，③以外の対戦，たとえばヨーロピアン・メイン対神戸A，カタロニアン対ジャパニーズ・メインなどでは，スコア2以上の行動が頻繁にみられ，①，②，③とは明らかに異なる行動パターンを示した（④）．統計解析を行なったところ，やはり①，

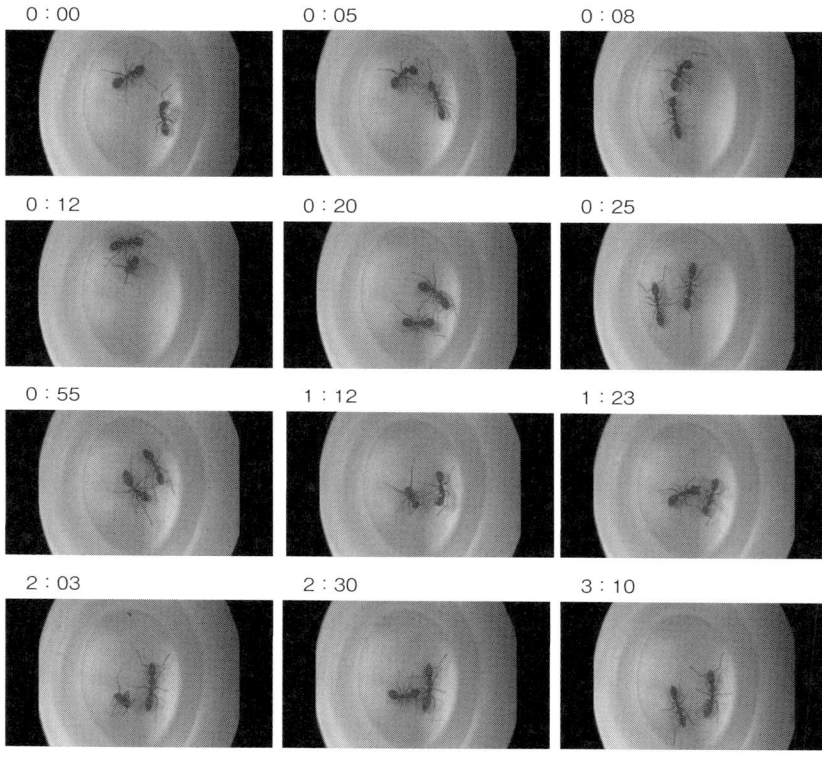

図 6.3 敵対性試験を行なっているときのアルゼンチンアリワーカーの様子をコマ送り（分：秒）で示した．撮影用のセットアップは本文中の試験方法に記載のプラスチックシャーレでなく直径 14 mm のリングを用いた．A：ジャパニーズ・メインとカリフォルニアン・ラージのワーカーを入れたリング．0：00）ワーカー 2 頭をリング内に導入した．0：05）1 回目の接触．片方の個体の触角がもう片方の個体に触れるがとくに反応はなかった．0：08）歩き回る間に 2 回目の接触．このときも不自然な反応はなかった．0：12）身づくろいをする個体（下）の横をもう 1 頭が自然に通り過ぎた．0：20）身づくろいをやめた個体が歩き出し 2 頭が出会うが触角で多少触れ合うだけで別れた．0：25）再び出会い，すれちがった．この後，つぎのコマまでに同様の接触が 3 回あった．0：55）接触後，右の個体が身づくろいをした．1：12）接触後，並んで身づくろいを始めた．身づくろいには，接触時に付着した相手の体表炭化水素をなめとって自分の体にぬりつけ，相手と自分の体表炭化水素を混ぜ合い均質化させる効果がある．1：23）身づくろいをやめて歩き始めた後，一瞬触角で相手を確認した．つぎのコマまでに同様のすれちがい様の接触が 5 回あった．2：03）接触後，片方の個体が身づくろい（左），もう片方は落ち着いて休んでいた．2：30）片方の個体がもう片方の個体に触角で触れたがとくに反応なくすぐ別れた．この後つぎのコマまでに同様の接触が 4 回あった．3：10）双方の個体とも歩くのをやめ，落ち着いた様子で休んだ．

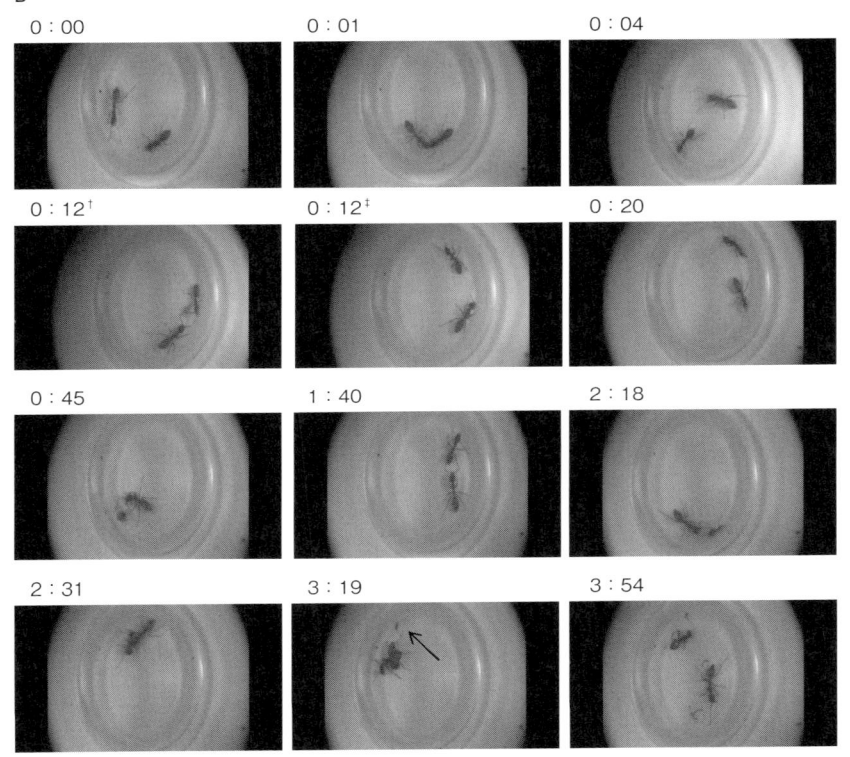

B:ジャパニーズ・メインと神戸Aのワーカーを入れたリング.0:00)ワーカー2頭をリング内に導入した.0:01)1回目の接触.左の個体の触角がもう片方の個体を確認,右の個体はサッと進行方向を逆に変えた.0:04)そのまま0:01の右側個体が左側個体を追いかけて咬みつこうとしたが逃げられた.0:12†)両個体があわただしく歩き回った後出会った.0:12‡)すぐさま上側の個体が逃げ出した.0:20)出会ったがなにごともなく通り過ぎた.このような場合もあるが,この後つぎのコマまでの間に7回出会い,いずれも逃避行動がみられた.0:45)片方の個体が大あごを開いて威嚇行動をとり(上),もう片方の個体が逃げた.1:40)下側の個体が触角をそうっとのばし,上側の個体が何者かさぐった.上側の個体はその後歩きだし,下側の個体は触角をなめて拭いた.2:18)右側の個体が身づくろいを始めたすきに,左側の個体が背後から襲いかかって咬みついた.2:31)取っ組み合いが続き,リングを半周した.3:19)脚が咬みきられた(矢印).3:54)決着がついた.双方の個体が傷つき,とくに上側の個体は瀕死となった.

②，③で得られたスコアの間には有意な差がなかったが，④で得られたスコアは①-③に比べて有意に高いことがわかった．なお，実際のアリの行動パターンの例を図 6.3 に示した．

また，カリフォルニアン・ラージを輸入したときに生き残っていた，たった1頭のヨーロピアン・メインの個体をカリフォルニアン・ラージの個体と出会わせてみたところ，やはりたがいに敵対はせず，むしろ口移しで栄養交換を行なった．ちなみに，このヨーロピアン・メインの個体は翌日死亡した．1頭で心細く生きのびていたところを，ようやく仲間と出会えて安堵し，天寿を全うしたのだろうかとついついそのような空想を働かせてしまうのだった．

以上の結果は，ヨーロピアン・メイン，カリフォルニアン・ラージ，ジャパニーズ・メインの3つのスーパーコロニーがじつは大陸を横断して拡がる1つのスーパーコロニーであることを示唆している．Wetterer and Wetterer（2006）がヨーロピアン・メインと敵対しないことを発見したマデイラ諸島，アソーレス諸島およびカナリア諸島のアルゼンチンアリも，大陸を越えたスーパーコロニーの一部であろう．このスーパーコロニーは社会性昆虫が形成する史上最大のコロニーであり，その大きさは人間社会以外に匹敵するものがない．いや，アルゼンチンアリの分布拡大は人間活動に強く依存することを考えると（Suarez et al., 2001），人間は知らず知らずのうちに自分たちの社会に匹敵するアルゼンチンアリの巨大社会をつくっていたのだといえる．

この結果は 2009 年夏に社会性昆虫学専門誌 Insectes Sociaux に掲載されたが（Sunamura et al., 2009a），イギリスの BBC ニュースでも "Ant mega-colony takes over world"（アリのメガコロニーが世界を乗っ取る）というセンセーショナルなタイトルで報道され，世界各国で大きな話題を呼んだ．これにならって，本書でも大陸を越え世界に卓越するスーパーコロニーをメガコロニーと呼ぶことにする．アメリカの SF 映画の古典に "THEM"（1954 年；邦題『放射能 X』）という作品があるが，これは放射能で巨大化したアリのコロニーが人間を襲うという内容で，科学者がアリの分布拡大ルートを解析して巨大アリのコロニーを追跡，なんとか撲滅に成功する．人為的運搬による巨大なアリのコロニー形成を報告した筆者らの研究は，欧米人

にとって，人間による環境破壊への警笛がテーマである本映画を彷彿とさせるものだったようだ．筆者らの研究が劇中と違うのは，巨大なのがアリ1個体1個体ではなくコロニーの規模である点だ．

6.4 マデイラ起源説

6.4.1 ヨーロピアン・メインの誕生

ヨーロピアン・メイン，カリフォルニアン・ラージ，ジャパニーズ・メインの間で敵対性がないのは，これらが遺伝的に非常に近縁で，よく似た体表炭化水素をもつためであると考えられる．Wetterer and Wetterer (2006)はヨーロピアン・メインの侵入の歴史について，以下のような興味深い仮説を提示している．

アルゼンチンアリが原産地の外で初めて発見されたのは1850年ごろマデイラにおいてである．博物館に所蔵の標本を調べると，1847年から1858年の間のどこかでマデイラ島から採集された標本が最古の記録であるらしい．そして，マデイラ島に続く記録は1890年代にポルトやリスボンなどといったポルトガル国内のいくつかの場所から出されたものである．ここからさらに20年経つと，ヨーロッパのほかの国からも続々と記録されるようになった．19世紀のマデイラは，ポルトガルが南米の植民地から物資を輸送する際の重要な中継点になっていた．

このような記録，歴史的背景から，以下のようなイベントが起こったと考えられる．まず，1858年より前に南米からマデイラにアルゼンチンアリが持ち込まれた．そして，マデイラ内で大きなスーパーコロニーが形成された．さらに1890年ごろからそのスーパーコロニーの一部がポルトガル本土へと持ち運ばれ，その後ヨーロッパ中へと拡散していった．こうして現在のヨーロピアン・メインスーパーコロニーが形成された．

6.4.2 メガコロニーへの発展

筆者らの研究は，Wettererらの仮説に長い長い続きがあることを示唆している．つまり，南米からマデイラ，マデイラからポルトガル，ヨーロッパ

へと拡散していった世界最古のアルゼンチンアリ侵入個体群は，大陸を越えて北米，さらにはめぐりめぐってアジアにまで旅を続け，メガコロニーへと発展していったのだと考えられる．具体的なルートはわからないが，カリフォルニアでアルゼンチンアリが最初に記録されたのは 1907 年なので（Suarez et al., 2001），カリフォルニアへはヨーロッパ各国と同時期，すなわちヨーロピアン・メインがまだかなり小さい時期に持ち込まれたようだ．日本でアルゼンチンアリが最初に確認されたのは 1993 年と最近だ（杉山，2000）．すでにメガコロニーが世界各地で成熟した後なので，どこから日本へ入ってきたのかを特定するのは困難だろう．

6.4.3　メガコロニーの現在——国境を越えて混じりあうのか

前項の続きになるが，むしろ日本へはメガコロニーのいくつかの「支部」から複数回の侵入が起こった可能性が高い．つまり，第 5 章では 4 つの異なるスーパーコロニーがそれぞれ別々に日本へ侵入したことを議論したが，じつは同じスーパーコロニーに属するアルゼンチンアリも必ずしも 1 回限りの侵入に由来するものではないのではないか，ということである．

第 4 章で神戸港のジャパニーズ・メインは山口・広島・愛知のジャパニーズ・メインとは遺伝的にやや異なることを示した．これは，神戸港と山口・広島・愛知とではメガコロニーの侵入源が異なるからではないだろうか．マイクロサテライト座位は変異が生じやすく，また，創始者効果により多型頻度が変化しやすいので，同じメガコロニーに属していても，長い年月隔離されているうちに特有の多型が生じたり，ごく少数の女王を含むコロニーが新たな生息地に持ち運ばれた際に多型頻度が侵入源と変わったりといった現象が起こりうる．神戸港摩耶埠頭へは，山口・広島・愛知とは別の侵入源から，海運によってメガコロニーが運ばれてきた可能性がある．

また，筆者らが第 4 章の研究を行なったのと同時期に，Hirata et al. (2008) も日本のアルゼンチンアリの侵入履歴推定を目的とした研究を行なっている．彼らは行動実験こそ行なっていないが，ジャパニーズ・メインが分布する山口・広島・愛知県の各生息地と，神戸 A が分布する神戸港ポートアイランド北部でアルゼンチンアリを採集し，8 つのマイクロサテライト座位を用いて詳細な遺伝解析を行なった．その結果，採集されたアルゼンチ

ンアリは神戸港，山口県柳井市，そしてその他の生息地，の3つのグループに分けられた．ジャパニーズ・メインのなかでも柳井市の個体群はほかの生息地ではみられない固有の多型をもっていたのだ．このことは，柳井市と他地域とでメガコロニーの侵入源が異なることを示唆している．

その他，第4章の研究を行なった後で新たにアルゼンチンアリが確認された場所のなかでは，大阪港，横浜港，東京港にもジャパニーズ・メインが分布している．これらの港湾地域も，摩耶埠頭と同様に海外からメガコロニーが直接侵入してきた可能性が十分に考えられる．

このように，メガコロニーはいくつかの支部から同じ国に何度も侵入し，それらが融合して急速に巨大なスーパーコロニーを形成することが可能だ．また，たとえばヨーロピアン・メインの巣の一部がカリフォルニアに持ち運ばれたとしたら，そこでカリフォルニアン・ラージに受け入れられてカリフォルニアン・ラージの一部になるだろう．このようなスーパーコロニー間での個体の行き来も，じつは頻繁に起こっているのかもしれない．

6.4.4　メガコロニーの祖先を求めて南米へ

マデイラに侵入して世界各地へと拡がっていったアルゼンチンアリだが，メガコロニーの大もととなった南米のスーパーコロニーを発見することは可能だろうか．Tsutsui et al.（2001）は，世界の侵入地と原産地からアルゼンチンアリを採集し，マイクロサテライト解析を行なった．その結果，ヨーロッパや北米を含め，侵入地の個体群の多くは南米のパラナ川南部，とくにロザリオ（Rosario）の個体群と遺伝的に近いことがわかった．ロザリオは首都ブエノスアイレス市から270 kmほどパラナ川を上ったところに位置しており，港がある．ロザリオ港は19世紀後半，ブエノスアイレス港に匹敵する国際貿易船の運輸量をほこる物流の中心地だった（Suarez et al., 2008）．ロザリオ港周辺にはメガコロニーのもとになったスーパーコロニーが現存しているかもしれない．そう考えて，2010年に坂本洋典氏とコラム-2のアルゼンチン調査へ渡航した際にロザリオ港を訪れた．しかし残念なことに，ロザリオ港にはアルゼンチンアリ自体がいなかった．世界で繁栄するメガコロニーであるが，その祖先は環境が不適合になった，あるいは競合するスーパーコロニーやアリに敗れた，などの理由で消滅してしまったのかもしれない．

もしくは，ロザリオ港から離れたどこかでいまもひっそりと暮らしているのかもしれない．

6.5 その後の研究

6.2 節で述べたように，カリフォルニア大学のツツイ博士のグループも，筆者らと同一路線の研究を行なっていた．また，その他にもいくつかのグループが関連する研究を行なって今日までに論文を発表しているので，本節ではそれらについて紹介する．また，それらを総括した世界におけるメガコロニーの分布拡大ルートを図 6.4 に示したので，あわせて参照されたい．

ツツイ博士らは Brandt *et al.*（2009）と van Wilgenburg *et al.*（2010）の 2 本の論文を発表した．まず，Brandt *et al.*（2009）は世界各地のアルゼンチンアリの体表炭化水素分析とマイクロサテライト解析を行なった．サンプルは原産地南米のほか，ヨーロッパ，オーストラリア，北米，ハワイ島のアルゼンチンアリを利用した．その結果，ヨーロッパ，オーストラリア，北米，ハワイ島それぞれでもっともメジャーなスーパーコロニーは，たがいによく似た体表炭化水素をしており，遺伝的にもよく似ていることがわかった．Brandt *et al.*（2009）は「これらのスーパーコロニーはたがいをコロニーメンバーとして認識するであろう」と予測している．van Wilgenburg *et al.*（2010）はその予測にもとづいて世界各地からアメリカ大陸に生きたアルゼンチンアリを輸入し，筆者らと同様の敵対性試験を行なった．その結果，北米，ヨーロッパ，日本，ハワイ，ニュージーランド，オーストラリアでそれぞれ最大のスーパーコロニーはやはりたがいに敵対しないことがわかった．さらに，Brandt *et al.*（2009）のときと同様に，これらのスーパーコロニーは体表炭化水素が似ていること，遺伝的にも共通の起源をもつと考えられるほど似ていることが確認された．メガコロニーは，筆者らが示したヨーロッパ，マデイラ周辺，北米，日本だけでなく，さらに大きな拡がりをもっていたというわけである．

ツツイ博士らとは別に，スイスの Vogel *et al.*（2010）も侵入地のスーパーコロニーが単一の侵入起源から派生したのか複数の起源から派生したのかを調べるためにグローバルスケールでの遺伝解析を行なった．遺伝マーカー

図 6.4 メガコロニーの分布拡大ルート推定図．以下，図中の矢印それぞれについて侵入発見年，ルート推定の根拠となる代表的な文献を示す．破線は根拠がやや弱いもの．①原産地パラナ川南部→マデイラ島などマカロネシア（1850 年ごろ：Tsutsui et al., 2001 ; Wetterer and Wetterer, 2006）．②マカロネシア→ポルトガル（1890 年代：Wetterer and Wetterer, 2006）．③ポルトガル→ヨーロッパ諸国（20 世紀初頭：Wetterer and Wetterer, 2006）．④ヨーロッパ→カリフォルニア（1907 年：このルートを示唆した文献はないが，侵入年代の古さの順を考えるとヨーロッパから持ち込まれたと考えるのが妥当ではないかと思われる）．⑤カリフォルニア→ハワイ（1940 年：Zimmerman, 1941 ; Passera, 1994）．⑥ヨーロッパ→オーストラリア・メルボルン（1939 年：Suhr et al., 2011）．⑦メルボルン→オーストラリア西部（1950 年-：Suhr et al., 2011）．⑧オーストラリア→ニュージーランド（1990 年：Corin et al., 2007）．⑨ヨーロッパ／北米／オーストラリア→日本（1993 年-：世界の複数の場所から複数回の侵入が起こった可能性がある：Hirata et al., 2008 ; Sunamura et al., 2009b）．

はミトコンドリアとマイクロサテライトを利用した．その結果，ヨーロッパ，カリフォルニア，オーストラリア，ニュージーランド，ハワイ（マウイ島），日本（広島県廿日市市）のスーパーコロニーは同一のミトコンドリアハプロタイプを保持しており，マイクロサテライト多型解析でもたがいによく似ていることがわかった．したがって，これらのスーパーコロニーは単一の侵入起源から派生したものと結論づけられた．

　オーストラリアの Suhr et al.（2011）は，オーストラリアのアルゼンチンアリが 1 つの巨大スーパーコロニーを形成していることを発見しただけでなく，マイクロサテライト多型解析を行ない，オーストラリアのスーパーコロニーとほかのいくつかの侵入地のスーパーコロニーを比較した．その結果，

オーストラリアのスーパーコロニーはヨーロピアン・メインと近いことがわかった．オーストラリアでアルゼンチンアリが最初にみつかったのは 1939 年メルボルンにおいてであるが，当時オーストラリアの主要な貿易相手国は英国およびヨーロッパ諸国だった．そのため，Suhr et al.（2011）はオーストラリアのスーパーコロニーはヨーロピアン・メインから派生したものではないかと議論している．Corin et al.（2007）は，ミトコンドリア DNA 解析および輸入品の検疫記録をもとに，ニュージーランドのアルゼンチンアリはオーストラリアから持ち込まれたものと結論づけた．したがって，オセアニアのメガコロニーはヨーロッパからオーストラリア，オーストラリアからニュージーランドへと拡散していったものと考えられる．

日本でも，国立環境研究所の研究グループが世界各地のアルゼンチンアリのミトコンドリア DNA 解析を行ない，Inoue et al.（2013）ではメガコロニーに含まれる各スーパーコロニーが同一のミトコンドリアハプロタイプをもつことを報告した．

6.6　なぜ 100 年以上経っても 1 つのコロニーのままなのか

筆者らの研究や 6.5 節の一連の研究は，メガコロニーがマデイラに侵入して以来ずっと同じ体表炭化水素を保ち続けてきたことを示唆している．マデイラへの侵入は 1858 年以前なので，現在までに 150 年以上も経過しているにもかかわらず，である．これは，1977 年に制作された米国のテレビドラマ『ルーツ』を彷彿とさせる．『ルーツ』では，西アフリカのガンビアで生まれたクンタ・キンテという少年が奴隷狩りに遭い米国に連れてこられてしまう．彼はトビーという新しい名前を無理やりつけられるが，いつか自由になることをあきらめなかった．『ルーツ』は彼を始祖として三代にわたる物語で，彼の本名，故郷での自由，意志は子から孫へと語り継がれ，最後には自由を手に入れる．アルゼンチンアリのメガコロニーも，南米からマデイラ，そして世界各地へと持ち運ばれていったが，どこへ行っても，何世代を経ても自分たちのルーツを忘れない，すなわち体表炭化水素パターンが変わらないのである．

これまで，スーパーコロニー制については進化的に不安定なものだといわ

れてきた（Tsutsui *et al.*, 2000 ; Helanterä *et al.*, 2009）．というのも，スーパーコロニーを形成するアリでは巣仲間どうしの血縁度が 0 に近くなってしまう．そのような条件下では，地理的に離れた個体群間で生じた遺伝的変異がより厳密な巣仲間認識を生じ，広域にわたって敵対性がないという状況は崩壊することが予想される．また，血縁者びいきを促進する遺伝的変異が有利となり，これもコロニーの分化を促進することが予想される．アリ類の進化系統樹のなかで，スーパーコロニー制の種がところどころ突発的にしか現れないことは，スーパーコロニー制が進化的に不安定で，さまざまなアリでときどき進化しては消滅するということを繰り返してきたためではないかと考えられている．以上のことから，世界各地でみられる巨大スーパーコロニー，ひいてはメガコロニーは，進化的時間軸のなかでは崩壊していくのではないかと予測されている．

　しかし，はたしてそうだろうか．メガコロニーの存続 150 年は進化的にそれほど短い時間ではないように思われる．スーパーコロニーやメガコロニーの存続を促進するメカニズムは考えられないのだろうか．筆者は以下のように考える．スーパーコロニーの規模は離れた巣間で直接行き来や協力行動

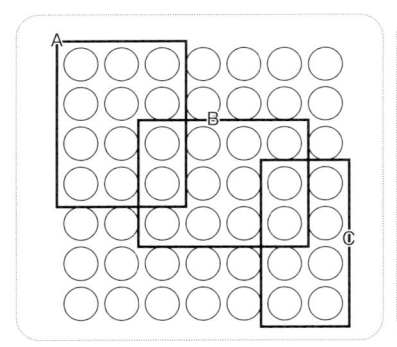

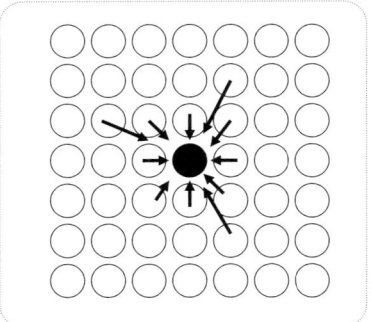

図 6.5 スーパーコロニーの巣間協力関係および利己的分子排除のメカニズムを表した概念図．丸は巣を表す．左：集合 A，B，C それぞれに含まれる巣どうしは協力しあう．この場合，集合 A と集合 C の巣どうしは直接の協力関係にはないが，集合 B を介して間接的に協力しあえる関係にある．右：黒丸の巣が突然変異により独立したコロニーになった場合，周囲の巣から排除され，いわば自己免疫のようなシステムによりスーパーコロニーのアイデンティティーが維持される．

ができないほど大きくなるが，部分部分では混じりあい協力しあっている（図6.5）．スーパーコロニーとは，その連続体である．そのなかで1巣，体表炭化水素に変異が生じて周囲と協力せず巣内の仲間だけひいきする巣が誕生したとしよう．その巣はたちまち周囲の巣からの猛攻を受けるなり，周囲の巣どうしの協力行動の前でなすすべなく餌取り競争に敗北するなりして滅亡させられてしまうだろう．遠く離れた巣どうしが敵対しないという現象自体は生態学的意義が薄いかもしれないが，スーパーコロニー制は裏切り者を出現させにくいシステムになっていると考えられるのではなかろうか．スーパーコロニーの一部が人為的に持ち運ばれて新しい場所に定着した場合も，いったんある程度の大きさにまで成長したら，スーパーコロニーは上記の裏切り防止システムが働き安定である．そして，侵入地においてスーパーコロニーが数十の巣をもち数百m程度の規模に拡がるのには数年もかからないので，裏切り防止システムは早期から発動する．そのため，世界の各所でメガコロニー支部の体表炭化水素が維持され，100年以上経っても変わらぬままなのではないだろうか．

引用文献

Bhatkar, A. and W. H. Whitcomb. 1970. Artificial diet for rearing various species of ants. Florida Entomologist, 53 : 229-232.

Brandt, M., E. van Wilgenburg and N. D. Tsutsui. 2009. Global-scale analyses of chemical ecology and population genetics in the invasive Argentine ant. Molecular Ecology, 18 : 997-1005.

Corin, S. E., P. J. Lester, K. L. Abbott and P. A. Ritchie. 2007. Inferring historical introduction pathways with mitochondrial DNA : the case of introduced Argentine ants (*Linepithema humile*) into New Zealand. Diversity and Distributions, 13 : 510-518.

de Biseau, J.-C., L. Passera, D. Daloze and S. Aron. 2004. Ovarian activity correlates with extreme changes in cuticular hydrocarbon profile in the highly polygynous ant, *Linepithema humile*. Journal of Insect Physiology, 50 : 585-593.

Helanterä, H., J. E. Strassmann, J. Carrillo and D. C. Queller. 2009. Unicolonial ants : where do they come from, what are they and where are they going? Trends in Ecology and Evolution, 24 : 341-349.

Hirata, M., O. Hasegawa, T. Toita and S. Higashi. 2008. Genetic relationships among populations of the Argentine ant *Linepithema humile* introduced into Japan. Ecological Research, 23 : 883-888.

Inoue, M. N., E. Sunamura, E. L. Suhr, F. Ito, S. Tatsuki and K. Goka. 2013. Recent range expansion of the Argentine ant in Japan. Diversity and Distributions, 19:29-37.
Liang, D., G. J. Blomquist and J. Silverman. 2001. Hydrocarbon-released nestmate aggression in the Argentine ant, *Linepithema humile*, following encounters with insect prey. Comparative Biochemistry and Physiology Part B, 129:871-882.
Passera, L. 1994. Characteristics of tramp species. In (Williams, D. F., ed.) Exotic Ants: Biology, Impact, and Control of Introduced Species. pp. 23-43. Westview Press, Boulder.
Suarez, A. V., D. A. Holway and T. J. Case. 2001. Patterns of spread in biological invasions dominated by long-distance jump dispersal: insights from Argentine ants. Proceedings of the National Academy of Sciences of U.S.A., 98:1095-1100.
Suarez, A. V., D. A. Holway and N. D. Tsutsui. 2008. Genetics and behavior of a colonizing species: the invasive Argentine ant. The American Naturalist, 172:72-84.
杉山隆史. 2000. アルゼンチンアリの日本への侵入. 日本応用動物昆虫学会誌, 44:127-129.
Suhr, E. L., D. J. O'Dowd, S. W. McKechnie and D. A. Mackay. 2011. Genetic structure, behaviour and invasion history of the Argentine ant supercolony in Australia. Evolutionary Applications, 4:471-484.
Sunamura, E., K. Nishisue, M. Terayama and S. Tatsuki. 2007. Invasion of four Argentine ant supercolonies into Kobe Port, Japan: their distributions and effects on indigenous ants (Hymenoptera: Formicidae). Sociobiology, 50:659-674.
Sunamura, E., X. Espadaler, H. Sakamoto, S. Suzuki, M. Terayama and S. Tatsuki. 2009a. Intercontinental union of Argentine ants: behavioral relationships among introduced populations in Europe, North America, and Asia. Insectes Sociaux, 56:143-147.
Sunamura, E., S. Hatsumi, S. Karino, K. Nishisue, M. Terayama, O. Kitade and S. Tatsuki. 2009b. Four mutually incompatible Argentine ant supercolonies in Japan: inferring invasion history of introduced Argentine ants from their social structure. Biological Invasions, 11:2329-2339.
Tsutsui, N. D., A. V. Suarez, D. A. Holway and T. J. Case. 2000. Reduced genetic variation and the success of an invasive species. Proceedings of the National Academy of Sciences of U.S.A., 97:5948-5953.
Tsutsui, N. D., A. V. Suarez, D. A. Holway and T. J. Case. 2001. Relationships among native and introduced populations of the Argentine ant (*Linepithema humile*) and the source of introduced populations. Molecular Ecology, 10:2151-2161.
van Wilgenburg, E., C. W. Torres and N. D. Tsutsui. 2010. The global expansion

of a single ant supercolony. Evolutionary Applications, 3 : 136-143.
Vogel, V., J. S. Pedersen, T. Giraud, M. J. B. Krieger and L. Keller. 2010. The worldwide expansion of the Argentine ant. Diversity and Distributions, 16 : 170-186.
Wetterer, J. K. and A. L. Wetterer. 2006. A disjunct Argentine ant metacolony in Macaronesia and southwestern Europe. Biological Invasions, 8 : 1123-1129.
Zimmerman, E. C. 1941. Argentine ant in Hawaii. Proceedings of the Hawaiian Entomological Society, 11 : 108.

第7章　ワーカーによるオスの選択

砂村栄力

　スーパーコロニーのアイデンティティーはどのようにして維持されているのだろうか．アルゼンチンアリでは集団遺伝学的研究によりスーパーコロニー間で遺伝子流動がほとんど起こらないことがわかってきているが，そのメカニズムはわかっていない．本種では新女王が出身巣内で交尾をすませるため，スーパーコロニー間の交配が起こるためにはオスが他スーパーコロニーの巣に入り込む必要がある．筆者らの研究により，ワーカーは自スーパーコロニーのオスと他スーパーコロニーのオスを識別して他スーパーコロニーのオスを攻撃すること，その識別は体表炭化水素パターンにもとづいて行なわれるらしいことがわかった．オスが交尾のために他スーパーコロニーの巣に侵入した場合，ワーカーから相当の攻撃を受けることが予想される．このことがスーパーコロニー間の遺伝子流動抑制の一要因となり，ひいてはスーパーコロニーのアイデンティティーの維持に寄与していると考えられる．

7.1　スーパーコロニー間の交配を抑制する仕組みとはなにか

7.1.1　スーパーコロニーの維持

　第2章で述べられているように，スーパーコロニー制のアリはなわばり争いにかかるコストが低いため，繁殖力が高い．アルゼンチンアリの場合，もともとスーパーコロニー制であるうえに，侵入地では1つ1つのスーパーコロニーの規模が大きくなりスーパーコロニー間の競合が緩和されるため，よりいっそう繁殖力が高まる．このように，スーパーコロニーの形成がアル

ゼンチンアリの成功要因になっていることを考えると，スーパーコロニーがどのようにして維持されているのかは興味深い研究テーマである．

　先の第6章6.6節で，スーパーコロニーのアイデンティティーが維持される仕組みとして裏切り者の排除をあげた．これは，スーパーコロニーの内部から出てくる変化要因を取り除く仕組みである．一方で，スーパーコロニーの外部から入ってくる変化要因も存在する．それは，ほかのスーパーコロニー由来の生殖虫である．あるスーパーコロニーに，外部からほかのスーパーコロニーの女王やオスが加わると，双方のスーパーコロニーの体表炭化水素の組成およびブレンド比（パターン）を決定する遺伝子が混じってしまうと予想される．そうすると，交雑で生まれた子孫の体表炭化水素パターンは両親のスーパーコロニーのものとは異なり，スーパーコロニーのアイデンティティーは維持されないであろう．本章では，スーパーコロニー間における生殖虫の移動に注目した筆者らの研究を紹介する．

7.1.2　スーパーコロニー間の遺伝子流動

　序章ほか随所で触れられているように，アルゼンチンアリは結婚飛行を行なわない．生殖カーストである新女王とオスは年1回，晩春に羽化するのだが（Markin, 1970；Vargo and Passera, 1991），新女王は巣内で交尾をすませてしまう（Keller and Passera, 1992）．交尾後の新女王は翅を落とし，そのまま巣にとどまるか，ワーカーをひきつれて，歩行による分巣で新しい巣を創設する（Holway *et al*., 2002）．一方，オス（図7.1）は飛翔することができ（Markin, 1970；Passera and Keller, 1990），羽化した巣のなかで配偶相手が確保できない場合にはほかの巣まで飛んで移動するという繁殖戦略をとることができる（Passera and Keller, 1994）．実際，同一スーパーコロニーの巣間では，別の巣から飛来したと推定されるオスと女王の交配が野外採集個体の遺伝解析で確認されている（Ingram and Gordon, 2003）．

　一方，最近の集団遺伝学的研究によって，アルゼンチンアリのスーパーコロニー間で遺伝子流動（交配などによる遺伝子のやりとり）がほとんどあるいはまったく起こっていないことが示された（Jaquiéry *et al*., 2005；Thomas *et al*., 2006；Pedersen *et al*., 2006）．ヨーロッパと北米の侵入地では，異なるスーパーコロニーどうしが30m以内のところに近接する場所が知ら

図 7.1 アルゼンチンアリのオス（手前）とワーカー．

れている（Jaquiéry *et al.*, 2005 ; Thomas *et al.*, 2006；コラム-3 を参照）．これらの場所ではスーパーコロニーの一部が混じりあったり，オスが行き来したりすることが距離的には十分可能と考えられるが，実際にそのような遺伝子流動は起こっていないらしい．そして，侵入地だけでなく原産地でもスーパーコロニー間の遺伝子流動はほとんど起こっていないようである（Pedersen *et al.*, 2006 ; Vogel *et al.*, 2009）．

スーパーコロニー間の遺伝子流動が抑制されるメカニズムはまだわかっていない．もし遺伝子流動を積極的に阻止するような仕組みがあるとしたら，それはスーパーコロニー内で体表炭化水素パターンを決める遺伝子にバリエーションが加わることを防ぎ，スーパーコロニーを維持するメカニズムとして働くだろう．

7.1.3　筆者らの仮説

上述のとおり，アルゼンチンアリの新女王は巣内で交尾する．そのため，スーパーコロニー間の遺伝子流動が起こるとすれば，それはオスの移動によるものと想定される．アルゼンチンアリのように新女王が結婚飛行を行なわないアリはほかにも知られており，それらの多くでは，コロニー間の遺伝子流動はもっぱらオスの移動によって成立することが解明されている（Ross *et* al., 1999 ; Rüppell et al., 2003 ; Seppä et al., 2004, 2006 ; Berghoff et al., 2008 ; Holzer et al., 2009). そこで筆者は，アルゼンチンアリのオスがよそのスーパーコロニーに侵入した際，そこにいるワーカーから干渉（攻撃）を受けるのではないかと考えた．攻撃を受けたオスの繁殖成功度が低下すれば，それはオスを介したスーパーコロニー間遺伝子流動の頻度を低下させるだろう．

　第4章などで記したように，アリは体表炭化水素パターンを巣仲間認識に利用する．アルゼンチンアリでは，異なるスーパーコロニーのワーカーどうしは異なる体表炭化水素パターンをもち相互に敵対性を示す．ワーカーの体表炭化水素に関する研究はこれまで数多く行なわれてきたが，女王やオスの体表炭化水素に関する研究はアリ類全体をみても非常に少ない．近年になって，ブルドッグアリ *Myrmecia gulosa* とアルゼンチンアリの2種について，ワーカーと女王で体表炭化水素パターンが顕著に異なり，その違いがワーカーによる女王の認識に利用されていることがわかった（Dietemann et al., 2003 ; Vásquez et al., 2008 ; Vásquez and Silverman, 2008a）．しかし，同じ巣のワーカーとオスが異なる体表炭化水素パターンをもっているかどうかはわからない．もしアルゼンチンアリのオスが同じスーパーコロニーのワーカーと似た体表炭化水素パターンをもつとしたら，ワーカーは体表炭化水素パターンを判断基準にしてほかのスーパーコロニーのオスを認識し攻撃することができるだろう．

7.1.4　研究の本格始動

　上記の仮説にもとづき，2008年晩春，神戸港でこの年に発生したオスを何頭か採集し，異なるスーパーコロニーのワーカーと出会わせる予備実験を行なったところ，予想どおりオスはワーカーから攻撃を受けることがわかった．続いてオスの体表炭化水素を分析したところ，ワーカーの体表炭化水素パターンとよく似ていることがわかった．

　予備実験の結果について，あるとき北海道大学の東正剛教授から「つまりワーカーがオスを選択しているということだね」というコメントをいただいた（図7.2）．大学に帰ってそのような視点で文献を調べたところ，Hölldobler and Wilson（1990）がアリ学のバイブル"The Ants"のなかで，オス

図 7.2 筆者らの研究のコンセプトを端的に表したイラスト．アルゼンチンアリのワーカーはよそのスーパーコロニーからきたオスを自分たちの巣の新女王の結婚相手として認めない（イラスト：増田あきこ）．

が新女王に近づくために他巣に入らねばならないアリ種について，ワーカーが自巣の新女王の配偶相手を選ぶ可能性を指摘していた．しかし，そうした種で実際にワーカーによるオスの選択が起こっていることを示した室内実験・野外実験はそれまで皆無であった．アルゼンチンアリは，ワーカーによるオスの選択を発見した初めての例ということになりそうである．

本実験は翌 2009 年の生殖虫の発生を待って実施した．なお，この年は，田付貞洋教授の退職により，新体制の研究室では石川幸男教授，星崎杉彦助教，藤井毅博士らの指導を仰ぐことになったが，アリを専門としていないメンバーと一丸となって研究を推進できた思い出深い年でもある．

実験は，日本国内の 2 個のスーパーコロニーを利用して行なった．まず，10 分間の行動実験を行ない，オスが異なるスーパーコロニーのワーカーから攻撃されるかどうかを調べた．つぎに，60 分間の行動実験を行ない，ワーカーとの長時間接触およびワーカーの密度がオスの死亡率に与える影響を調べた．さらに，化学分析を行なって体表炭化水素がワーカーによるオスへの攻撃に関与している可能性を検討した．

7.2 ワーカーによるオスへの攻撃

7.2.1 実験に用いたアルゼンチンアリ

アルゼンチンアリは，神戸港摩耶埠頭の神戸 C およびジャパニーズ・メインスーパーコロニーから採集した．採集は，新女王とオスの発生期間中である 2009 年 6 月 6-9 日に行なった．第 4 章の図 4.3 に示した分布図をもとに，各スーパーコロニーにつき 3 巣からアルゼンチンアリを採集した．これらの巣が分布図のとおり神戸 C またはジャパニーズ・メインのものであることは，後の行動実験で確認をとった．採集した神戸 C の巣を C1-C3，ジャパニーズ・メインの巣を M1-M3 と名づけた．各巣につき，数百頭のワーカー，数十頭のオス，数十頭のブルード，1 頭以上の女王を採集した．新女王は，オスが交尾してしまった後では実験が成立しなくなるおそれがあったので，採集したとしても少々にとどめた．なお，C1-C3，および M1-M3 はたがいに 100 m 以上離れた場所から採集した．

研究室にアリを持ち帰った後，行動実験用のアリはプラスチック容器に入れて飼育した．餌として砂糖水を常時，ゆで卵を 3 日おきに与えた．行動実験は採集後 2 週間以内に完了させた．化学分析用のアリは冷凍庫に入れて殺虫し，$-20℃$ で保存した．

7.2.2 敵対性試験 1

第 4 章，第 6 章と同様ではあるが，より精密な敵対性試験を行なった．まず，壁面にフルオンをぬったプラスチックシャーレ（直径 1.6 cm）に同じ巣のワーカー 5 頭を導入した．そこに，もう 1 巣のワーカーまたはオスを 1 頭導入し，個体間の相互作用を 10 分間ビデオ撮影した．この 1 対 5 という設定は，1 頭のアリがほかの巣に侵入する状況を模したものである．撮影したビデオを後で再生し，ワーカーと侵入者が遭遇したときの相互作用を以下のようにスコアづけした．0 点＝無視する；1 点＝触角でたたいて確認する；2 点＝逃避する；3 点＝攻撃する（威嚇する，咬みつく，ひっぱる，化学物質を腹部末端から放出する）；4 点＝闘争する（執拗に攻撃を続ける）．1 分ごとに観察された最高スコアを記録し，10 分間での平均値をその試行

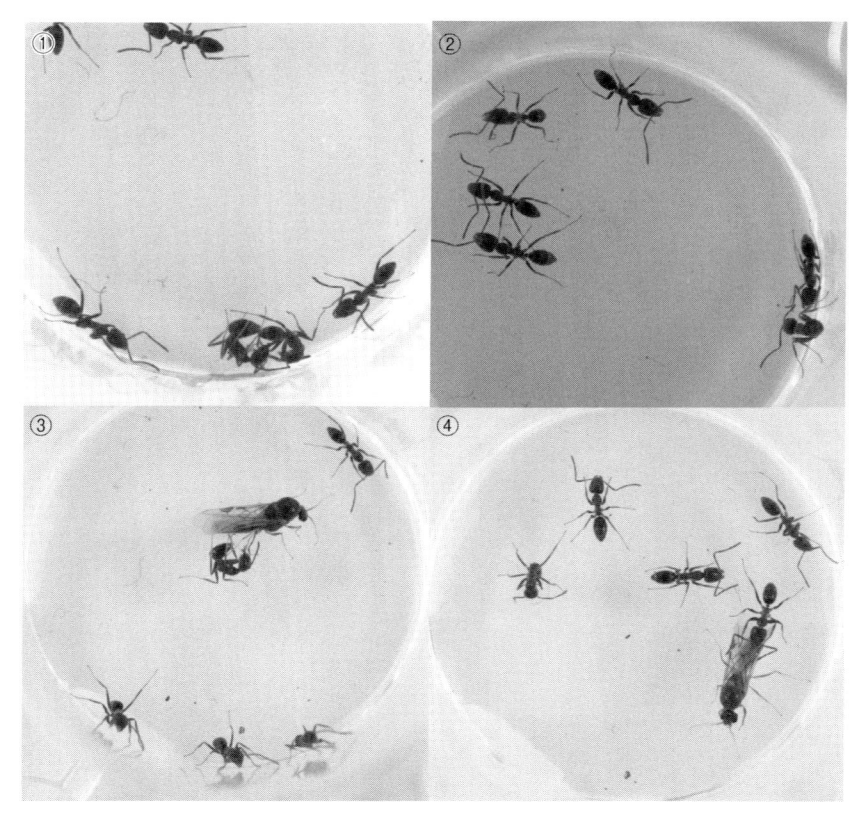

図 7.3 敵対性試験1の様子．ワーカー5頭に対し，①他スーパーコロニーのワーカー，②同じスーパーコロニーの他巣ワーカー，③他スーパーコロニーのオス，④同じスーパーコロニーの他巣オス，のいずれかを提示した．①では写真下方の2頭が闘争している．②では逃避行動や敵対行動はみられない．③では1頭のワーカーがオスの脚に咬みついたうえで，腹部を曲げて化学物質による攻撃を加えている．④では1頭のワーカーが触角でオスを確認しているが，逃避行動や敵対行動には発展しない．

の敵対性指数とした．

　ワーカー5頭に対する侵入者は以下の4パターンを設けた．①他スーパーコロニーのワーカー，②同じスーパーコロニーの他巣ワーカー，③他スーパーコロニーのオス，④同じスーパーコロニーの他巣オス．採集した6つの巣のあらゆる組み合せについて試験を行なった（図7.3）．その際，2巣の

組み合せそれぞれについて，受け入れ側になるか侵入者になるかを交換して2セットの試験を行なった．反復試行回数は別々の個体を用いて5回とした．こうして行なった実験の結果を以下に記す．

異なるスーパーコロニーのワーカーが侵入した場合（上記①）

しばしば敵対行動が観察された（図7.4A）．攻撃は侵入者から開始することもあれば，受け入れ側のワーカーから開始することもあった．敵対行動を受けたワーカーの反応は，攻撃し返すか，逃避するか，相手の攻撃が終わるまでじっと耐えるかのいずれかであった．敵対行動の結果，ワーカーはしばしば傷を負った．また，受け入れ側のワーカー2頭以上が攻撃に参加し，侵入者の脚や触角をひっぱって身動きをとれなくする様子もしばしば観察された．異なるスーパーコロニーに属するワーカー間で行なった全試行のうち，じつに85%の試行でスコア4点が1回以上記録された．

同一スーパーコロニーに属する別の巣のワーカーが侵入した場合（上記②）

敵対行動は観察されなかった（図7.4A）．同じ巣のワーカーどうしの組み合せでも一部の巣を利用して試験を行なったが，敵対行動は観察されなかった（巣M1での敵対性指数：0.24 ± 0.23；巣C2での敵対性指数：0.18 ± 0.08）．

異なるスーパーコロニーのオスが侵入した場合（上記③）

しばしば敵対行動が観察された（図7.4B）．この組み合せの全試行のうち77%でスコア4点が1回以上確認された．ワーカーに攻撃された場合，オスの反応は逃避を試みるか，相手の攻撃が終わるまでじっと耐えるかのどちらかで，オスがワーカーを攻撃することは一度もなかった．受け入れ側のワーカー2頭以上が攻撃に参加し，オスの脚や触角，翅をひっぱって身動きをとれなくする様子がしばしば観察された．1試行において腹部切断によるオスの死亡，6試行において翅の切断によるオスの負傷が観察された．なお，オスはワーカーを敵として認識できていない様子で，ワーカーと遭遇しても攻撃されない限りはほとんど逃避行動を示さなかった．

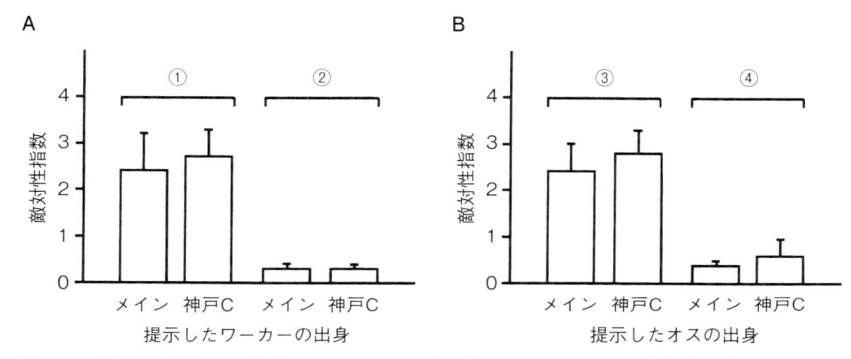

図 7.4 敵対性試験 1 の結果．ワーカー 5 頭に対し，ワーカー 1 頭（A），またはオス 1 頭（B）を提示した．図 7.3 の①-④の各パターンについて敵対性指数の平均値および標準偏差を示した．

同一スーパーコロニーに属する別の巣のオスが侵入した場合（上記④）

オスがワーカーから攻撃を受けることはまれだった（図 7.4B）．この組み合せの全試行のうち 95% の試行では，記録されたスコアは 0 点または 1 点であった．同様に，同じ巣のワーカーとオスの組み合せでも一部の巣を利用して試験を行なったが，敵対行動は観察されなかった（巣 M3 での敵対性指数：0.62 ± 0.27；巣 C2 での敵対性指数：0.52 ± 0.27）．なお，オスはワーカーに興味がない様子で，ワーカーに出会ってもほとんど無視して通り過ぎた．ワーカーもオスに対して特別関心がある様子ではなく，触角で確認する様子はしばしばみられたが，口移しで栄養を与えるといった世話行動はみられなかった．

以上 4 種類の組み合せ実験について統計解析をしたところ，侵入者が受け入れ側のワーカーと同じスーパーコロニーに属していたかどうかが，敵対性の度合いを決めていることがわかった（GLMM, $P<0.001$）．侵入者がワーカーであるかオスであるかは関係なかった（$P>0.05$）．

7.2.3 敵対性試験 2

オスがワーカーによる攻撃を受けて死亡するかどうかをよりくわしく調べるため，さらなる敵対性試験を行なった．10 分間の試験ではオスの死亡は

ほとんどみられなかったが，試験時間を60分間に延長した場合どうなるかを調べることにした．また，受け入れ側のワーカー密度を変化させた場合にどうなるかも調べることにした．この試験に用いたオスは，オスが十分な頭数採集できた巣C2とM3を利用した．C2のオス1頭を別のスーパーコロニー（巣M3）または同じスーパーコロニー（巣C1）のワーカー（1，5，または20頭）が入ったシャーレに侵入させる試験，そしてM3のオス1頭を別のスーパーコロニー（巣C2）または同じスーパーコロニー（巣M2）のワーカー（1，5，または20頭）が入ったシャーレに侵入させる試験を行なった．

反復試行回数は，別々のアリを用いて5回とした．アリの行動を60分間ビデオ撮影し，後で再生して最初の10分間について短時間の敵対性試験と同じ方法でスコアづけを行なった．残りの50分間については10分おきに侵入者の生死を確認した．60試行中2試行で試験中にオスがシャーレから飛んで逃げ出したため，これら2試行はデータから除外した．以上の実験結果がどうなったかを以下に記す．

異なるスーパーコロニー間

29試行のうち，オスの死亡が確認されたのは2試行と少なかった．まず，巣M1のオス1頭と巣C1のワーカー5頭の間で行なわれた1試行において，試験開始30-40分後にかけての間にオスがワーカーによって腹部を切断されて死亡した．同様に，巣M1のオス1頭と巣C1のワーカー20頭の間で行なわれた1試行において，試験開始10-20分後にかけての間にオスがワーカーによって腹部を切断されて死亡した．その他，翅の切断によるオスの負傷が3試行で確認された．このように死亡事例は少なかったが，受け入れ側のワーカー密度が高くなるほど敵対性スコアは有意に高まった（図7.5A）．受け入れ側のワーカー数が20頭の試行では，激しい敵対行動（スコア4点）がほぼ毎分観察された．

同一スーパーコロニー内

オスがワーカーから敵対行動を受けることはなかった（図7.5B）．受け入れ側のワーカー密度が高まっても敵対性スコアが上昇することはなく，当然

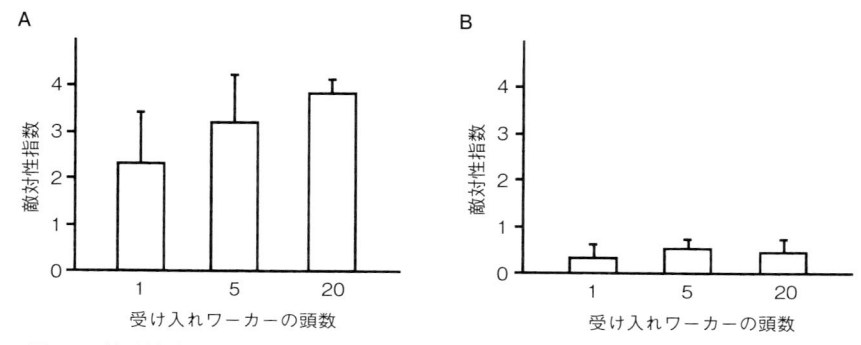

図 7.5 敵対性試験 2 の結果．ワーカー 1，5，または 20 頭に対しオス 1 頭を提示した．A：異なるスーパーコロニーの巣の組み合せ．B：同じスーパーコロニーの巣の組み合せ．図 7.4 と同様に敵対性指数の平均値および標準偏差を示した．

オスの死亡もみられなかった．

7.3　ワーカーとオスの体表炭化水素の類似性

　第 4 章 4.4 節と同様の方法で体表炭化水素分析を行なった．体表炭化水素の抽出は，同じ巣から採集した 5 頭ずつで行なった．採集した 6 巣それぞれについてカーストごとに抽出および分析を 3-4 反復行なった．その結果，炭素鎖長 14-37（以下 C14-C37 のように表す）の炭化水素 54 ピークが検出された．C14-C30 の 28 ピークは，25 種類の直鎖およびモノメチルアルカン，そして 3 種類のアルケンから成っていた．C31-C37 の 26 ピークは，直鎖，モノメチル，ジメチル，およびトリメチルアルカンから成っていた．

　スーパーコロニーおよびカーストごとに各ピークの相対含有率を示すと図 7.6 のようになる．異なるスーパーコロニーでは体表炭化水素に違いがあること，同じスーパーコロニーであればワーカーとオスの体表炭化水素は似ていることが感覚的にみてとれると思う．たとえば，ジャパニーズ・メインではワーカーもオスもピーク 41 や 48，53 を多くもっている．一方，神戸 C ではワーカーもオスもピーク 40，45，46，51 などを多くもっている．また，神戸 C のサンプルから豊富に検出されたピーク 47 は，ジャパニーズ・メインのサンプルからは検出されなかった．それ以外の炭化水素ピークは，スー

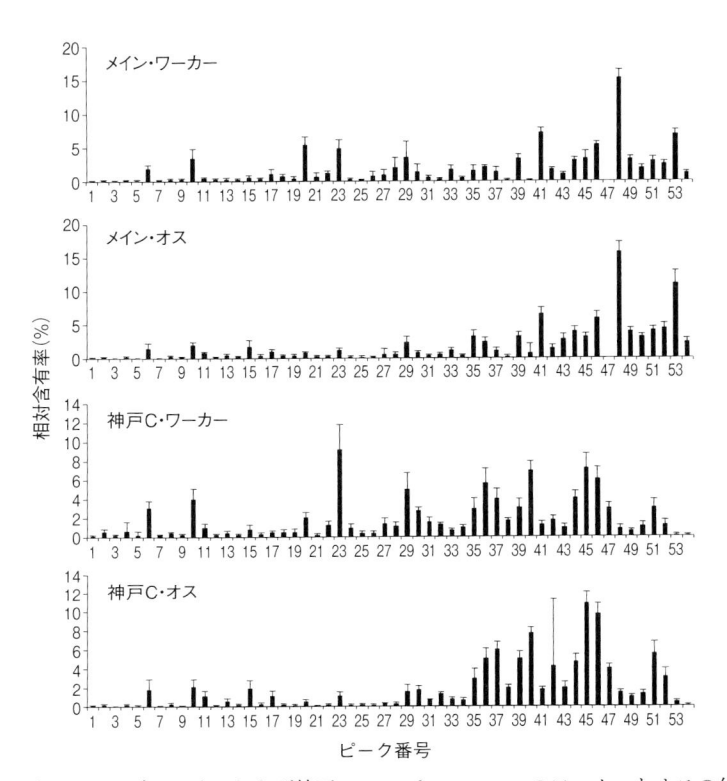

図 7.6 ジャパニーズ・メインおよび神戸 C スーパーコロニーのワーカーとオスの体表炭化水素パターン．1-54 の各ピークについて相対含有率（%）のサンプル間平均値および標準偏差を示した．各ピークの化合物名を以下のとおり記号で記す．1：n-C14；2：n-C15；3：3-MeC15；4：n-C16；5：C17：1；6：n-C17；7：3-MeC17；8：n-C18；9：C19：2；10：C19：1；11：n-C19；12：n-C20；13：n-C21；14：n-C22；15：n-C23；16：n-C24；17：n-C25；18：n-C26；19：3-MeC26；20：n-C27；21：3-MeC27；22：n-C28；23：n-C29；24：11-/13-/15-MeC29；25：7-/9-/11-MeC29；26：5-MeC29；27：3-MeC29；28：n-C30；29：n-C31；30：11-/13-/15-MeC31；31：3-MeC31；32：11,13-/11,19-diMeC31；33：5,13,15-/5,13,17-/5,15,17-triMeC31；34：3,13,15-/3,13,17-/3,15,17-triMeC31；35：n-C33；36：13,15,17-MeC33；37：11,17-/11,19-/13,17-/13,19-/15,17-/15,19-/17,19-diMeC33；38：9,13-/11,13-diMeC33；39：5,15-/5,17-diMeC33；40：9,13,15-/9,13,17-/11,13,15-/11,13,17-triMeC33；41：5,13,17-/5,15,17-/5,13,19-/5,15,19-triMeC33；42：3,13,15-/3,13,17-/3,13,19-/3,15,17-/3,15,19-triMeC33；43：n-C35；44：13-/15-/17-MeC35；45：11,17-/11,19-/13,17-/13,19-/15,17-/15,19-/17,19-diMeC35；46：5,15-/5,17-diMeC35；47：9,13,15-/9,13,17-/11,13,15-/11,13,17-triMeC35；48：5,13,17-/5,13,19-/5,15,17-/5,15,19-triMeC35；49：3,13,15-/3,13,17-/3,13,19-/3,15,17-/3,15,19-triMeC35；50：13-/15-/17-/19-MeC37；51：11,17-/11,19-/13,17-/13,19-/15,17-/15,19-/17,19-diMeC37；52：5,15-/5,17-diMeC37；53：5,13,17-/5,13,19-/5,15,17-/5,15,19-triMeC37；54：3,13,15-/3,13,17-/3,13,19-/3,15,17-/3,15,19-triMeC37．

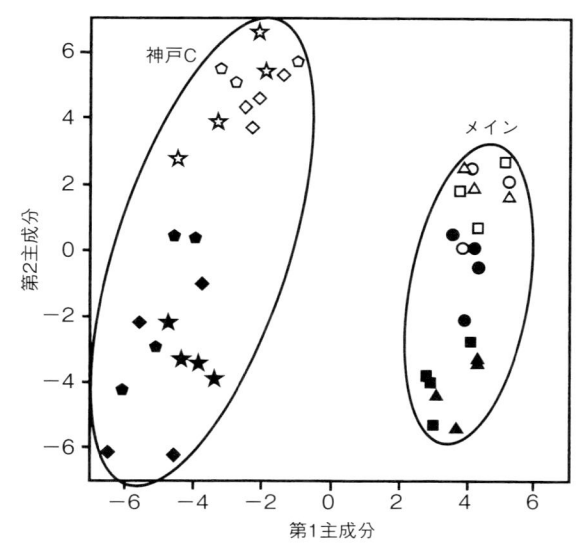

図 7.7 神戸 C とジャパニーズ・メインのワーカーとオスの体表炭化水素についての主成分分析の結果．神戸 C の 3 巣のサンプルを菱形（C1），五角形（C2），星（C3）で，ジャパニーズ・メインの 3 巣のサンプルを丸（M1），四角（M2），三角（M3）で表した．黒塗りのシンボルはワーカーのサンプルを，白抜きのシンボルはオスのサンプルを示す．

パーコロニーやカーストに関係なくサンプル間で共有されていた．

　5 頭ずつのサンプル間で体表炭化水素の類似性を評価するため，炭化水素成分の相対含量率（サンプル間で共通の 53 成分の合計のうち何％を占めるか）にもとづいた主成分分析を行なった．第 1，第 2 主成分の主成分得点をプロットしたところ，第 1 主成分はサンプルを 2 つのグループに分け，これは 2 つのスーパーコロニーに対応した（図 7.7）．第 1 主成分に大きく寄与した炭化水素（相関係数＞0.6 または＜−0.6）は C31-C37 のモノメチル，ジメチル，トリメチルアルカンであった（17 ピーク；図 7.6）．このうちいくつかはジャパニーズ・メインのサンプルでより多かったが，残りは神戸 C でより多かった．

　第 2 主成分はワーカーとオスを分けた（図 7.7）．第 2 主成分に大きく寄

与した炭化水素（相関係数＞0.6 または＜−0.6）は C14-C30 の直鎖およびモノメチルアルカン 12 ピークと，C31-C37 のジメチルアルカン 4 ピークであった．このうち C14-C30 の成分はいずれもワーカーでオスより多く含まれていた．残りの C31-C37 の 4 成分については，カースト間でのはっきりした違いは見受けられなかった．1 つの成分（図 7.6 のピーク 51）はジャパニーズ・メイン，神戸 C ともオスでワーカーよりやや多かったが，ほかの 3 成分（図 7.6 のピーク 39，45，46）は神戸 C のオスでのみ多かった．以上を端的にいうと，オスがワーカーよりも顕著に多く保持しているような炭化水素成分は存在しなかった，ということである．

7.4　ワーカーによるオスへの攻撃が遺伝子流動におよぼす影響

　ここでは 7.2 節，7.3 節で示した結果をまとめ，考察を加える．筆者らは，女王と交尾するオスの選択にワーカーが参加するという特異な繁殖システムをアルゼンチンアリがもっているのではないかという仮説を立て，それを支持する証拠を得た．アルゼンチンアリのワーカーは自分のスーパーコロニーのオスとよそのスーパーコロニーのオスを識別し，よそのスーパーコロニーのオスを攻撃した（図 7.4）．その攻撃の度合いは，よそのスーパーコロニーのワーカーへの攻撃と同等だった．オスへの激しい敵対行動の頻度は，受け入れ側のワーカー数が増えるほど高まった（図 7.5）．これはおもにオスとワーカーの遭遇頻度が上がったためと考えられる．

　同じスーパーコロニーのワーカーとオスでは体表炭化水素が非常によく似ていた（図 7.6，図 7.7）．長鎖の炭化水素成分がスーパーコロニー間の違いに寄与しており，短鎖の炭化水素の含有量においてカースト間でマイナーな違いが見出された．先行研究では長鎖の炭化水素，とくに C33-C37 がアルゼンチンアリの巣仲間認識にとって重要であることが示唆されているのだが（Liang et al., 2001；Brandt et al., 2009；van Wilgenburg et al., 2010），筆者らの結果はこの見解に合致する．筆者らのデータは，ワーカーがよそのスーパーコロニーのオスを攻撃する際にスーパーコロニー間の体表炭化水素の違いを判断基準にすることを示唆している．ワーカーへの攻撃とオスへの攻撃

の度合いが同等であること，そしてオスを特徴づけるような炭化水素成分は見受けられなかったことを考えると，ワーカーはよそのスーパーコロニーのオスとワーカーを識別せずに両方に対して敵対性を示しているのではないかと思われる．

　アルゼンチンアリのオスが野外においてよそのスーパーコロニーの巣に侵入した場合，そこにいるワーカーから相当の攻撃を受けることが予想される．本研究における20頭のワーカーを利用した敵対性試験が，野外における侵入の条件にもっとも近いと思われる．ワーカーによる攻撃は，オスが女王にたどりつくのを妨げたり，交尾行動を妨害したり，オスの体力を奪ったりするであろう．したがって，ワーカーによるオスへの攻撃は，アルゼンチンアリのスーパーコロニー間遺伝子流動を抑制する要因になっていると考えられる．実際，摩耶埠頭でサンプル採集を行なっている間に巣口や行列のそばでワーカーから攻撃を受けているオスを2例目撃した．今後，野外におけるこうした攻撃の頻度と結末を明らかにしていく必要がある．

　60分間にわたって敵対性試験を行なっても，ワーカーの攻撃によるオスの死亡率は低かった．そのため，ワーカーによるオスへの攻撃がアルゼンチンアリのスーパーコロニー間遺伝子流動の抑制にどの程度寄与するかは明らかではなく，ほかのメカニズムの存在も検討する必要がある．具体的には，新女王が交尾相手としてよそのスーパーコロニーのオスを受け入れるかどうか，もし交尾が成立するならばブルードが正常に生育するのかなどを調べる必要がある．

　Vásquez and Silverman（2008b）は，最初たがいに敵対的だったアルゼンチンアリの巣どうしが，飼育を続けるうちに1つに融合する場合があることを報告した．このことは，オスも特定の条件下ではよそのスーパーコロニーのワーカーに受け入れられる可能性があることを示唆している．しかし，巣の融合はおもに敵対性の初期値が低く体表炭化水素の類似度および遺伝的な類似度が高い巣の組み合せでみられ，6カ月が経過しても敵対的なままである巣の組み合せも多く存在した（Vásquez and Silverman, 2008b）．実験の条件も厳しく，2巣の飼育容器をチューブで連結して行き来できるようにしたうえで，餌を片方の巣の容器だけに入れて，もう1巣のアリが採餌するために必ず他巣に移動しなければならないように設定されていた．野外に

おいてよそのスーパーコロニー由来の個体の受け入れが起こるのか，起こるならばどのような条件下で起こるのかを明らかにするため，さらなる研究が必要である．

なお，本研究は 2011 年の Naturwissenschaften 誌に掲載されたが（Sunamura et al., 2011），7.1 節で述べたような「ワーカーによるオスの選択を発見した初めての例」にはならなかった．というのは，アルゼンチンアリと同じく侵略的外来種であるアシナガキアリ *Anoplolepis longicornis* でもスーパーコロニー間で遺伝子流動が起こらないことが知られているのだが（Thomas et al., 2010），筆者らの論文が査読を受けている間に，アシナガキアリでもワーカーによるオスへの攻撃が起こることが簡単にではあるが報告されたのである（Drescher et al., 2010）．系統の離れたアルゼンチンアリとアシナガキアリで似たような繁殖システムをもっているということは，スーパーコロニーの維持や進化を考えるうえで今後よい研究材料になるだろう．

7.5　アルゼンチンアリはスーパーコロニーごとに別種か

先行研究はアルゼンチンアリのスーパーコロニー間で遺伝子流動がほとんど起こらないことを示した（Jaquiéry et al., 2005；Thomas et al., 2006；Pedersen et al., 2006）．また，本章で紹介した筆者らの研究は，実際にスーパーコロニー間の遺伝子流動を抑制する行動システムが存在することを示した．これらの事実をふまえると，1 つのスーパーコロニーは独立した生物学的種とみなせるのではないか，つまり，アルゼンチンアリはスーパーコロニーごとに別種なのではないかと思われるかもしれない．実際そのように考える研究者もいる（Moffett, 2012）．

しかし，ほんとうにすべてのスーパーコロニーの間で遺伝子流動は起こらないのだろうか．ワーカー間の敵対性と体表炭化水素の類似度には負の相関があり，体表炭化水素が比較的似ているスーパーコロニー間ではワーカーどうしの敵対性はマイルドである（Suarez et al., 2002）．ここで，上記のように，筆者らの研究はワーカーがよそのスーパーコロニーのオスを攻撃する際にスーパーコロニー間の体表炭化水素の違いを判断基準にすることを示唆している．したがって，ワーカーによるオスへの攻撃度合いと体表炭化水素の

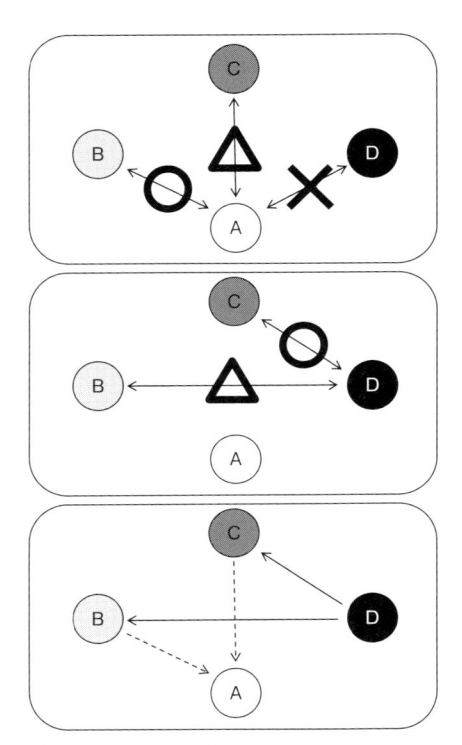

図 7.8 アルゼンチンアリのスーパーコロニー間での遺伝子流動を表す模式図．A，B，C，D という 4 つのスーパーコロニーがあったとする．体表炭化水素パターンが，A と B はよく似ているので交配可能，A と C は多少似ているのでたまに交配可能，A と D はかけ離れているので交配不能，という状況を想定する（上段）．一方，C と D はよく似ているので交配可能，B と D は多少似ているのでたまに交配可能であるとしよう（中段）．その場合，D→B→A や D→C→A といった交配ルートで D の遺伝子が間接的に A に伝播する可能性がある．

類似度にも負の相関があることが想定される．もしそうであれば，オスがよそのスーパーコロニーに侵入した場合であっても体表炭化水素が比較的似ているスーパーコロニーであればオスが受ける攻撃の度合いは弱くてすむ．その場合，オスはそのスーパーコロニーの新女王のところへたどり着き交尾が成立する可能性が高くなる．つまり，体表炭化水素が比較的似ているスーパーコロニー間では遺伝子流動が起こる可能性がある．これまで遺伝子流動の欠如が報告されてきたのはヨーロピアン・メインとカタロニアンなど，体表炭化水素が顕著に違い敵対性のはっきりしているスーパーコロニー間においてである（Jaquiéry et al., 2005 ; Thomas et al., 2006）．ヨーロピアン・メインとコルシカン（Blight et al., 2010, 2012），あるいはジャパニーズ・メインと神戸B（第4章参照）のように，体表炭化水素が比較的近く敵対性も弱いスーパーコロニー間でワーカーによるオスへの攻撃が弱いかどうか，遺伝子流動が起こるかどうかを調べる必要がある．

　原産地南米では1つのスーパーコロニーは比較的せまい面積を占めるにすぎず，多くの場合，ほかのスーパーコロニーと隣接している（Heller, 2004 ; Pedersen et al., 2006 ; Vogel et al., 2009 ; コラム-2参照）．そこでは，体表炭化水素が相互にかけ離れたスーパーコロニーばかりでなく比較的似たスーパーコロニーどうしが近隣に分布する状況が想定できる．比較的似たスーパーコロニー間では遺伝子流動が生じ，それが連鎖していくことで，体表炭化水素がかけ離れたスーパーコロニーどうしでも間接的に遺伝子流動が起こる（図7.8）．こうしてアルゼンチンアリという種全体で緩やかに遺伝子流動が起こっている可能性が考えられる．

引用文献

Berghoff, S. M., D. J. C. Kronauer, K. J. Edwards and N. R. Franks. 2008. Dispersal and population structure of a New World predator, the army ant *Eciton burchellii*. Journal of Evolutionary Biology, 21 : 1125-1132.

Blight, O., M. Renucci, A. Tirard, J. Orgeas and E. Provest. 2010. A new colony structure of the invasive Argentine ant (*Linepithema humile*) in southern Europe. Biological Invasions, 12 : 1491-1497.

Blight, O., L. Berville, V. Vogel, A, Hefetz, M. Renucci, J. Orgeas and L. Keller. 2012. Variation in the level of aggression, chemical and genetic distance among three supercolonies of the Argentine ant in Europe. Molecular

Ecology, 21 : 4106-4121.
Brandt, M., E. van Wilgenburg, R. Sulc, K. J. Shea and N. D. Tsutsui. 2009. The scent of supercolonies : the discovery, synthesis and behavioural verification of ant colony recognition cues. BMC Biology, 7 : 71.
Dietemann, V., C. Peeters, J. Liebig, V. Thivet and B. Hölldobler. 2003. Cuticular hydrocarbons mediate discrimination of reproductives and nonreproductives in the ant *Myrmecia gulosa*. Proceedings of the National Academy of Sciences of U.S.A., 100 : 10341-10346.
Drescher, J., N. Blüthgen, T. Schmitt, J. Bühler and H. Feldhaar. 2010. Societies drifting apart? Behavioural, genetic and chemical differentiation between supercolonies in the yellow crazy ant *Anoplolepis gracilipes*. PLOS ONE, 5 : e13581.
Heller, N. E. 2004. Colony structure in introduced and native populations of the invasive Argentine ant, *Linepithema humile*. Insectes Sociaux, 51 : 378-386.
Hölldobler, B. and E. O. Wilson. 1990. The Ants. The Belknap Press of Harvard University Press, Cambridge.
Holway, D. A., L. Lach, A. V. Suarez, N. D. Tsutsui and T. J. Case. 2002. The causes and consequences of ant invasions. Annual Review of Ecology and Systematics, 33 : 181-233.
Holzer, B., L. Keller and M. Chaupuisat. 2009. Genetic clusters and sex-biased gene flow in a unicolonial *Formica* ant. BMC Evolutionary Biology, 9 : 69.
Ingram, K. K. and D. M. Gordon. 2003. Genetic analysis of dispersal dynamics in an invading population of Argentine ants. Ecology, 84 : 2832-2842.
Jaquiéry, J., V. Vogel and L. Keller. 2005. Multilevel genetic analyses of two supercolonies of the Argentine ant, *Linepithema humile*. Molecular Ecology, 14 : 589-598.
Keller, L. and L. Passera. 1992. Mating system, optimal number of matings, and sperm transfer in the Argentine ant *Iridomyrmex humilis*. Behavioral Ecology and Sociobiology, 31 : 359-366.
Liang, D., G. J. Blomquist and J. Silverman. 2001. Hydrocarbon-released nestmate aggression in the Argentine ant, *Linepithema humile*, following encounters with insect prey. Comparative Biochemistry and Physiology Part B, 129 : 871-882.
Markin, G. P. 1970. The seasonal life cycle of the Argentine ant, *Iridomyrmex humilis* (Hymenoptera : Formicidae), in southern California. Annals of the Entomological Society of America, 63 : 1238-1242.
Moffett, M. W. 2012. Supercolonies of billions in an invasive ant : what is a society? Behavioral Ecology, 23 : 925-933.
Passera, L. and L. Keller. 1990. Loss of mating flight and shift in the pattern of carbohydrate storage in sexuals of ants (Hymenoptera : Formicidae). Journal of Comparative Physiology B, 160 : 207-211.
Passera, L. and L. Keller. 1994. Mate availability and male dispersal in the

Argentine ant *Linepithema humile*（Mayr）（=*Iridomyrmex humilis*）. Animal Behaviour, 48：361-369.
Pedersen, J. S., M. J. B. Krieger, V. Vogel, T. Giraud and L. Keller. 2006. Native supercolonies of unrelated individuals in the invasive Argentine ant. Evolution, 60：782-791.
Ross, K. G., D. D. Shoemaker, M. J. B. Krieger, C. J. DeHeer and L. Keller. 1999. Assessing genetic structure with multiple classes of molecular markers：a case study involving the introduced fire ant *Solenopsis invicta*. Molecular Biology and Evolution, 16：525-543.
Rüppell, O., M. Stratz, B. Baier and J. Heinze. 2003. Mitochondrial markers in the ant *Leptothorax rugatulus* reveal the population genetic consequences of female philopatry at different hierarchical levels. Molecular Ecology, 12：795-801.
Seppä, P., M. Gyllenstrand, J. Corander and P. Pamilo. 2004. Coexistence of the social types：genetic population structure in the ant *Formica exsecta*. Evolution, 58：2462-2471.
Seppä, P., I. Fernandez-Escudero, M. Gyllenstrand and P. Pamilo. 2006. Obligatory female philopatry affects genetic population structure in the ant *Proformica longiseta*. Insectes Sociaux, 53：362-368.
Suarez, A. V., D. A. Holway, D. Liang, N. D. Tsutsui and T. J. Case. 2002. Spatiotemporal patterns of intraspecific aggression in the invasive Argentine ant. Animal Behaviour, 64：697-708.
Sunamura, E., S. Hoshizaki, H. Sakamoto, T. Fujii, K. Nishisue, S. Suzuki, M. Terayama, Y. Ishikawa and S. Tatsuki. 2011. Workers select mates for queens：a possible mechanism of gene flow restriction between supercolonies of the invasive Argentine ant. Naturwissenschaften, 98：361-368.
Thomas, M. L., C. M. Payne-Makrisâ, A. V. Suarez, N. D. Tsutsui and D. A. Holway. 2006. When supercolonies collide：territorial aggression in an invasive and unicolonial social insect. Molecular Ecology, 15：4303-4315.
Thomas, M. L., K. Becker, K. Abbott and H. Feldhaar. 2010. Supercolony mosaics：two different invasions by the yellow crazy ant, *Anoplolepis gracilipes*, on Christmas Island, Indian Ocean. Biological Invasions, 12：677-687.
van Wilgenburg, E., R. Sulc, K. J. Shea and N. D. Tsutsui. 2010. Deciphering the chemical basis of nestmate recognition. Journal of Chemical Ecology, 36：751-758.
Vargo, E. L. and L. Passera. 1991. Pheromonal and behavioral queen control over the production of gynes in the Argentine ant *Iridomyrmex humilis*（Mayr）. Behavioral Ecology and Sociobiology, 28：161-169.
Vásquez, G. M., C. Schal and J. Silverman. 2008. Cuticular hydrocarbons as queen adoption cues in the invasive Argentine ant. Journal of Experimental Biology, 211：1249-1256.
Vásquez, G. M. and J. Silverman. 2008a. Queen acceptance and the complexity of nestmate discrimination in the Argentine ant. Behavioral Ecology and

Sociobiology, 62 : 537-548.
Vásquez, G. M. and J. Silverman. 2008b. Intraspecific aggression and colony fusion in the Argentine ant. Animal Behaviour, 75 : 583-593.
Vogel, V., J. S. Pedersen, P. d'Ettorre, L. Lehmann and L. Keller. 2009. Dynamics and genetic structure of Argentine ant supercolonies in their native range. Evolution, 63 : 1627-1639.

II
対策編

アルゼンチンアリが侵入地で大増殖すると，人の生活や生産にさまざまな害をもたらす害虫になる．しかも，厄介なことに，効果的な防除が非常に困難な，「難防除害虫」なのだ．こうなる原因も，アルゼンチンアリの特殊な生態，なかでもスーパーコロニーを形成することにある．侵入地では，しばしば原産地にはみられないような大規模なスーパーコロニーが形成される．そのため，多くの場合，全体を対象に防除を実施することは困難であり，部分的な防除をせざるをえない．部分的な防除では，いったん駆除に成功しても，まもなく周囲からアリが入り込んでくるので，元の木阿弥となる．アリの防除でもっとも効果的とされるのはベイト剤の設置であるが，広範囲の処理には経済的コストとともに環境汚染も問題になるため，解決策が模索されてきた．対策編では，アルゼンチンアリによる被害と従来の防除法を解説した後，上記問題点を緩和できる可能性が期待される，筆者らによって開発中のフェロモンを用いた新たな防除法を紹介する．

第8章　アルゼンチンアリによる影響・被害

岸本年郎・寺山　守

　アルゼンチンアリは，生態系攪乱者，農業害虫，家屋・衛生・生活害虫として世界各地で被害をおよぼしている．本種は，国際自然保護連合（IUCN）が指摘するように，侵入先の生態系に影響を与える生態系攪乱者として注目されている．また，多種の農作物に直接的，間接的に被害を与える農業害虫でもある．さらに，頻繁に家屋に侵入し，人の生活に支障をきたす家屋・衛生・生活害虫である．本章で，アルゼンチンアリによる，侵入地域が被る被害や影響についての知見を要約する．

8.1　生態系への影響の概要

8.1.1　侵入を許す環境

　本種は，原産地である南米中部のパラナ川流域では，河川敷の氾濫原や草原を中心に生息している（Wild, 2007；コラム-2 参照）．アルゼンチンアリの侵入，定着地域をみると，原産地と似通った環境にある地中海性気候，あるいは温帯性気候の地域が多く（Espadaler and Gómez, 2003；Wetterer *et al.*, 2009）．熱帯圏での定着はむしろ少ない．また，侵入地はおもに市街地や農耕地などの人為によって攪乱された環境であることが多く，こうした環境ではすばやく分布を拡大していく．原産地では洪水による環境攪乱が頻繁で，侵入地域においてアルゼンチンアリにみられる多女王制，多巣制，異常に高い繁殖力，高い移動性，幅広い食性といった特徴は，このような原産地での不安定な環境での生活に由来をもち，それが原産地以外の場所において，

高い侵略性へとつながっていったことが推定されている．

　アルゼンチンアリの生息地は，港湾，住宅地，公園，河川敷，農耕地などで，疎林にもしばしば侵入するが，林冠が鬱閉された森林環境に侵入することはない（Ward and Harris, 2005）．このような森林では，アルゼンチンアリが餌資源として安定して利用できる有機物が不足するからだという仮説が提出されている（Rowles and Silverman, 2009）．しかし，攪乱環境に隣接する自然環境に侵入する場合があり，このような地域での侵入，定着の報告例として，米国のカリフォルニアや南アフリカのフィンボス（fynbos）と呼ばれる乾燥した灌木の生育する生態系，ハワイの亜高山帯などをあげることができる．

　地中海性気候のカリフォルニアでは，生物保護区への侵入例や，渓谷沿いの湿生林や沿岸のセージ群落への侵入例が報告されている（Ward, 1987；Human and Gordon, 1996；Suarez *et al.*, 1998）．ハワイのハレアカラ国立公園では，亜高山帯に定着し，さらに森林限界を超えた高山帯の生態系にも侵入し，もっとも標高の高い記録は 2800 m を超えている（Krushelnycky *et al.*, 2004；Cole *et al.*, 1992；第 5 章参照）．北緯 18 度に位置するハワイでは，アルゼンチンアリにとっては，低地より高地の温度のほうが適応しやすい可能性がある．

　スペインのドニャーナ国立公園はヨーロッパ最大級の自然保護区の 1 つであり，広大な湿原や疎林から成り樹木はまばらな地域であるが，アルゼンチンアリの侵入を受けている（Carpintero *et al.*, 2005）．ポルトガルではオーク林やマツ林などの森林にも侵入しているという（Cammel *et al.*, 1996）．

　ニュージーランドでは人工的な攪乱環境と自然生態系の境界から，自然生態系の内部にどの程度アルゼンチンアリが侵入しているかという調査が実施され，低木林（scrub）では 60 m，マングローブで 30 m，森林で 20 m までという結果が出ている．自然生態系への侵入については顕著ではなく，境界付近において多少の侵入がみられる状況と考えられる（Ward and Harris, 2005；Ward *et al.*, 2005）．

　日本においては，港湾，住宅地，公園，河川敷，農耕地などに侵入している．日本の侵入地のなかで，もっとも定着からの時間が長く，また分布域の広い廿日市市では，住宅地に面した竹林や雑木林にも侵入しているが，林床

が暗い森林にはほとんどみられない（伊藤，2003，2006）．しかし，このまま分布が拡大した場合，都市や農耕地での生態系影響のほか，河川敷を含む草原生態系への影響・被害が起きることも懸念される．森林生態系への顕著な侵入はいまのところ確認されていないが，今後，注意深くみていく必要があろう．また，元々在来のアリが非常に貧弱であった海洋島の小笠原諸島などに定着した場合には，在来アリ相のみならず，生態系全体に与える影響は甚大と考えられる．世界自然遺産である小笠原諸島の保全や包括的な外来種の侵入の問題は，別途検討されるべきではあるが（第3章参照），アルゼンチンアリの侵入を絶対に許してはならない地域として，特別に留意しておく必要があるだろう．

8.1.2 動物群集・個体群への影響

アルゼンチンアリの侵入により，影響を受ける動物としてまずあげられるのは，在来のアリで（8.2節参照），その他の節足動物も捕食や競合の影響を受け，それ以外にもさまざまな動物に影響を与えることが知られている．その一方で，アブラムシやカイガラムシなどの同翅類昆虫を保護し，これらの密度が増大することで二次的に植物がダメージを受けるという被害が起こっている（8.1.3項参照）．

アルゼンチンアリは雑食性でさまざまな餌をとっている．さらに，小動物を積極的に襲って餌とする．とりわけ在来アリの巣が襲われ，幼虫や蛹が餌として奪われていく．餌資源の幅は広く，柔軟な餌資源の利用を行なうが，基本的には液体質を好み，食物の約92％はアブラムシやカイガラムシの甘露や植物の花蜜などの液体成分であるという報告もある（Human et al., 1998）．高い個体群密度を維持するために，探餌活動は非常に活発で，利用できる餌資源はなんでも利用している．そのために，住宅地に定着した場合，頻繁に家屋内に侵入し，肉や野菜，菓子などに群がる被害が生じる．

餌の選好性には可塑性があるようで，実験室内でショ糖を与える量を変えると活動性・攻撃性が変わるという研究（Grover et al., 2007）や，安定同位体比による調査で，侵入直後と時間経過後で，主要な餌をシフトさせている例（Tillberg et al., 2007）が報告されている．

アリ類以外の節足動物に対する影響

　アリ類を除く節足動物に対する影響についての研究例はまだそれほど多くないが，双翅目，革翅目，鞘翅目，鱗翅目，粘管目，クモ目など，広い分類群で影響を受けていることがカリフォルニアやハワイで報告されている（Holway *et al*., 2002a ; Sunamura *et al*., 2012；表 8.1）．これらの動物はアルゼンチンアリによる捕食やアルゼンチンアリとの競争により，生息密度の低下や絶滅を引き起こしている．また，侵入により置き換わってしまった生物との相互作用の変化により，群集構造の変化をきたすことも考えられる．アルゼンチンアリの影響は，アシナガバチなどの攻撃性の高い社会性昆虫にまでおよんでいる．カリフォルニアで 4 種類のアシナガバチの巣がアルゼンチンアリによって攻撃された例がある（Gambino, 1990）．日本の岩国市でも，9 月上旬に地上約 4 m の高さにあったセグロアシナガバチ *Polistes jadwigae* の巣が，アルゼンチンアリの攻撃を受け壊滅した例を観察した．

　カリフォルニアの研究例では，トビムシ類，ハエ類，クモやダニ類が減る一方で，直翅目のカマドウマの一種 *Ceuthophilus* sp.，鞘翅目のゴミムシ類，陸生甲殻類は増えるという報告がある（Human and Gordon, 1997）．また，ハエと甲虫類が減少する（Bolger *et al*., 2000），カミキリムシの一種 *Desmocerus californicus* が減少する（Huxel, 2000）といった報告もある．さらに，同様にカリフォルニアでの調査において，等脚目，クモ目，鞘翅目のオサムシ科は，アルゼンチンアリの侵入地と未侵入地とで，種数，個体群密度いずれにも変わりはなく，アルゼンチンアリがこれらの地表歩行性動物群におよぼす影響は弱いといった報告もある（Holway, 1998）．南西オーストラリアの海岸低木林における調査でも同様な結果が得られており（Rowles and O'Dowd, 2009），アリ類を除く節足動物相の現存量や多様性に与える影響は，必ずしも普遍性の高いものではないことが示唆される．また，日本では，アルゼンチンアリによるアブラゼミ *Graplopsaltria nigrofuscata* やクマゼミ *Cryptotympana facialis* への影響は認められなかったという報告がある（頭山・伊藤，2013）．

　ハワイでの研究例では，鞘翅目のオサムシ科，革翅目，粘管目，クモ目がアルゼンチンアリの侵入によって，著しく個体数を減少させている（Cole *et al*., 1992）．また，別の外来種であるツヤオオズアリ *Pheidole megacephala* の

表 8.1 アルゼンチンアリの侵入による節足動物群集への影響.
＋＋：強い正相関（生息個体数が増大），＋：弱い正相関，0：相関なし，−：弱い負相関，−−：強い負相関（生息個体数が減少）．

分類群	Cole et al.[1] 1992	Human and Gordon[2] 1997	Krushelnycky and Gillespie[3] 2010
	ハワイ	カルフォルニア	ハワイ
昆虫綱 Insecta			
鞘翅目 Coleoptera			− −
オサムシ科 Carabidae	− −	＋＋	
ハネカクシ科 Staphylinidae		0	
鱗翅目 Lepidoptera		0	− −
Agrostis sp.	−		
膜翅目 Hymenoptera			
Vespula pennsylvanica		0	
Hylaeus sp.			
タマバチ科 Cynipidae		−	
双翅目 Diptera			0
ノミバエ科 Phoridae	0（在来種：−）	− −	
イエバエ科 Muscidae		− −	
半翅目 Hemiptera		−	− −
ナガカメムシ科 Lygaeidae	−		
総翅目 Thysanura	0	0	0
噛虫目 Psocoptera			− −
革翅目 Dermaptera	− −		
直翅目 Orthoptera	0		
Ceuthorphilus sp.		− −	
側昆虫綱 Parainsecta			
粘管目 Collembola	− −	− −	− −
双尾目 Diplopoda			− −
Dimerogonus sp.	＋＋		
軟甲綱 Malacostraca			
等脚目 Isopoda	＋	＋＋	
クモ綱 Arachnida			
ダニ目 Acarina		−	
クモ目 Araneae	− −	−	− −

＊1）：ピットフォールトラップ（第9章参照）および石起こし採集による調査．
＊2）：ピットフォールトラップによる調査．
＊3）：ピットフォールトラップ，ベルレーゼ装置（落葉層や土壌中に生息する小型動物を，光や熱で追い出して採集する装置）による土壌サンプルからの抽出．低木林へのたたき網採集法によって採集された104000個体を用いた解析．5カ所の比較データのうち，1カ所はツヤオオズアリ *Pheidole megacephala* の侵入地域と未侵入地域のデータとなっている．また，表は個体数の多い在来の普通種を対象としたもの．

影響を含めた解析結果であるが，鞘翅目，半翅目，鱗翅目，噛虫目，粘管目，双尾目，クモ目の動物が侵入により強く影響を受け，在来種と移入種との比較では，在来種のほうがより強い影響を受ける傾向があることが示された（Krushelnycky and Gillespie, 2010）．さらに，ハワイ諸島の 4 カ所でのアルゼンチンアリ侵入地と未侵入地の動物群集の比較から，侵入地では捕食者と植食者の現存量が大きく減り，一方，腐食者はむしろ増加した場合と，有意差が現れなかった場合とがみられた（Krushelnycky and Gillespie, 2008）．本研究から，アルゼンチンアリの影響は基本的に生態系の広範にわたり，一通りの生態系の機能群におよんでいると判断される．

脊椎動物への影響

アルゼンチンアリは脊椎動物にも影響を与える．北米の乾燥地に生息するコーストツノトカゲ *Phynosoma coronata*（原著では *coronatum* となっているが *coronata* が正しい）はアリを好んで餌としているが，この種はアルゼンチンアリが侵入した場所では生息がみられないことや（Fisher *et al.*, 2002），侵入地の野生個体の糞からはアルゼンチンアリは認められず，小型の在来アリやほかの節足動物を食べており，実験的にアルゼンチンアリと在来種を選択させると在来種を好むこと（Suarez *et al.*, 2000），実験的にアルゼンチンアリを与えると体重が減少することが示された（Suarez and Case, 2002）．侵入地では，餌が在来アリからアルゼンチンアリに変わったことで，このトカゲは減少していると考えられている．鳥類への影響としては，スズメ目キバシリ上科のカリフォルニアブユムシクイ *Polioptila lembeyei* がアルゼンチンアリの営巣を制限するという報告がある（Sockman, 1997）．ホオジロ科のユキヒメドリ *Junco hyemalis* にも営巣への影響はあるものの，400 以上の巣の観察の結果，アルゼンチンアリの影響による雛の致死率は 0.8-2.4% であり，その影響程度は小さいという見解もある（Suarez *et al.*, 2005）．哺乳類に与える影響としては，やはりカリフォルニアでトガリネズミの一種 *Notiosorex crawfoldi* の生息密度がアルゼンチンアリの侵入によって低下することが報告されているが，その原因は特定できていない（Laakkonen *et al.*, 2001）．

個体数が増加する動物

　アルゼンチンアリが捕食者に与える影響として，個体数の増加を引き起こす例も報告されている．日本の侵入地での研究では，アリ専食の徘徊性のクモであるアオオビハエトリ *Siler vittatus* が，アルゼンチンアリの侵入地で出現率や個体数を増加させていることが報告された（Touyama *et al.*, 2008）．このクモは在来種でも大型から小型まで，多くの種のアリを捕食しており，餌としてのアリ種の選り好みがないために起こる現象なのかもしれない．海外ではウスバカゲロウ類の *Myrmeleon exitialis* と *M. rusticus* がアルゼンチンアリの増加にともなって個体数を増加させた例が知られている（Glenn and Holway, 2008）．高いバイオマスをもつアルゼンチンアリの増加が，餌資源の増加となって個体数を増加させていると考えられる．ほかにも，アルゼンチンアリの生態系攪乱により個体数を増加させる動物が存在するだろう．

8.1.3　生物種間の相互作用により生態系に与える影響

種子散布者への影響

　アリ類は種子散布者として，生態系における重要な役割を果たしていることが知られている．植物のなかにはエライオソーム（elaiosome）と呼ばれる脂肪酸，アミノ酸，糖からなる付着物をもつ種子をつくるものがある．これは，もっぱらアリに運んでもらうための餌で，こうしてアリによって分散する植物をアリ散布植物（myrmecochorous plants）と呼ぶ．日本ではスミレ類やカタクリなどがその代表的なものである．

　アルゼンチンアリの侵入が，植物の分散に影響を与えることが最初に示されたのは南アフリカの自然生態系であった．南アフリカ共和国の乾燥した灌木の生育する生態系であるフィンボスは，現在ケープ植物区保護地域群として世界自然遺産地域に指定されている．南アフリカでは，アリに種子散布を依存している植物が少なくないが，これらの植物と関係していた土着のアリがアルゼンチンアリに駆逐された結果，これらの植物が著しく減少していることが報告されている（Bond and Slingsby, 1984；De Kock and Giliomee, 1989）．

　ここに生育しているアリ散布植物であるヤマモガシ科の *Mimetes cucullatus* は，在来アリが駆逐されてしまったアルゼンチンアリの侵入地では，アルゼ

ンチンアリはほとんど種子を運搬しないことから散布距離は小さくなる．たとえアルゼンチンアリが種子を運んだとしても，在来アリのように種子を土に埋められることなく地表にむきだしにされるために，種子が齧歯類などに摂食されてしまう割合が増大する．また，むきだしの種子は山火事の脅威も受けることが知られている（Bond and Slingsby, 1984）．フィンボスの植物のうち30％はアリ散布植物とされ，そのなかでもとくに大型の種子をつける植物は，アルゼンチンアリによっての分散は行なわれない．運搬者が駆逐されるため，大型の種子をつける植物のほうが小型の種子をつける植物より，アルゼンチンアリ侵入による負の影響をより大きく受けることが判明している（Christian, 2001 ; Rowles and O'Dowd, 2009）．同様に，植物の種子散布にアルゼンチンアリが影響を与えることがカリフォルニアや地中海沿岸からも報告されている（Christian, 2001 ; Gómez and Espadaler, 1998a, 1998b ; Rodriguez-Cabal *et al.*, 2009）．一方，植物の種類によって異なるが，アルゼンチンアリによる種子の散布距離および散布率は在来アリよりも劣るものの，その植物の個体群構造に大きな影響は与えないだろうとする報告もある（Oliveras *et al.*, 2005）．

　日本においても，在来アリが種子を運搬するアリ散布植物がアルゼンチンアリの侵入により影響を受ける例がある．路傍に普通にみられるアリ散布植物のホトケノザ *Lamium amplexicaule* の種子をアルゼンチンアリはよく運ぶにもかかわらず，アルゼンチンアリの優占する生息地域では，ホトケノザの実生密度が低くなっている（頭山，未発表）．これは，アルゼンチンアリによる種子散布の効果が在来アリよりも劣っており，アルゼンチンアリが在来アリを駆逐することでホトケノザは負の影響を受け，密度低下を来したと思われる．

送粉系に与える影響

　アルゼンチンアリの存在が送粉系に与える影響もいくつかの研究がなされている．スペインでトウダイグサ科の灌木 *Euphorbia characias* の訪花昆虫を調べた調査では，アルゼンチンアリの侵入地では，非侵入地と比べてハナアブ科の1種の訪花頻度が有意に低いほか，非侵入地では5種のアリが訪花していたのに対して，侵入地ではアリがアルゼンチンアリのほかには1種

の訪花が認められるのみであったとの結果が出ている．さらに，侵入地では活性のある種子の頻度が下がっていることから，上記のような訪花者の違いがこの植物の繁殖に影響を与えていると推察されている（Brancafort and Gómez, 2005）．この調査ではハチ類，ハエ類の送粉者の多くは侵入地，非侵入地間の差は検出されていない．一般にアリは送粉において大きな役割を果たさないことが多いとされるが（Beattie et al., 1984），オオアリ属 Camponotus が花粉媒介にとって重要な役割を果たしている例もあり（Gómez and Zamora, 1992 ; Gómez, 2000），アリによる花粉媒介の重要性は，調査検討する必要がある．南アフリカのフィンボス（乾燥した灌木の生育する生態系；前出）での調査では，ヤマモガシ科で非常に大型の花を咲かせる Protea nitida の花にアルゼンチンアリが多く集まると，訪花するケバエ科のハエ類やマルハナノミ科の甲虫類の個体数が有意に減少することが報告されている．一方で，コガネムシ科の甲虫類はアルゼンチンアリが花に多く集まっても，個体数は減少しないなど，昆虫によって応答が異なることが示されている（Visser et al., 1996）．同翅類昆虫の存在が，アルゼンチンアリを引き寄せるため，その寄生された植物の花の蜜をアルゼンチンアリが独占することを促進させるという報告もある．この P. nitida にはツノゼミの在来種が寄生するが，ツノゼミが寄生している株の花は，アルゼンチンアリによる発見効率が高くなり占拠されてしまうことが多くなる．その結果，ツノゼミが寄生している株での訪花者が貧弱となるという（Lach, 2007）．同じ南アフリカのフィンボスにおける Leucospermum conocarpodendron（ヤマモガシ科）の花の観察でも，アルゼンチンアリの侵入地で訪花昆虫の群集が変化し，とくにこの植物のおもな花粉媒介者と考えられる甲虫類の減少が示されている（Lach, 2008）．ハワイにおいても，アルゼンチンアリの活動によって，クモなどの捕食者や送粉者となるハチ類が減少し，それによってハワイ固有の植物が影響を受けているという報告がある（Cole et al., 1992）．

その他の関係およびまとめ

ミツバチとアルゼンチンアリの花蜜をめぐる具体的な競争も報告されている．南アフリカにおいて，養蜂のためのセイヨウミツバチ Apis mellifera が利用するユーカリの植栽種 Eucalyptus sideroxylon の花蜜が夜間のうちにアル

ゼンチンアリによって，4割近くが摂取されてしまい，昼間に花蜜を集めにくるミツバチの利用量が減ってしまうという（Buys, 1987）．このような花蜜の減少がしばしば起こっているならば，訪花性の昆虫との競合が各所で起こっていることも考えられる．

シジミチョウ類の幼虫は蜜腺をもつものが多く，特定のアリの種と発達した関係をもっている種も少なくない．侵入地のアルゼンチンアリがシジミチョウ幼虫に随伴する例もいくつか知られているが，その関係性についてくわしいことはわかっていない（Agrawal and Fordyce, 2000 ; Fielder, 2006 ; Trager and Daniels, 2009）．日本におけるムラサキツバメ *Narathura bazalus* の調査では，ムラサキツバメは12種のアリに随伴されていたが，アルゼンチンアリの侵入地と非侵入地で幼虫や卵の密度，寄生バエの寄生率に差はなかったという（伊藤，2009）．ただし，特定のアリと強い関係を結んでいる好蟻性昆虫類では，アルゼンチンアリが在来アリを駆逐することで大きな負の影響を受けよう．たとえば，トビイロシワアリ *Tetramorium tsushimae* の巣中に生息するサトアリヅカコオロギ *Myrmecophilus tetramorii* は，トビイロシワアリの消滅とともに消えてしまうであろうし，シジミチョウ類でも，クロオオアリと種特異的な共生関係を営むクロシジミ *Niphanda fusca* や，ハリブトシリアゲアリ *Crematogaster matsumurai* の巣中に限って幼虫がみられるキマダラルリツバメ *Spindasis takanonis* では，これらのアリがアルゼンチンアリによって排除されることで，一蓮托生となろう．

一般的に，アリと甘露を分泌する同翅類昆虫の共生関係は，生態系において，食物連鎖や植物の適応度に影響をおよぼすなど，多大な影響を与えることが指摘されている（Eubanks and Strysky, 2006 ; Brightwell and Silverman, 2010）．アルゼンチンアリの侵入した地域の生態系への影響は重大で，アリ群集のみに終わらず，節足動物を中心とした在来の動物相に甚大な影響を与えると同時に，捕食者や送粉者，種子運搬者の減少により植物への影響も危惧されよう．

8.2 在来アリの駆逐

8.2.1 既存知見

本種の侵入によって，在来のアリ類が大きな被害を受け，ごく一部の種を除いて，ことごとく駆逐されたことが，米国本土やハワイ，南米，ヨーロッパ，オーストラリア，アフリカなどで報じられている（Fowler *et al.*, 1994 ; Holway *et al.*, 2002a ; Sunamura *et al.*, 2012）．

海外の事例

北カリフォルニアでの調査では，本種が高い確率で餌を占領するとともに，他種アリ類の新しいコロニー形成を妨げ，さらに半数以上の土着種を駆逐している（Erickson, 1971 ; Ward, 1987 ; Human and Gordon, 1996 ; Holway, 1998, 1999）．たとえば，サクラメントバレーでは在来種27種のうち，16種がアルゼンチンアリの侵入によって姿を消してしまった（Passera, 1994）．アルゼンチンアリが侵入した河畔林は在来アリが減少し，とくに *Liometopum occidentale*, *Tapinoma sessile*, *Formica occidua* が大きな影響を受けていた（Ward, 1987）．また，侵入地のピットフォールトラップによる調査では，アルゼンチンアリの個体群密度は，未侵入地の在来アリの4-10倍の個体密度になるという．ただし，アルゼンチンアリに置き換わってしまう在来アリの多くは体サイズがアルゼンチンアリよりも大きいため，現存量ではさほど違いがないとの報告がある（Holway, 1998）．北米のカリフォルニア州で，分断されたさまざまなサイズの40の森林を対象にピットフォールトラップによりアリ群集を調査した結果では，アルゼンチンアリが未侵入の調査区では平均7種のアリが見出されるのに対して，既侵入の調査区では劇的に減少し，またアルゼンチンアリの密度が高いほど，在来アリの種数が減少することが報じられている（Suares *et al.*, 1998）．同様に，北カリフォルニアの湿生林での調査でも，地上徘徊性種19種のうち，冬期に活動する *Prenolepis imparis* を除きすべての種で強い影響を受けており，完全に駆逐された，あるいはそれに近い状態であった（Holway, 1998）．また，天然湿地林でのアルゼンチンアリの分布の最前線において継時的に在来アリが減少していく

ことも報告されている (Erickson, 1971).

　ハワイでは，戦前に侵入したアルゼンチンアリが個体数を増し，数で圧倒的に優位に立ち，他種のアリや各種の節足動物を駆逐して，ハワイの生態系にさまざまな影響を与えている (Cole *et al.*, 1992). 生態系への影響は，島においてはとくに顕著となることがあり，ハワイのほかに，北大西洋のバミューダでも在来種に大きな影響を与えていることが報じられている (Wetterer and Wetterer, 2004). 逆に在来種に与える長期的な影響が，壊滅的ではないというデータも北大西洋上にあるポルトガル領のマデイラ島で得られている. マデイラはアルゼンチンアリのもっとも古い侵入地で，遅くとも 1858 年には同島に侵入し（原産地のアルゼンチンアリにおけるタイプ標本の採集が 1866 年なので，侵入地のマデイラの記録のほうが古い：第 5，6章参照），1890 年代にはすでに都市部で爆発的に個体数を増加させていた. この島での長期的な影響を調査すべく，侵入から 150 年近くが経過したと考えられる 1989 年から 2002 年にかけて島のアリ相を調査した結果，低地の都市部，庭園，農耕地などの撹乱され，乾燥した環境では，アルゼンチンアリをはじめとする外来種の侵入している場所が多いが，高地の自然植生ではほとんどが在来種であった. また，アルゼンチンアリは島全体の 6% 程度の侵入にとどまっているという. これについては，マデイラの環境がアルゼンチンアリにとっては湿潤すぎるため，全島に拡大しないのではないかと推測されている (Wetterer *et al.*, 2006). ただし，侵入地では在来アリの種数の減少が起きているのは確かで，1 種の固有アリは侵入域では絶滅している可能性がある. アソーレス（アゾレス）諸島においても，侵入地は撹乱環境など限られた場所に限られていると報告されている (Wetterer *et al.*, 2004).

　ヨーロッパではイタリアからポルトガルにかけて 6000 km にもおよぶスーパーコロニーが形成されており，各地で在来アリが減少している (Passera, 1994 ; Way *et al.*, 1997 ; Giraud *et al.*, 2002). フランスのラングドッグルション地域の海岸線では，本種によってほぼすべての在来種が駆逐された (Cammell *et al.*, 1996 ; Carpintero *et al.*, 2005). スペインのドニャーナ国立公園では，8.1 節で述べたように，アルゼンチンアリの侵入した区域では在来の樹上性アリが大幅に減少し，アルゼンチンアリに置き換わっている

(Carpintero et al., 2005).

　オーストラリア西部でもアルゼンチンアリの侵入により，在来アリが影響を受けており，とくに地上徘徊性の種で影響が顕著であった（Heterick, 2000；Rowles and O'Dowd, 2007, 2009）．パースでの調査では，アルゼンチンアリの未侵入地域で 47 種認められたアリが，アルゼンチンアリの侵入地域ではわずかに 4 種が認められたにすぎなかった（Majer, 1994）．南アフリカのフィンボス（前出）でも地上徘徊性のアリが大きな被害を受けていることが報告されている（Bond and Slingsby, 1984；De Kock and Giliomee, 1989；De Koch, 1990）．

日本の事例

　日本でもアルゼンチンアリの侵入により，在来のアリ類が著しく排除されていることが報じられており，広島市，廿日市市，岩国市，神戸市，大阪市での調査結果がある．都市域の公園を単位として行なわれた調査（頭山, 2001；Miyake et al., 2002；伊藤，2003；Touyama et al., 2003；岸本ほか, 2008），港湾部での調査（Sunamura et al., 2007），住宅地と農地が混在する地域での調査（寺山ほか，2006）のいずれも，アルゼンチンアリが多くの地上徘徊性のアリ類を駆逐している結果が示されている．

　広島県廿日市市において，53 カ所の都市公園でのアリ相を調査した結果からは，アルゼンチンアリが侵入した公園では，サイズが小さい公園ほど他種アリへ強い影響が認められた．クロヤマアリ Formica japonica，トビイロケアリ Lasius japonicus，アミメアリ Pristomyrmex punctatus などの少なくとも 9 種のアリがアルゼンチンアリから有意な影響を受けており，種多様性が減少することが示された（Miyake et al., 2002；伊藤，2003）．広島市および廿日市市の 10 カ所の公園での調査では，アルゼンチンアリが高い密度で生息する公園ほど在来アリの種数が少なく，1-8 種のみが得られたのに対して，アルゼンチンアリが未侵入の公園では 10-13 種のアリがみられた．とくに，クロヤマアリ，アミメアリ，ルリアリ Ochetellus glaber，トビイロシワアリなどは強くアルゼンチンアリの影響を受けているようであった（Touyama et al., 2003）．岩国市でのアルゼンチンアリが侵入している公園と，未侵入の公園の 2 カ所の比較調査では，アルゼンチンアリの侵入して

いる公園では，クロヒメアリ Monomorium chinensis のみが得られたのに対して，未侵入の公園では 8 種のアリがみられた（頭山，2001）．大阪市での公園の調査では，アルゼンチンアリが優占する公園ではオオハリアリ Pachycondyla chinensis が 1 個体のみ観察されたのに対して，未侵入の 5 カ所の公園では，6-8 種のアリが生息していた（岸本ほか，2008）．

神戸市のポートアイランドと摩耶埠頭に生息する 4 つのスーパーコロニー（第 4 章参照）を対象とした調査では，侵入面積の小さなスーパーコロニーの「神戸 C」を除くと，得られた 15 種のアリのうち，クロヒメアリ，サクラアリ Paratrechina sakurae，ウメマツオオアリ Camponotus vitiosus，ムネボソアリ Temnothorax congruus のみがアルゼンチンアリの侵入地域で得られたほかは，残りの種はまったく侵入地域では得られなかった．とくに高頻度でみつかる最普通種のトビイロシワアリは，アルゼンチンアリの侵入地域ではまったくみられず，アルゼンチンアリによる影響は顕著であった．

住宅地と農地が混在している岩国市黒磯町，藤生町，青木町での調査でも，アルゼンチンアリが在来のアリ類を激しく駆逐していることは明瞭であった．とくに，アルゼンチンアリの生息密度が高い地域ほど，アリ群集の種多様度は急速に低下していき，アルゼンチンアリが優占する高密度生息地域では，ほとんどの在来種が駆逐されていた（寺山ほか，2006）．

これまでに日本で行なわれたアルゼンチンアリと在来アリ類の関係についての調査結果を表 8.2 に要約した．統計的な検定がなされ，アルゼンチンアリに有意に排除されていると判断される地上徘徊性あるいは樹上性のアリは，10 属 11 種に上り，それらは基本的に庭や路傍にみられる普通種であった．そのほかに，サンプル数が少なく，統計的な有意差は得られていないが，アルゼンチンアリが優占する地域ではみられない，あるいはほとんどみられないことから，やはりアルゼンチンアリに排除されていると考えられる種が 4 属 6 種みられ，これらの種を加えると少なくとも 12 属 17 種もの種が排除されていることになる．

最初の発見地の廿日市市や岩国市黒磯町の本種の生息密度が非常に高い場所では，地上徘徊性のアリのほとんどの種が本種によって駆逐され，みられない状況にある．アリ類は，生態系のなかで現存量が大きく，生態系の種間関係の多岐にわたって関係する．これらのアリ類が駆逐されることで，群集

表 8.2 地上徘徊性および樹上性アリ類へのアルゼンチンアリの影響.
A：Miyake et al.（2002），廿日市市．B：Touyama et al.（2003），廿日市市・広島市．C：寺山ほか（2006），岩国市黒磯町周辺．D：頭山（2001），岩国市．E：Sunamura et al.（2007），神戸市．F：岸本ほか（2008），大阪市．強く排除される種，排除される種におけるD-Fは，アルゼンチンアリ侵入地域にみられず，未侵入地域にみられたアリを表に掲げた．

強く排除される種*1)						
クロヤマアリ Formica japonica	A	B	C	D	E	F
トビイロシワアリ Tetramorium tsushimae	A	B	C	D	E	F
トビイロケアリ Lasitus japonicus	A	B	C		E	F
アミメアリ Pristomyrmex punctatus	A	B	C		E	F
ルリアリ Ochetellus glaber	A	B		D	E	
オオズアリ Pheidole noda	A*3)	B				F
ハリナガムネボソアリ Temnothorax spinosior	A		C		E	F
ハリブトシリアゲアリ Crematogaster matsumurai	A			D	E	F
ハダカアリ Cardiocondyla sp.	A			D	E	
クロオオアリ Camponotus japonicus	A				E	
インドオオヅアリ Pheidole indica		B		D		
排除される種*2)						
オオハリアリ Pachycondyla chinensis		B	C		E	F
アメイロアリ Nylanderia flavipes	A		C			F
ムネボソアリ Temnothorax congruus	A		C			
テラニシシリアゲアリ Crematogaster teranishii			C			
ケブカアメイロアリ Nylanderia amia		B			E	
ツヤシリアゲアリ Crematogaster vagula				D		
アルゼンチンアリの影響を受けにくい種						
サクラアリ Paratrechina sakurae	A	B	C	D*4)	E	F*4)
ウメマツアリ Camponotus vitiosus	A	B	C			
クロヒメアリ Monomorium chinensis				D	E	

＊1)：統計検定によりアルゼンチンアリ未侵入地域よりも有意に排除されているアリ．
＊2)：サンプル数が少なく，統計検定による有意差は出ないが，アルゼンチンアリ侵入地域ではみられない，あるいはほとんどみられないことから排除されていると考えられるアリ．
＊3)：論文中では有意水準に達していない．
＊4)：アルゼンチンアリ侵入地域では得られず，未侵入地域では得られた．

構造にさまざまな二次的な影響が生じ，生態系への影響がかかるものと判断されよう．

8.2.2 影響を受けるアリ・受けにくいアリ

影響を受けやすいアリ

日本で，とくに駆逐されやすい種として，表8.2に示すように地上徘徊性のクロヤマアリ，トビイロケアリ，アミメアリ，トビイロシワアリ，ハリナガムネボソアリ *Temnothorax spinosior*，オオズアリ *Pheidole noda*，ルリアリなどがあげられる．本種の生息密度が高い場所では，在来アリは結婚飛行によりつねにこれらの地域に新女王が到達しているが，たちどころにアルゼンチンアリに駆逐されることが観察されている．

ごく普通種で個体数も多く，優占種になるトビイロシワアリ，アミメアリはとくにアルゼンチンアリと拮抗的な関係があるようだ（図8.1）．筆者らの横浜や東京での防除実験の経験から，アルゼンチンアリが卓越している場所ではこれらの2種はまったくみられず，逆にアルゼンチンアリを防除すると，すぐにこれらの2種が復活する状況が観察されている．とくに，アミメアリは定住的な巣はつくらず，一時的な巣の場所を容易に移動する習性があることから（Tsuji, 1988），アルゼンチンアリを防除した場所にすぐさまとってかわることができるものと考えられる．

影響を受けにくいアリ

海外ではカリフォルニアで *Prenolepis imparis*，*Monomorium ergatogyna* および *Temnothorax andrei* がアルゼンチンアリの影響をあまり受けない種とし

図8.1 在来のトビイロシワアリを取り囲み（A），攻撃するアルゼンチンアリ（B）（写真提供：小川尚文氏）．

8.2 在来アリの駆逐 213

て知られている．*P. imparis* は冬のみに活動する特殊な種で，そのことがアルゼンチンアリの攻撃を回避できる理由とされており，*M. ergatogyna* は化学物質によって防衛するとともに高温に対する耐性があり，それらによって攻撃を受ける頻度を低めている可能性がある．また，*T. andrei* は小型であることと，地中探餌性であることがアルゼンチンアリの攻撃を避けることのできる理由とされている．

一方，北米の *Dorymyrmex insanus* や *Forelius mccooki* のような高温耐性の高い種はアルゼンチンアリと共存可能であり（Holway *et al.*, 2002b），南アフリカでも高温耐性の高い種はアルゼンチンアリの影響を受けにくいという指摘がある（Witt and Giliomee, 1999）．

地中生活性の種は，地上徘徊性の種に比べて影響を受けにくいという点が北米のアリで報告されている（Ward, 1987；Holway *et al.*, 2002b）．西オーストラリアでも，地上徘徊性のアリは大きな影響を受けるが，地中生活性の *Solenopsis* sp. や *Heteroponera imbellis* はほとんど影響を受けていないと報告されている（Rowles and O'Dowd, 2009）．日本でも地中生活性のトフシアリ *Solenopsis japonica* と地中生活の要素が高いキイロシリアゲアリ *Crematogaster osakensis* はアルゼンチンアリの侵入の影響を受けにくい可能性が指摘されている（Miyake *et al.*, 2002）．アルゼンチンアリは地面や樹上で採餌を行なうのに対して，地中生活性の種は日陰の土のなかに営巣する．このように，採餌および営巣場所がアルゼンチンアリと異なるため共存可能なのであろうと考えられている．また，これまでの調査結果からウメマツオオアリ，サクラアリ，クロヒメアリもアルゼンチンアリ侵入の影響を受けにくいと判断される（頭山，2001；Miyake *et al.*, 2002；Touyama *et al.*, 2003；Sunamura *et al.*, 2007）．

サクラアリは体長が 1 mm から 1.5 mm 程度の小型の種で，かつ巣口が非常に小さいことや，利用する餌資源のサイズが小型であることが関係するかもしれない．また，ウメマツオオアリは樹上性種であることが攻撃を受けにくい理由としてあげられている．ただし，同じ樹上性のハリブトシリアゲアリはアルゼンチンアリの影響を強く受けており，単純に樹上性種がアルゼンチンアリの影響を受けにくいわけではなさそうである．これらの問題解決のためには，アルゼンチンアリの攻撃を受けにくいこれらの種の詳細な生態

や行動の観察が必要であろう．

　在来アリに大きな影響を与えるアルゼンチンアリでも，本種と同様に強力な侵略的外来種であるツヤオオズアリ *Pheidole megacephala* やアカカミアリ *Solenopsis geminata* との競争では，アルゼンチンアリが生息場所を奪われる例が知られている．ハワイやバミューダでは部分的にツヤオオズアリと入れ代わった例が知られ（Haskins and Haskins, 1965；Wilson and Taylor, 1967），ヒアリ類と入れ代わった例がハワイや北米で知られている（Wilson, 1951；Fluker and Beardsley, 1970）．

8.3　農業への影響・被害

8.3.1　同翅類昆虫との共生

　アルゼンチンアリは多くの小動物を駆逐する一方で，甘露を分泌するアブラムシやカイガラムシなどの半翅目の同翅類昆虫をよく保護する（図 8.2）．それゆえ，農作物の害虫であるアブラムシやカイガラムシが保護されることによって，これらが密度を増し，農作物が被害を受けることが米国や南米，南アフリカなどで報じられており，重要な農業害虫とみなされている（Newell and Barber, 1913；Nixon, 1951；Way, 1963；Samways *et al.*, 1982；Thompson, 1990；Ness and Bronstein, 2004；Sunamura *et al.*, 2012）．同翅類昆虫が増えることによって，植物の師管液の過剰消費，虫瘤形成による外見の悪化，病原体の媒介，葉上に甘露が落ち，そこでのスス病の発生などにより作物への被害が増大する．他種のアリでも，アブラムシやカイガラムシ類を保護することにより二次的に作物に被害を与える農業害虫は多いが，その保護の度合いがアルゼンチンアリと他種のアリとでは比較にならないのである．在来アリでは，アルゼンチンアリによるほどの同翅類昆虫の個体数増大はありえない（Phillips and Sherk, 1991）．アルゼンチンアリが，同翅類の天敵であるテントウムシ，クサカゲロウやヒラタアブ類の幼虫をひどく撃退することが知られており（Flanders, 1945；Bartlett, 1961；Frazer and Van den Bosch, 1973；Daane *et al.*, 2007；Mgocheki and Addison, 2009），アルゼンチンアリの存在が天敵による害虫防除の実施に際して，大きな障害

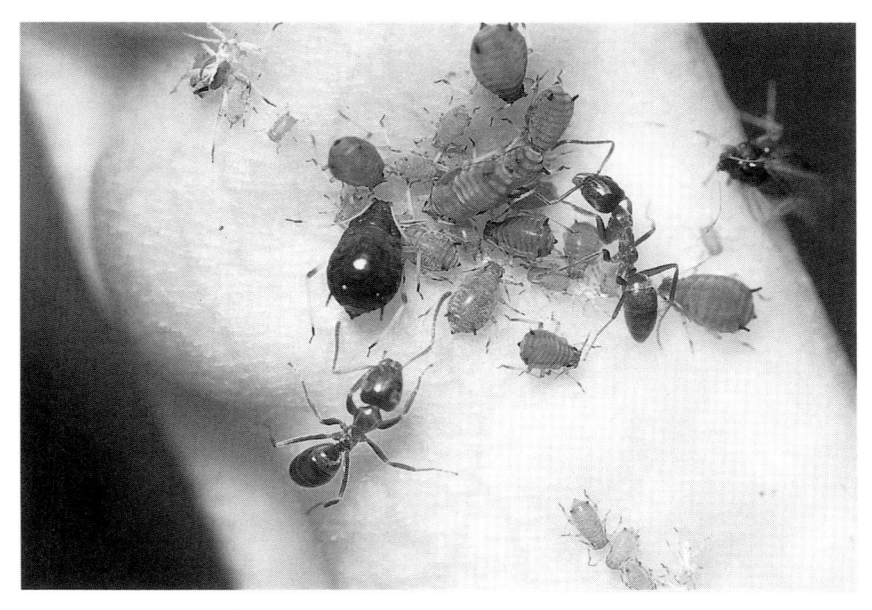

図 8.2 アブラムシに集まるアルゼンチンアリ（写真提供：小川尚文氏）.

をきたす可能性も指摘されている（Dreistadt *et al.*, 1986；Dahlsten *et al.*, 1989）．寄生性の天敵への影響についても研究事例がある．米国産のカタカイガラムシ科の *Saisettia oleae* に寄生する2種のトビコバチ *Metaphycus anneckei* と *M. hageni* では，アルゼンチンアリに対する応答が異なることが知られている．*M. anneckei* ではアルゼンチンアリがカイガラムシに随伴していても半数以上の個体が産卵することができるが，*M. hageni* ではまったく産卵ができないという（Barzman and Daane, 2001）．

米国では古くから農作物の被害が生じ，その対策が講じられてきた（Newell and Barber, 1913）．カリフォルニアでのオレンジなどのカンキツ類の果樹園では，アルゼンチンアリにより同翅類昆虫がしばしば大発生し，このような被害が1950年代にはすでに頻発して問題となっていた（Nixon, 1951；Bartlett, 1961；Way, 1963）．Markin（1970）は，カリフォルニアのカンキツ園では，まずアルゼンチンアリを駆除しなければ多数の同翅類昆虫を防除することは不可能だと述べている．アルゼンチンアリの活動性は高く，

1日に1本の木に5万から50万個体もが登ってくる（Vega and Rust, 2001）．カンキツ類にはマルカイガラムシ科のアカマルカイガラムシ *Aonidiella aurantii*，コナカイガラムシ科の *Planococcus citri*，コナジラミ科のミカンワタコナジラミ *Aleurothrixus floccosus* などがアルゼンチンアリの随伴で増加し，アルゼンチンアリの密度を減少させるとこれらの害虫の密度も下がる（Moreno *et al.*, 1987）．同様にカリフォルニアのブドウ畑でも，アルゼンチンアリの随伴によってブドウに寄生するコナカイガラムシ科の *Pseudococcus maritimus* や *P. viburni* の個体数の増加を引き起こしている（Phillips and Sherk, 1991）．同時に，*P. maritimus* に寄生する2種のトビコバチ科の寄生蜂は減少することが示されている（Daane *et al.*, 2007）．アルゼンチンアリを低密度化することで，ブドウへの被害程度が減少し，果実の品質が向上することが報告されている（Phillips and Sherk, 1991）．また，世界三大美果の1つといわれるチェリモヤでも，アルゼンチンアリが *Pseudococcus adonidum* を増加させ，果実そのものにカイガラムシがつく，排泄物で果実を汚すなどにより品質の低下を引き起こす被害が生じている（Phillips *et al.*, 1987）．

ハワイではコーヒー畑の害虫で，カイガラムシ類を保護することで被害が生じ，南アフリカではカンキツ類や多くの亜熱帯性の果物に被害が出ている（Reimer *et al.*, 1990 ; Prins *et al.*, 1990）．

日本でも農作物でのアブラムシやカイガラムシの異常繁殖が確認されている．岩国市での生息状況の調査結果から，アルゼンチンアリの高密度生息地域では，アブラムシもカイガラムシもアルゼンチンアリの密度の低い生息周辺地域や未侵入地域よりも有意に高い密度で生息することが示されている（寺山ほか，2006）．これらの同翅類昆虫を介したアルゼンチンアリによる二次的被害は，農作物のみならず庭園の植栽にもおよんでいよう．

8.3.2 その他の農業被害

本種はまた，農作物の芽やつぼみ，花などの植物体を傷つけ，果実に来襲し，種子を盗み取ることなどが報告されている（Aron *et al.*, 1990 ; Thompson, 1990）．北米では，カンキツ類やイチジクの芽を弱らせる被害が出ていることが知られている．さらに，同翅類昆虫の甘露を運ぶことから，アルゼ

ンチンアリが，そこに含まれる植物の病原微生物の運搬者になっている可能性も指摘されている．

　日本での農作物への直接的な被害として，イチゴやイチジク，スイカなどの果実にアルゼンチンアリが来集する被害が観察されている．また，ニンジンや大根に傷をつけ奇形にさせたといった苦情もしばしば耳にする（Sunamura *et al*., 2012）．

　南アフリカでは養蜂に本種による被害が出ている．アルゼンチンアリの生息地にミツバチの巣群を置いた場合，ミツバチの巣がアルゼンチンアリに襲われる，あるいは巣が奪われる被害に見舞われる．アルゼンチンアリの防除に際して，生息環境に悪影響をおよぼす可能性があることから農薬散布は好ましくなく，これらの殺虫剤に代わる防除法の開発が望まれている（Buys, 1990）．

8.4　生活への影響・被害

8.4.1　建物への侵入

　アルゼンチンアリの高密度生息地では頻繁に家屋内に侵入してくるため，不快害虫（nuisance）としての被害が後を絶たない（Thompson, 1990；Harada, 1990；Vega and Rust, 2001；Harris, 2002；Sunamura *et al*., 2012）．現在，日本の侵入地でもっとも大きな問題として取り上げられているのは，住宅地などで家屋内に侵入してくる被害であろう．とくに生息密度が高い場所になると，居住地域ではおびただしい数のアルゼンチンアリが，わずかな隙間から行列をつくって家屋内に頻繁に侵入し，家屋の至るところを歩き回る．家屋への侵入は地上部のみからではなく，壁を登って，さらには電線を伝わっての侵入までみられ，ビルでは1階から侵入し，4階，5階への侵入は頻繁で，8階にまで行列がのびた例までも知られる．住居内に侵入し，砂糖や菓子類をはじめとするさまざまな食品，ペットフード，生ゴミなどに群がる被害が多く報告されている．また，アルゼンチンアリは毒針をもたないために刺されることはないが，人やペットに集団で咬みつくなど，人への直接的な被害もみられ，安眠が妨げられる被害も出ている．家屋内でアリに咬

表 8.3 広島県廿日市市および山口県岩国市のアルゼンチンアリ侵入地域に居住する住民からの実際の被害証言の一部（亀山，2012 より）.

雨天時によく家の中に入ってくる．/ずっとつき合わねばならないと思うと疲れる．/毎日アリのことを考えて暮らしているような状態である．/アリが家の中までたくさん入ってくるので，その対応に毎日苦慮している．/台所に入ってくるとイライラする．/人体への直接的害はないとの認識は間違いである．住民は日常生活の平穏が脅かされるという精神的被害を受けている．/つらくてよく（アリに咬まれる）夢をみる．/アレルギー体質の人が咬まれると，3 週間くらい治らない．寝ていて咬まれることが多い．/被害の大部分は不快感である．一度，屋内への大量侵入を経験すると，1 匹でもいると恐怖感がよみがえる．/飼い犬の毛の中にアリが入り込み，夜通し犬が鳴き続けたことがある．

まれる不快感は，人によっては相当のものであろう．さらに，一時的な巣を室内に設けることも多く，カーペットの下やものとものとの隙間などに営巣することも多い．帰宅したら室内に絨毯のようにアリがいたという話や，寝ている間に布団に侵入して眠れないという被害も出ている．以上のように，本種の存在は，頻繁な家屋への侵入によって，日常生活の平穏が脅かされるという大きな社会問題をつくりだしている．亀山（2012）に廿日市市と岩国市の侵入地域の住民から得られた被害証言の一部が掲載されている（表 8.3）．冬場はしばしば家屋内へ集団の一部の移動が認められ，とくに蓄熱効果のある風呂場周辺へ巣を移動させる．そのために家屋内で本種が活動することによる被害が冬期でもみられる．アルゼンチンアリは，シロアリなどとともに大きな被害を与える家屋害虫（household pest）でもある．

米国では，アルゼンチンアリが害虫駆除業者によるアリ駆除記録のなかで高い割合を占めており，たとえばサンディエゴでは 85％ の数字があげられている（Field et al., 2007）．ガーデニングがさかんなニュージーランドでは，アルゼンチンアリが植物を弱らせる，人に咬みつくといったことでガーデニングに障害をきたしている．薬剤を安易に散布すると，ニュージーランド固有の動物や昆虫類に被害がおよぶ可能性があり，非常に厄介な存在となっている．また米国では，アルゼンチンアリの侵入地の不動産価値が下落したといった記録が古くからあり（De Ong, 1916），日本でも，本種の侵入に悩まされ，入居者が出ていき，家賃収入が減少した事例が出ている（竹中ほか，2006）．アルゼンチンアリは，イエヒメアリ *Monomorium pharaonis* の家屋侵入の問題と同様に貸者・借者間でのトラブルや，不動産売買の際のトラブ

ルが生じてもおかしくない存在である．よって風評被害という問題も生じてくる．また，都市域へ定着することで，多くの飲食店や百貨店などへの侵入がなされ，大きな経済的被害が生じる可能性もある．実際に，病院や医院への頻繁な侵入による被害も生じている．

院内感染の危険性とその他の害

病院内への本種の侵入により，院内感染を引き起こす危険性をもつことが米国や南米のチリやブラジルで指摘されている（Smith, 1965；Ipinza-Regla *et al.*, 1981, 1984；Harada, 1990；Fowler *et al.*, 1993；Bueno and Fowler, 1994）．米国では，本種が体表に志賀赤痢菌，結核菌や腸チフス菌などの病原微生物を付着させ，建物内を歩行することが報告されており，室内での活動により病原微生物の運搬者となる可能性が指摘されている（Smith, 1965）．チリやブラジルでも，赤痢菌や黄色ブドウ状球菌，セレウス菌などを付着させて病院内を歩行することが報じられている（Ipinza-Regla *et al.*, 1981, 1984；Fowler *et al.*, 1993）．本種はとくに病院での食堂への侵入がみられ，さらには，患者の患部を処理したガーゼの膿や血液にも好んで集まることが報告されている．アルゼンチンアリのために ABO 式血液型が誤って判定された例がある（Grace *et al.*, 1986）．

国内のインターネットサイトでも院内感染の危険性が話題にされているページがあり，侵入地の自治体の議会においてその懸念が話題にあがることがあった．病院側は潜在的な病原微生物媒介者として対処せざるをえず，少なからずの負担となっている例もある．院内感染という言葉はセンセーショナルに聞こえるため，話題をさらいやすい面があるとも考えられ，過大に受け止めず，冷静にとらえることも必要であろう．院内感染の可能性に関しては，南米のコロンビアでの調査で，日本にも生息する外来種のアワテコヌカアリ *Tapinoma melanocephalum* とヒゲナガアメイロアリ *Paratrechina longicornis* を含む 4 種のアリが院内で病原体を保有していたという報告もあり（Olaya-Masmela *et al.*, 2005），病院へ侵入するアリでは頻繁に生じることのようである．よって，特別にアルゼンチンアリの危険性が高いというものではない可能性もある．ただし，衛生環境がとくに整った日本では，病院や医院内に大量に侵入するアリとなると，アルゼンチンアリがその筆頭なので，用心す

るに越したことはないだろう．また，病院での院内感染防止対策が不十分とならぬよう注意を怠るべきではない．

その他，さまざまな場所に巣をつくる習性により，機械のスイッチ部分や配電盤などに入り込み，機械の作動故障を引き起こすことも危惧されている．

引用文献

Agrawal, A. A. and J. A. Fordyce. 2000. Induced indirect defence in a lycaenid-ant association : the regulation of a resource in a mutualism. Proceedings of the Royal Society of London Series B, Biological Sciences, 267 : 1857-1861.

Aron, S., J. M. Pasteels, S. Goss and J. L. Deneubourg. 1990. Self-organizing spatial patterns in the Argentine ant *Iridomyrmex humilis* (Mayr). *In* (Vander Meer, R. K., K. Jaffe and A. Cedeno, eds.) Applied Myrmecology : A World Perspective. pp. 438-451. Westview Press, Boulder.

Bartlett, B. R. 1961. The influence of ants upon parasites, predator and scale insects. Annals of the Entomological Society of America, 54 : 543-551.

Barzman, M. S. and K. M. Daane. 2001. Host-handling behaviours in parasitoids of the black scale : a case for ant-mediated evolution. Journal of Animal Ecology, 70 : 237-247.

Beattie, A. J., C. Turnbull, R. B. Knox and E. G. Williams. 1984. Ant inhibition of pollen function : a possible reason why ant pollination is rare. American Journal of Botany, 71 : 421-426.

Bolger, D. T., A. V. Suarez, K. R. Crooks, S. A. Morrison and T. J. Case. 2000. Arthropods in urban habitat fragments in southern California : area age and edge effects. Ecological Applications, 10 : 1230-1248.

Bond, W. and P. Slingsby. 1984. Collapse of an ant-plant mutualism : the Argentine ant (*Iridomyrmexs humilis*) and *Myrmecochorous proteacea*. Ecology, 65 : 1031-1037.

Brancafort, X. and C. Gómez. 2005. Consequences of the Argentine ant, *Linepithema humile* (Mayr), invation on pollination of *Euphorbia characias* (L.) (Euphorbiaceae). Acta Oecologica, 28 : 49-55.

Brightwell, R. J. and J. Silverman. 2010. Invasive Argentine ants reduce fitness of red maple via a mutualism with an endemic coccid. Biological Invasions, 12 : 2051-2057.

Bueno, O. C. and H. G. Fowler. 1994. Exotic ants and the ant fauna of Brazilian hospitals. *In* (Williams, D. F., ed.) Exotic Ants : Biology, Impact and Control of Introduced Species. pp. 191-198. Westview Press, Boulder.

Buys, B. 1987. Competition for nectar between Argentine ants (*Iridomyrmex humilis*) and honeybees (*Apis mellifera*) on black ironbark (*Eucalyptus sideroxylon*). South African Journal of Zoology, 22 : 173-174.

Buys, B. 1990. Relationships between Argentine ants and honeybees in South

Africa. *In*(Vander Meer, R. K., K. Jaffe and A. Cedeno, eds.) Applied Myrmecology : A World Perspective. pp. 519-524. Westview Press, Boulder.

Cammel, M. E., M. J. Way and M. R. Pavia. 1996. Diversity and structure of ant communities associated with oak, pine, eucalyptus and arable habitats in Purtugal. Insectes Sociaux, 43 : 37-46.

Carpintero, S., J. Reyes-Lopez and L. A. Reyna. 2005. Impact of Argentine ants (*Linepithema humile*) on an arboreal ant community in Donana National Park, Spain. Biodiversity and Conservation, 14 : 151-163.

Christian, C. E. 2001. Consequences of a biological invasion reveal the importance of mutualism for plant communities. Nature, 413 : 635-639.

Cole, F. R., A. C. Medeiros, L. L. Loope and W. W. Zuehlke. 1992. Effects of the Argentine ant on arthropod fauna of Hawaiian high-elevation shrubland. Ecology, 73 : 1313-1322.

Daane, K. M., K. R. Sime, J. Fallow and M. L. Cooper. 2007. Impacts of Argentine ants on mealybugs and their natural enemies in California's coastal vineyards. Ecological Entomology, 32 : 583-696.

Dahlsten, D. L., R. Garcia and H. Lorraine. 1989. Eradication as a pest management tool. *In*(Dahlsten, D. L., ed.) Eradication of Exotic Pests : Analysis with Case Studies. pp. 3-15. Yale University Press, New Haven.

De Kock, A. E. 1990. Interactions between the introduced Argentine ants, *Iridomyrmex humilis* Mayr, and two indigenous fynbos ant species. Journal of the Entomological Society of Southern Africa, 53 : 107-108.

De Kock, A. E. and J. H. Giliomee, 1989. A survey of the Argentine ant, *Iridomyrmex humilis*(Mayr)(Hymenoptera : Formicidae) in South African fynbos. Journal of the Entomological Society of South Africa, 52 : 151-164.

De Ong, E. R. 1916. Municipal control of the Argentine ant. Journal of Economic Entomology, 9 : 468-472.

Dreistadt, S. H., K. S. Hagen and D. L. Dahlsten. 1986. Predation by *Iridomyrmex humilis*(Hymenoptera : Formicidae) on eggs of *Chrysopa camea*(Neuroptera : Chrysopidae) released for inundative control of *Illinoia liriodendri*(Homoptera : Aphididae) infesting *Liriodendron tulipegera*. Entomophaga, 31 : 397-400.

Erickson, J. M. 1971. The displacement of native ant species by the introduced Argentine ant *Iridomyrmex humilis* Mayr. Psyche, 78 : 257-266.

Espadaler, X. and C. Gómez. 2003. The Argentine ant, *Linepithema humile*, in the Iberian Peninsula. Sociobiology, 42 : 187-192.

Eubanks, M. D. and J. D. Strysky. 2006. Ant-Hemipteran mutualisms : keystone interactions that alter food web dynamics and influence plant fitness. *In* (Brodeur, J. and G. Boivin, eds.) Trophic and Guild Interactions in Biological Control, Progress in Biological Control Series. pp. 171-190. Springer, New York.

Field, H. C., W. E. Evans Sr., R. Hartley, L. D. Hansen and J. H. Klotz. 2007. A survey of structural ant pests in the southwestern USA (Hymenoptera : Formicidae). Sociobiology, 49 : 151-164.

Fielder, K. 2006. Ant-associates of Palaearctic lycaenid butterfly larvae (Hymenoptera : Formicidae ; Lepidoptera : Lycaenidae) : a review. Myrmecologische Nachrichten, 9, 77-87.

Fisher, R. N., A. V. Suarez and T. J. Case. 2002. Spatial patterns in the abundance of the coastal horned lizard. Conservation Biology, 16 : 205-215.

Flanders, S. E. 1945. Coincident infestations of *Anonidiella citrina* and *Coccus hesperidum*, a result of ant activity. Journal of Economic Entomology, 38 : 711-712.

Fluker, S. S. and J. W. Beardsley. 1970. Sympatric association of three ants : *Iridomyrmex humilis*, *Pheidole megacephala* and *Anoplolepis longipes* in Hawaii. Annals of the Entomological Society of America, 63 : 1290-1296.

Fowler, H. G., O. C. Buena, T. Sadatsune and A. C. Montelli. 1993. Ants as potential vectors of pathogens in hospitals in the state of Sao Paulo, Brazil. Insect Science and its Application, 14 : 367-370.

Fowler, H. G., M. N. Schlindwein and M. A. Medeiros. 1994. Exotic ants and community simplification in Brazil : a review of the impact of exotic ants on native ant assemblages. *In* (Williams, D. F., ed.) Exotic Ants : Biology, Impact and Control of Introduced Specie. pp. 151-162. Westview Press, Boulder.

Frazer, B. D. and R. Van den Bosch. 1973. Biological control of the walnut aphid in California : the interrelationship of the aphid and its parasite. Environmental Entomology, 2 : 561-568.

Gambino, P. 1990. Argentine ant *Iridomyrmex humilis* (Hymenoptera : Formicidae) predation on yellow jackets (Hymenoptera : Vespidae) in California. Sociobiology, 17 : 287-298.

Giraud, T., J. S. Pedersen and L. Keller. 2002. Evolution of supercolonies : the Argentine ants of southern Europe. Proceedings of the National Academy of Sciences of U. S. A., 99 : 6075-6079.

Glenn, R. N. and D. Holway. 2008. Consumption of introduced prey by native predators : Argentine ants and pit-building ant lions. Biological Invasions, 10 : 273-280.

Gómez, J. M. 2000. Effectiveness of ants as pollinators of *Lobularia maritima* : effects on main sequential fitness components of the host plant. Oecologia, 122 : 90-97.

Gómez, C. and X. Espadaler. 1998a. Myrmecochorous dispersal distances : a world survey. Journal of Biogeography, 25 : 573-580.

Gómez, C. and X. Espadaler. 1998b. Seed dispersal curve of a Mediterranean myrmecochore : influence of ant size and the distance to nests. Ecological Research, 13 : 347-354.

Gómez, J. M. and R. Zamora. 1992. Pollination by ants : consequences of the

quantitative effects on a mutualistic system. Oecologia, 91 : 410-418.
Grace, J. K., D. L. Wood and B. W. Grunbaum. 1986. Effect of Argentine ant contamination on ABO blood typing of human saliva samples. Bulletin of the ESA, Fall 1986 : 147-149.
Grover, C. D., A. D. Kay, J. A. Monson, T. C. Marsh and D. A. Holway. 2007. Linking nutrition and behavioural dominance : carbohydrate scarcity limits aggression and activity in Argentine ants. Proceedings of the Royal Society of London Series B, Biological Sciences, 274 : 2951-2957.
Harada, A. Y. 1990. Ant pests of the Tapinomini tribe. In (Vander Meer, R. K., K. Jaffe and A. Cedeno, eds.) Applied Myrmecology : A World Perspective. pp. 298-315. Westview Press, Boulder.
Harris, R. J. 2002. Potential impact of the Argentine ant (*Linepithema humile*) in New Zealand and options for its control. Science for Conservation, 196 : 1-36.
Haskins, C. P. and E. F. Haskins. 1965. *Pheidole megacephala* and *Iridomyrmex humilis* in Bermuda-equilibrium or slow replacement? Ecology, 46 : 736-740.
Heterick, B. E. 2000. Influence of Argentine and coastal brown ant (Hymenoptera : Formicidae) invasions on ant communities in Perth gardens, Western Australia. Urban Ecosystems, 4 : 277-292.
Holway, D. A. 1998. Effect of Argentine ant invasions on ground-dwelling arthropods in northern California riparian woodlands. Oecologia, 116 : 252-258.
Holway, D. A. 1999. Competitive mechanisms underlying the displacement of native ants by the invasive Argentine ant. Ecology, 80 : 238-251.
Holway, D. A., L. Lach, A. V. Suarez, N. D. Tsutsui and T. J. Case. 2002a. The causes and consequences of ants invasions. Annual Review of Ecology and Systematics, 33 : 181-233
Holway, D. A., A. V. Suarez and T. J. Case. 2002b. Role of abiotic factors in governing susceptibility to invasion : a test with Argentine ants. Evolution, 83 : 1610-1619.
Human, K. G. and D. M. Gordon. 1996. Exploitation and interference competition between the invasive Argentine ant, *Linepithema humile*, and native ant-species. Oecologia, 105 : 405-412.
Human, K. G. and D. M. Gordon. 1997. Effects of Argentine ants on invertebrate biodiversity in northern California. Conservation Biology, 11 : 1242-1248.
Human, K. G., S. Weiss, A. Weiss, B. Sandler and D. M. Gordon. 1998. Effects of abiotic factors on the distribution and activity of the invasive Argentine ant (Hymenoptera, Formicidae). Environmental Entomology, 27 : 822-833.
Huxel, G. R. 2000. The effect of the Argentine ant on the threatened valley elderberry longhorn beetle. Biological Invasions, 2 : 81-85.
Ipinza-Regla, J., G. Figueroa and J. Osorio. 1981. *Iridomyrmex humilis*, "hormiga argentina", como vector de infecciones intrahospitalarias. I. Estudion bacteriológico. Folia Entomológia Mexicana, 50 : 81-96.

Ipinza-Regla J., G. Figueroa and I. Moreno. 1984. *Iridomyrmex humilis*（Formicidae）y su papel como possible vector de contaminacion microbiana en industrias de alimentos. Folia Entomológia Mexicana, 62：111-124.

伊藤文紀．2003．日本におけるアルゼンチンアリの分布と在来アリに及ぼす影響．昆虫と自然, 38(7)：32-35.

伊藤文紀．2006．侵略的外来アリが在来生物に及ぼす影響．昆虫と自然, 41(13)：10-13.

伊藤文紀．2009．アルゼンチンアリの脅威．遺伝, 63(3)：118-122.

亀山　剛．2012．特定外来生物「アルゼンチンアリ」の侵入と防除の現状．（石谷正宇，編：環境アセスメントと昆虫）pp. 182-206. 北隆館，東京．

岸本年郎・鈴木　俊・砂村栄力．2008．大阪市内でアルゼンチンアリの定着を確認．蟻, 31：37-41.

Krushelnycky, P. D., L. L. Loope and S. M. Joe. 2004. Limiting spread of a unicolonial invasive insect and characterization of seasonal patterns of range expansion. Biological Invasions, 6 : 47-57.

Krushelnycky, P. D. and R. G. Gillespie. 2008. Compositional and functional stability of arthropod communities in the face of ant invasions. Ecological Applications, 18 : 1547-1562.

Krushelnycky, P. D. and R. G. Gillespie. 2010. Correlated of vulnerability among arthropod species threatened by invasive ants. Biodiversity and Conservation, 19 : 1971-1988.

Laakkonen, J., R. N. Fisher and T. J. Case. 2001. Effect of land cover habitat fragmentation and ant colonies on the distribution and abundance of shrews in southern California. Journal of Animal Ecology, 70 : 776-788.

Lach, L. 2007. A mutualism with a native membracid facilitates pollinator displacement by Argentine ants. Ecology, 88 : 1994-2004.

Lach, L. 2008. Argentine ants displace floral arthropods in a biodiversity hotspot. Diversity and Distributions, 14 : 281-290.

Majer, J. D. 1994. Spread of Argentine ants (*Linepithema humile*) with special reference to Western Australia. *In* (Williams, D. F., ed.) Exotic Ants : Biology, Impact and Control of Introduced Species. pp. 163-173. Westview Press, Boulder.

Markin, G. P. 1970. Foraging behavior of the Argentine ant in a California citrus grove. Journal of Economic Entomology, 63 : 740-744.

Mgocheki, N. and P. Addison. 2009. Interference of ants (Hymenoptera : Formicidae) with biological control of the vine mealybug *Planococcus ficus* (Signoret) (Hemiptera : Pseudococcidae). Biological Control, 49 : 180-185.

Miyake, K., T. Kameyama, T. Sugiyama and F. Ito. 2002. Effect of Argentine ant invasion on Japanese ant fauna in Hiroshima Prefecture, western Japan : a preliminary report (Hymenoptera : Formicidae). Sociobiology, 39 : 465-474.

Moreno, D. S., P. B. Haney and R. F. Luck. 1987. Chlorpyrifos and diazinon as barriers to Argentine ant (Hymenoptera : Formicidae) foraging on citrus

trees. Journal of Economic Entomology, 80 : 208-214.
Ness, J. H. and J. L. Bronstein. 2004. The effects of invasive ants on prospective ant mutualists. Biological Invasions, 6 : 445-461.
Newell, W. and T. C. Barber. 1913. The Argentine ant. U. S. Department of Agriculture, Bureau of Entomology Bulletin, 122 : 1-98.
Nixon, G. E. J. 1951. The Association of Ants with Aphids and Coccids. Commonwealth Institiute of Entomology, London.
Olaya-Masmela, L. A., P. C. De Ulloa and A. Payau. 2005. Hormigs (Hymenoptera : Formicidae) en centros hospitalarios del Valle del cauca como vectores de patógenos nosocomiales. Reveista Colombiana de Entomologia, 31 : 183-187.
Oliveras, J., J. M. Bass and C. Gómez. 2005. Long-term consequences of the alteration of the seed dispersal process of *Euphorbia choracias* due to Argentine ant invasion. Ecography, 28 : 662-672.
Passera, L. 1994. Characteristics of tramp species. *In* (Williams, D. F., ed.) Exotic Ants : Biology, Impact and Control of Introduced Species. pp. 23-43. Westview Press, Boulder.
Phillips, P. A., R. S. Bekey and G. E. Goodall. 1987. Argentine ant management in cherimoyas. California Agriculture, March-April, 1978 : 8-9.
Phillips, P. A. and C. J. Sherk. 1991. To control mealy bugs, stop honeydew-seeking ants. California Department of Agriculture, Occasional Papers, 45 : 26-28.
Prins, A. J., H. G. Robertson and A. Prins. 1990. Pest ants in urban and agricultural areas of southern Africa. *In* (Vander Meer, R. K., K. Jaffe and A. Cedeno, eds.) Applied Myrmecology : A World Perspective. pp. 25-33. Westview Press, Boulder.
Reimer, J., W. Beardsley and G. Jahn. 1990. Pest ants in the Hawaiian Islands. *In* (Vander Meer, R. K., K. Jaffe and A. Cedeno, eds.) Applied Myrmecology : A World Perspective. pp. 40-50. Westview Press, Boulder.
Rodriguez-Cabal, M. A., K. L. Stuble, M. A. Nuñez and N. J. Sanders. 2009. Quantitative analysis of the effects of the exotic Argentine ant on seed-dispersal mutualisms. Biology Letters, 5(4) : 499-502.
Rowles, A. D. and D. J. O'Dowd. 2007. Interference competition by Argentine ants displaces native ants : implications for biotic resistance to invasion. Biological Invasions, 9 : 73-85.
Rowles, A. D. and D. J. O'Dowd. 2009. Impacts of the invasive Argentine ant on native ants and other invertebrates in coastal scrub in south-eastern Australia. Austral Ecology, 34 : 239-248.
Rowles, A. D. and A. D. Silverman. 2009. Carbohydrate supply limits invasion of natural communities by Argentine ants. Oecologia, 161 : 161-171.
Samways, M. J., N. Magda and A. J. Prins. 1982. Ants (Hymenoptera : Formicidae) foraging in citrus trees and attending honeydew-producing Homoptera.

Phytophylactica, 14 : 155-157.
Smith, M. R. 1965. House-infesting ants of the eastern United States. Their recognition, biology, and economic importance. United States Department of Agriculture Technical Bulletin, 1326 : 1-105.
Sockman, K. W. 1997. Variation in life-history traits and nest-site selection affect risk of nest predation in the California gnatcatcher. Auk, 114 : 324-332.
Suarez, A. V., D. T. Bolger and T. J. Case. 1998. Effects of fragmentation and invation on native ant communities in coastal southern California. Ecology, 79 : 2041-2056.
Suarez, A. V., J. Q. Richmond and T. J. Case. 2000. Prey selection in horned lizards following the invasion of Argentine ants in southern California. Ecological Application, 10 : 711-725.
Suarez, A. V. and T. J. Case. 2002. Bottom-up effects on persistence of a specialist predator : ant invasions and horned lizards. Ecological Application, 12 : 291-298.
Suarez, A. V., P. Yeh and T. J. Case. 2005. Impacts of Argentine ants on avian nesting success. Insectes Sociaux, 52 : 378-382.
Sunamura, E., K. Nishisue, M. Terayama and S. Tatsuki. 2007. Invation of four Argentine ant supercolonies into Kobe Port, Japan : their distributions and effects on indigenous ants (Hymenoptera : Formicidae). Sociobiology, 50 : 659-674.
Sunamura, E., S. Suzuki, H. Sakamoto, K. Nishisue, M. Terayama and S. Tatsuki. 2012. Impact, ecology and dispersal of the invasive Argentine ant. In (Hendriks, B. P., ed.) Agricultural Updates, Vol. 2. pp. 307-327. Nova Science Publishers, New York.
竹中宏樹・吉田政弘・藤島隆年・佐々木敏幸．2006．アルゼンチンアリの被害実態調査について．第22回日本ペストロジー学会大会プログラム・抄録集．
寺山　守・田中保年・田付貞洋．2006．岩国市黒磯町アルゼンチンアリの在来アリ類と同翅類に及ぼす影響．蟻，28：13-27．
Thompson, C. R. 1990. Ants that have pest status in the United States. In (Vander Meer, R. K., K. Jaffe and A. Cedeno, eds.) Applied Myrmecology : A World Perspective. pp. 51-67. Westview Press, Boulder.
Tillberg, C. V., D. A. Holway, E. G. LeBrun and A. V. Suarez. 2007. Trophic ecology of invasive Argentine ants in their native and introduced ranges. Proceedings of the National Academy of Sciences of U. S. A., 104 : 20856-20861.
頭山昌郁．2001．アルゼンチンアリ，岩国市へ侵入．蟻，25：1-3．
Touyama, Y., K. Ogata and T. Sugiyama. 2003. The Argentine ant, *Linepithema humile*, in Japan : assessment of impact on species diversity of ant communities in urban environments. Entomological Science, 6 : 57-62.
Touyama, Y., Y. Ihara and F. Ito. 2008. Argentine ant infestation affects the abundance of the native myrmecophagic jumping spider *Siler cupreus* Simon

in Japan. Insectes Sociaux, 55 : 144-146.
頭山昌郁・伊藤文紀. 2013. 蟬と蟻──寓話と昆虫記とアルゼンチンアリ. 蟻, 35 : 6-14.
Trager, M. D. and J. C. Daniels. 2009. Ant tending of Miami blue butterfly larvae (Lepidoptera : Lycaenidae) : partner diversity and effects on larval performance. Florida Entomologist, 92(3) : 474-482.
Tsuji, K. 1988. Obligate parthenogenesis and reproductive division of labor in the Japanese queenless ant *Pristomyrmex pungens* : comparison of intranidal and extranidal workers. Behavioral Ecology and Sociobiology, 23 : 247-255.
Vega, S. J. and M. K. Rust. 2001. The Argentine ant : a significant invasive species in agricultural, urban and natural environments. Sociobiology, 37 : 3-25.
Visser, D., M. G. Wright and J. H. Giliomee. 1996. The effect of the Argentine ant, *Linepithema humile* (Mayr) (Hymeboptera : Formicidae), on flower-visiting insects of *Protea nitida* Mill. (Proteaceae). African Entomology, 4 : 285-287.
Ward, D. F. and R. J. Harris. 2005. Invasibility of native habitats by Argentine ants, *Linepithema humile*, in New Zealand. New Zealand Journal of Ecology, 29 : 215-219.
Ward, D. F., R. J. Harris and M. C. Stanley. 2005. Human-mediated range expansion of Argentine ants *Linepithema humile* (Hymenoptera : Formicidae) in New Zealand. Sociobiology, 45 : 401-407.
Ward, P. S. 1987. Distribution of the introduced Argentine ant (*Iridomyrmex humilis*) in natural habitats of the lower Sacramento Valley and its effects on the indigenous ant fauna. Hilgardia, 55 : 1-16.
Way, M. J. 1963. Mutualism between ants and honeydew producing Homoptera. Annual Review of Entomology, 8 : 307-344.
Way, M. J., M. E. Cammell, M. R. Paiva and C. A. Collingwood. 1997. Distribution and dynamics of the Argentine ant *Linepithema* (*Iridomyrmex*) *humile* (Mayr) in relation to vegetation, soil condition topography and native competitor ants in Portugal. Insectes Sociaux, 44 : 415-433.
Wetterer, J. K. and A. L. Wetterer. 2004. Ants (Hymenoptera : Formicidae) of Bermuda. Florida Entomologist, 87 : 212-221.
Wetterer, J. K., X. Espadaler, A. L. Wetterer and S. G. Cabral. 2004. Native and exotic ants of the Azores (Hymenoptera : Formicidae). Sociobiology, 44 : 1-20.
Wetterer, J. K., X. Espadaler, A. L. Wetterer, D. Aguin-Pombo and A. M. Franquinho-Aguiar. 2006. Long-term impact of exotic ants on the native ants of Madeira. Ecological Entomology, 31 : 358-368.
Wetterer, J. K., A. L. Wild, A. V. Suarez, N. Roura-Pascual and X. Espadaler. 2009. Worldwide spread of the Argentine ant, *Linepithema humile* (Hymenoptera : Formicidae). Myrmecological News, 12 : 187-194.
Wild, A. L. 2007. Taxonomic revision of the ant genus *Linepithema* (Hymenop-

tera : Formicidae). University of California Publications in Entomology, 126 : 1-159.
Wilson, E. O. 1951. Variation and adaptation in the imported fire ant. Evolution, 5 : 68-79.
Wilson, E. O. and R. W. Taylor. 1967. The ants of Polynesia (Hymenoptera : Formicidae). Pacific Insect Monograph, 14 : 1-109.
Witt, A. B. R. and J. H. Giliomee. 1999. Soil-surface temperatures at which six species ants (Hymenoptera : Formicidae) are active. African Entomology, 7 : 161-164.

第9章　アルゼンチンアリの防除［概論］

岸本年郎

　アルゼンチンアリは，防除の実践とその研究が世界中で続けられているが，有効な防除法は開発されてこなかった難防除害虫である．本章では，各種の防除法を紹介し，総合的有害生物管理の考え方で防除を進めることが望ましいものの，現状ではベイト剤の利用がもっとも効果的であることを示す．また，防除の実施にあたっては，生息範囲の把握と目標を明確化した計画策定，一斉防除の実施，効果確認のモニタリングが重要である．日本各地で防除の試みが進められ，有望な手法も開発されつつある事例を紹介するが，今後，本種の防除を効率的に進めるにあたっては，さらなる手法の開発と防除にあたっての体制の構築が必要不可欠である．

9.1　アルゼンチンアリとどう戦ってきたか

9.1.1　難防除害虫アルゼンチンアリ

　アルゼンチンアリは世界各地に分布を拡大し，広範囲の影響被害をもたらしているため，防除の実践とその研究は世界中で続けられているが，これまで，有効な防除法は開発されておらず，世界でも難防除害虫として知られてきた．アルゼンチンアリに限らず，世界中で侵略的な外来アリが問題となっているものの，その防除はいずれも困難とされている．アルゼンチンアリの防除は，19世紀後半に米国ニューオリンズの港におそらくブラジルからのコーヒー輸入にともなって侵入したときに始まる．防除の歴史は長くとも，これまでに確実に根絶させた例はないようで，根絶を目標とした防除事業も

ほとんど見当たらない．唯一の成功例として有名なのはニュージーランドの小島であるチリチリマタンギ島での事例である（コラム-5 参照）．

　防除にあたっての戦略として，障壁処理（バリア処理 barrier treatment）もしくは外周処理（perimeter treatment），およびベイト剤処理による密度低減が一般的な防除法となっている．障壁処理はその防除対象の囲い込みもしくは遮断を行ない，アリの往来を制限することで，被害を抑える方法である．被害を抑えたい場所のまわりを殺虫剤や忌避剤で囲う，果樹の幹を忌避剤や粘着剤のバンドで防護するなどの方法がある．カリフォルニアにおいて，果樹の単木を守る方法として，古くは硫黄と粘着物を混合したものを幹に直接ぬっていたのに始まり，タングルフットやスティッカムという粘着剤の製品をバンド状に幹に巻き被害を抑えていたものが主流となっていた．米国では現在 "ant tape" という忌避と粘着の両方の機能をもった製品が製造されて，これを巻く方法が拡まっているという（Vega and Rust, 2001）．こうした方法で，侵入の阻止を行ない被害を軽減することができるというものである．障壁処理の有用性は住宅内への侵入を防ぐ実験（Klotz et al., 2002, 2007 ほか）や，果樹園のブドウ（Phillips and Sherk, 1991）やカンキツ類（Klotz et al., 2003）へのアルゼンチンアリの被害防止に，一定の効果が示されており，米国では標準的な戦略となっているようだ．しかしながらこの方法では，いつまで経ってもコロニーを根絶することは不可能である．また，薬剤による障壁は，水流，日射，高温，セメントやコンクリートのアルカリの影響で効果が低減し，植物の被覆が密な場合にも，アリに突破されることが多くなるとされている（Rust et al., 1996）．さらに，少しでも処理ができていない場所があるとその場所が突破口になり，排除した場所への侵入を許してしまうこととなる．その他，障壁処理に殺虫剤を使用した際にはその場所を通るワーカーを殺虫することが可能であるが，巣の内部にいる女王や幼虫には影響を与えることができないのが普通である．一方，ベイト剤は巣に持ち帰り，ほかの個体に餌を与えることで，薬剤の効果が巣のなかにいる個体にまで伝達されるため，近年，アリの駆除においては標準的な方法となってきている．

9.1.2 さまざまな防除手法

防除はその方法によって，薬剤などによる「化学的防除」，営巣・採餌場所を撤去したり，熱を利用するなどの「物理的防除」，天敵の利用による「生物的防除」がある．理想的にはこれらの防除法を複合的・効果的に組み合わせて，総合的有害生物管理（IPM；Integrated Pest Management）の考え方で防除を進めることが望ましい．化学的防除法のなかではベイト剤の処方がもっとも一般的な方法で，そのほかにも液剤，エアゾル剤など，さまざまな剤形のものがある．また次章で解説するフェロモン剤も化学的防除の一手法である．

防除にあたっては標的となる有害生物を効率的に致死させることが重要であるが，同時に非標的生物への影響をできる限り抑えるべきという相反する目標が要求される．昆虫成長制御剤（IGR；Insect Growth Regulator）は昆虫などの節足動物の脱皮を阻害するもので，影響はその曝露を受けた節足動物など以外の動物（たとえば人間を含む脊椎動物）への影響はないために，環境負荷が低いものである．昆虫成長制御剤には幼若ホルモンやキチン合成阻害剤があり，いずれも脱皮の不全を引き起こすものである．また，薬剤としてはホウ酸が哺乳類への毒性が低く，さらに遅効性であるため毒性の低い薬剤としてはアリの防除に有望とされており（Klotz *et al.*, 1997），実際にわが国でもホウ酸を使用したアリ用ベイト剤が市販されている（後述）．

9.2 防除の方法

9.2.1 ベイト剤による防除

連鎖効果の重要性

ベイト剤（餌剤）は巣に持ち帰らせることで，巣のなかにいる幼虫や女王も標的にできることから，アリの防除においてはもっとも効果的な薬剤である（コラム-4 参照）．アルゼンチンアリの防除についてもベイト剤の使用を中心に，ほかの薬剤の処方を含む防除を行なうことが効果的である（表9.1；環境省自然環境局野生生物課外来生物対策室，2013；環境省中部地方

表 9.1 殺虫剤の剤形による特徴の違い（環境省中部地方環境事務所, 2012 より改変）.

剤形	長所	短所	留意点
ベイト剤	・設置が簡便. ・巣のなかのアリや女王にまで効果が波及する. ・環境中への薬剤の放出量は少なく, 飛散も少ない.	・遅効性のため, 即効的な効果が実感されにくい. ・場所や季節により餌への誘引効果にムラがある.	・ケース付の製品は回収・廃棄が必要. ・乳幼児などの誤食予防対策が必要. ・集まってきたアリにエアゾル剤など, ほかの殺虫剤を散布しない.
液剤	・目前のアリへの即効性がある. ・遅効性のタイプのものには連鎖効果のあるものがある.	・基本的にはアリに直接散布する必要がある. ・家屋内など, 汚したくない場所での使用は困難.	・揮発成分を含むものは吸入しないように注意が必要である. ・水生生物への影響を考慮し, 水系に流入しないよう注意が必要.
粉剤	・持続的な忌避効果がある.	・風雨にさらされることに弱い. ・薬剤がめだつため, 美観上の問題がある.	・散布時に飛散した微粉末を吸入しないよう注意が必要. ・乳幼児などの誤食予防対策が必要. ・水生生物への影響を考慮し, 水系に流入しないよう注意が必要.
エアゾル剤	・目前のアリへの即効性がある. ・簡便で取扱が容易.	・巣のなかにいるアリの殺虫は困難.	・換気の悪い狭い空間では成分の曝露にとくに注意が必要. ・引火のおそれがあるので, 火気の近くや高温の場所で使用しない. ・漏出のおそれがあるため, 長期間の保管はできない. ・廃棄時には缶に穴を開け残余のガスを抜く必要.

環境事務所, 2012). ベイト剤の優れた点としては, 以下の点をあげることができる. ①設置が簡便である. ②液剤などの散布と比較すると環境中に曝露する薬剤量が少ないため, 環境負荷が少なく, ベイト剤を食べる動物以外への影響が小さいこと. また, ベイト剤を容器内に入れて供給する場合はさらにほかの動物への影響が低減される. ③ベイト剤を巣に持ち帰ることで, 外を出歩いているワーカーのみならず, 巣のなかにいる女王や幼虫にまで影

響を与えることができる．さらに新しく餌を発見したワーカーは巣に帰り，餌のある場所を他個体に伝達することで，さらなるワーカーを動員して，効率的に薬剤を巣に持ち帰らせることができる．ベイト剤はアリの社会性という生態を利用した効率的な防除法ということができるだろう．アルゼンチンアリコロニーの全体を減らすには，歩き回っているワーカーよりも，ワーカーを生産する女王やつぎの世代を駆除することが重要である．そのためには，ベイト剤を効果的に女王や幼虫に届けることが重要で，遅効性で連鎖効果をもった薬剤を使用する必要がある．

　初期侵入地や分布境界など，アルゼンチンアリ以外に在来アリも生息している環境でベイト剤を使用した場合，当然，在来アリにもベイト剤の影響はおよぶものと考えられる．しかし，一般的に，侵入地では在来アリよりもアルゼンチンアリが優勢となり，餌についても先に多くの餌を持ち帰る能力があるため（Human and Gordon, 1996 ; Holway, 1999），ベイト剤の効果で在来アリが大きな影響を受けることはあまりないとされている（Silverman and Brightwel, 2008）．事実，これまで行なわれている横浜や東京での防除においても，アルゼンチンアリが根絶された小地域でも在来アリが生存していることが観察されている（横浜：第 11 章参照，東京：岸本ほか，未発表）．

ベイト剤の基質

　ベイト剤の特性として，アリにどれだけ好まれるかという嗜好性と，運びやすさと関連する形状，毒成分が重要である．アリの種によって効果的なベイト剤の基質は異なっており，アルゼンチンアリが好む餌基質としては，25% ショ糖液，乾燥卵白（Baker *et al.*, 1985），タンパク質と糖質（Klotz *et al.*, 2000b），蜂蜜と缶詰のツナ（Brinkman *et al.*, 2001），などが報告されている．また，ワーカーには糖質を与え，女王アリにはタンパク質を多く与えるという報告もある（Baker *et al.*, 1985）．女王アリの卵生産にはより多くのタンパク質が必要と考えられる．春から初夏にかけて大量の卵を生産するために多くのタンパク質が必要となる反面，晩夏からはタンパク質の餌があまり好まれないため，タンパク質で誘引するベイト剤は春から初夏にかけて効果的であるという（Rust *et al.*, 2000）．アカヒアリ *Solenopsis invicta* のベ

イト剤として効果的であるトウモロコシを挽き割りにしたコーングリットと大豆油の組み合せは，アルゼンチンアリには有効でないことが知られている（Krushelnychy and Reimer, 1998 ; Rust et al., 2003）．

　運搬のしやすさと関連して，その形状もベイト剤の特性として重要である．ベイト剤の形状としては固形，液体，粒状，ゲル状，ペースト状のものがあり，日本では，一般的に，液状，粒状，ペースト状のものが販売されている．嗜好性と運ばれやすさからは，ショ糖を好み，その水溶液をよく運ぶことが確かめられており（Daan et al., 2006 ; Klotz et al., 1998, 2000a），固形よりも液体を好むとされている（Baker et al., 1985）．アルゼンチンアリにとっては液剤が理想的であるかと思われるが，液体型の餌は，蒸発もしくは流出しやすいこと，微生物が発生し腐敗しやすいこと，広い面積に処方するには作業効率が悪いことなどから（Stanley, 2004 ; Silverman and Brightwel, 2008），長期的，広域的な処方として考えると実用性は低いと判断される．ショ糖を誘引剤としたベイト剤を液状とゲル状で提供したところ，ゲル状のほうに多くの個体が集まるものの，摂取効率は液状のほうが高いため，結果的に液状の摂取量が高くなり，死亡率も液状のほうが高いという（Silverman and Roulston, 2001）．固形の餌では，とくに粒剤が広範囲の散布に適しており，ある程度の面積の農耕地や疎林での処方に向いている（Causton et al., 2005 ほか）．粒剤では粒子の大きさが 840-1000 μm のものが効率よく運搬されることがわかっている（Hooper-Bui et al., 2002）．粒剤はある程度まとめて置いても，散布しても餌の回収効率に差がないとされている（Silverman and Roulston, 2003）．したがって，ある程度まとめて粒剤をケースのなかに収めて処方する方法は，雨などの水分から劣化を守るうえ，餌の摂取にも散布した場合と変わらず効果が高いと考えられる．ペースト状の餌もアルゼンチンアリには有効で，新鮮なものが好まれ，古くなり乾燥したものは誘引力が落ちるという（Stanley, 2004）．

有効成分

　アルゼンチンアリに対して有効なベイト剤の毒成分としては，ホウ酸，ヒドラメチルノン，フィプロニル，マイレックス，スルフルラミドなどが知られており（Stanley, 2004 ; Silverman and Brightwell, 2008）．現在の日本で

図 9.1 市販されるさまざまな殺虫剤．侵入地のホームセンターで販売されるアルゼンチンアリ対策商品（撮影：伊藤文紀氏）．

販売されているアリ用のベイト剤製品には，フィプロニル，ヒドラメチルノン，ホウ酸などが一般的に使われている（図9.1）．マイレックスはベイト剤用の殺虫成分として米国において1965年ごろからアカヒアリの防除に効果を発揮し普及したが，マイレックスには発がん性があることやナマズなどへの生物濃縮の問題が明らかになり，さらに住民の脂肪組織からも検出されるなど，環境や健康への影響が大きいことが判明した．そのため，現在ではマイレックスは残留性有機汚染物質に関するストックホルム条約（POPs条約）の付属書A（廃絶）に掲載されており，日本においても農薬取締法によって販売・使用が禁止されている．

室内実験ではチアメトクサムとイミダクロプリドについても，遅効性の薬剤でベイト剤として有効であるとされている（Rust *et al*., 2004）．Hooper-Bui and Rust（2000）は，0.001-0.00001%フィプロニル，0.1%ヒドラメチルノンがワーカーに対しての24時間後の致死率が100%になり，0.0001-0.00001%フィプロニルでは女王の致死率も100%と高いこと，ま

た，0.5％ホウ酸は遅効性で 14 日後の女王の致死率が 100％ になることを示しており，これらの薬剤がとくに有効と考えられる．これまで国内で成功している事例として，横浜での防除ではヒドラメチルノン，東京での防除ではフィプロニルを用いたベイト剤がそれぞれ使用されている．

9.2.2 その他の殺虫剤

液剤

液剤（液体型殺虫剤）は，基本的にはアリが薬剤に触れることで殺虫が可能となる．液剤は障壁処理を目的に構造物の周囲を取り囲み散布する際や，女王や卵，幼虫などを含む巣を発見した場合に集中して散布する際に有効である．巣が特定できている場合には，地中まで浸透させる効果も得られ，また構造物の亀裂に浸透させることで効果が発揮できる場合もある．大規模であれば高圧噴霧器による散布，小規模であれば安価なシャワーノズルを利用した散布が実際的であろう．アリの防除に液剤が使用されることはしばしばあり，被害防止には役立つものの，液剤散布のみでは根絶などの根本的な解決はむずかしい．

しかし，とくに侵入の初期段階，もしくは防除の最終段階で限られた場所に生息範囲が特定できている際には非常に有効と考えられる．また液剤の処方は対象となる昆虫のスペクトルが広いため，有用な昆虫や非標的の生物までに広く影響を与えてしまうという短所もあげられる．薬剤の種類によって水に溶けにくい場合は有機溶媒で薬剤を溶かし，さらにそれを水で希釈した乳化剤（乳剤）の形で処方することもある．乳剤は有機溶媒を使用するため，作業者が有機溶媒に接触，吸引することがないような作業上の注意が必要であるもので，処方上の特徴は液剤に準ずるものである．

粉剤

薬剤を粘土など鉱物質担体で希釈し，微粉に製剤化したものが粉剤である．障壁処理を目的に建造物などのまわりに散布し，アリの侵入を一時的に防止することができる．製品によっては接触性の連鎖反応をもつものもある．簡便で取り扱いが容易であるという点が長所であるが，風雨にさらされることで，粉末や成分がすぐに流出してしまうという欠点がある．

エアゾル剤

　噴霧式のエアゾル剤（エアゾール剤）は，内容成分を微粒子として空気中に噴霧するもので，液化ガスや圧縮ガスなどの噴霧剤と使用目的の薬剤を弁のある容器に封入し，ガスの力によって噴霧するものである．国内でもハエ，カ，ゴキブリなどの殺虫剤として家庭用に広く流通しており，アリ専用の商品も発売されている．即効性があり，住居内などを汚すことがないため，家屋内に侵入してきたアリを駆除するなどに有用で，家庭などの単位で小規模に緊急的な駆除を行なう際には簡便で利用しやすいものである．

9.2.3　生物的防除・物理的防除

　天敵を使って害虫を防除する生物的防除（biological control）は，防除対象となる有害生物を，有用生物（捕食者，寄生者，病原体あるいは競争者）を用いることで，その被害を減少させるものである．生物的防除は，有用生物を効率的に防除地域に定着させることができれば，経済的に安価であること，環境を汚染するような農薬などの残留がないことなどの長所がある．日本においては，イセリアカイガラムシ *Icerya purchasi* に対する捕食者のベダリヤテントウ *Rodolia cardinalis* の導入や，クリタマバチ *Dryocosmus kuriphilus* に対する寄生者であるチュウゴクオナガコバチ *Torymus sinensis* の利用などがその代表例である．

　侵略的外来アリのなかではアカヒアリにおいて，生物的防除に関する研究が活発である．たとえばヒアリ類の天敵として，ボルバキア（細菌），微胞子虫，線虫，同じヒアリ類のなかのヤドリヒアリと呼ばれる社会寄生種 *Solecopsis daguerrei*，ノミバエ類などがあげられる（Taber, 2000）．これらの天敵についておもに米国農務省の研究者によりヒアリの生物的防除の可能性をさぐる調査研究が進められているが，いずれも防除効果について大きな成果はあげられていないようである．もっとも有望とされる候補は寄生性の *Pseudacteon* 属のノミバエ類である．20 種が確認されている本属のうち 5 種は，種レベルでの寄主特異性はないもののヒアリ類に特殊化している．ノミバエのメス成虫は狙ったアリの上でホバリングし，一瞬のうちにアリの胸部の節間膜を通して体内に 1 個の卵を産みつける．孵化し成長した幼虫はやがて頭部に入り，最後は酵素で頭部と胸部をつなぐ膜を溶かして自身が入っ

ていた頭部を落とす．アリの頭部の中身を食べ尽くした後，口器の部分を押し出して蛹化する．ヒアリのワーカーは巣外の仲間の死体を巣外に運び出す性質があるため，ノミバエの蛹も一緒に巣外に運び出され，羽化したノミバエ成虫はまたヒアリを探索して繁殖するという生活史をもっている．このノミバエはアカヒアリの侵入地の野外に実際に放し，定着していることが確かめられている（東ほか，2008）．アルゼンチンアリ属にも *Pseudacteon* 属のノミバエが寄生することが知られており，寄生者の探索を行なった調査がなされているが，種としてアルゼンチンアリに寄主特異性のある天敵は発見されていない（Orr *et al.*, 2001）．

　物理的防除として，営巣や採餌場所の除去も有効な方法である．土囊，木材，ゴムマット，レンガ，ブロックなどの資材や植木鉢，プランターなどの構造物の下に巣をつくりやすいため，これらを撤去することや，植木鉢やプランターを棚の上に置くなどの処置を行なうことで物理的に営巣環境を減らすことができ，個人宅の庭などでは効果的である．また，コンクリート構造物の隙間や亀裂には巣をつくりやすく，そのような部分から家屋内に侵入してくることも多いため，このような隙間はシーリング剤で埋めることも個体数を抑制する効果が考えられる．清涼飲料水を廃棄するゴミ箱は，しばしばアルゼンチンアリの餌供給源となるので，そのような場所の管理も重要である．家庭などの庭での小規模の防除であれば，コロニーに熱湯をかけて死滅させる方法も簡便である．除草用のバーナーを利用してコロニーを焼却処理することもある程度有効である．

9.2.4　忌避剤の利用

　忌避剤（リペレント repellent）によりアリの侵入，通過を阻止する方法も研究・実用化されている．カリフォルニアの果樹園などでブドウやカンキツ類の幹に忌避剤のバンドを巻き，アリを防除する試みが行なわれている（Sholey *et al.*, 1992 ; Klotz *et al.*, 1997）．信号化学物質（セミオケミカル semiochemical）を利用し，薬剤使用量を抑えることも目的にした研究も行なわれている．ファルネソールやメチルユージノールは忌避物質として有効であるが，高価であるため実用には至っていない（Sisk *et al*, 1996）．代表的な信号化学物質であるフェロモンを利用した防除については，次章を参照さ

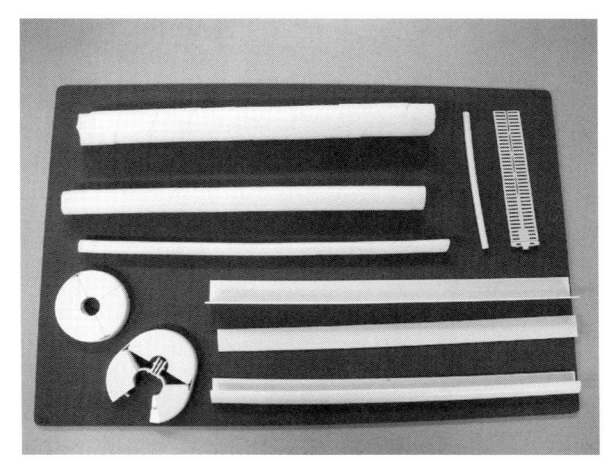

図 9.2 ピレスロイド系薬品を添加したプラスチック部材（商品名：アリニックス）．さまざまな形状のものが販売されている．

れたい．

　忌避剤については，国内でもピレスロイド系の薬品を添加したプラスチックの防除用資材が製品として製造販売されており，飲料ディスペンサーの脚部分に取り付けてアリの侵入を阻止する資材も開発，販売されている．現在のところ比較的高額な商品であるためか，広く普及しているものではないが，建造物への侵入防止にも威力を発揮するものと考えられ，とくに蔓延地での被害軽減を目的としての利用が期待される（図 9.2）．

　ほかに天然由来成分による忌避剤の可能性として，北米産のヒノキ科エンピツビャクシン（レッド・シダー）の材がアルゼンチンアリに強い忌避を示し，接触させ続けると致死性も高いことがわかっている．また，この材の精油の揮発成分への長時間の曝露でも高い致死効果が確認されている（Meissner and Silverman, 2001）．日本においてはまったく検討されていないが，とくに家庭内などでは使用法によっては利用価値が高い可能性もある．

9.3 防除の実際

9.3.1 検疫・侵入検出

外来生物の対策としては，まずは侵入・定着させないために，水際で侵入を防ぐことが理想である．アリ類のように物資に混入したものを非意図的に運んでしまう外来生物は，早期に侵入を検出し，効率的・効果的な初期防除を集中的に行なって根絶することが望ましい．わが国では，植物防疫法にもとづいて植物防疫所が実施する検疫有害動植物の検査により，非意図的に運ばれてくる多くの害虫が水際で防衛されてきていた．しかしながら，検疫有害動植物は直接農作物に被害をおよぼす生物に限定されていたため，アリ類は対象にならず，アリ類の侵入を阻止する法律は整備されていなかった．2005 年 6 月に外来生物法が施行され，アルゼンチンアリ，アカヒアリ，アカカミアリ *Solenopsis geminata*，コカミアリ *Wasmannia auropunctata* の 4 種が特定外来生物に指定されてからは，検疫有害動植物とともに，これら 4 種のアリも輸入の水際での防除対象となった．アルゼンチンアリについてはすでに輸入時に発見，防除された事例があり，輸出国はアルゼンチン，グアテマラ，米国，スペイン，イタリア，オーストラリアなど，輸入物資としては切り花，エアープランツや食品，ペットフードなどで，これらがみつかったコンテナが燻蒸処理がなされた例もある（環境省自然環境局野生生物課, 2009, 2011, 2012 ほか）．

また，新規侵入地については，なるべく侵入の初期段階で検出し，分布が拡大する前に防除を実施する対策をとることが望ましい．後述する東京や横浜（第 11 章参照）の事例は侵入の検出が比較的分布域が狭い時点で発見でき，その後速やかに防除の体制を構築できたために，防除が効果的に実施された好例であるといえよう．環境省自然環境局野生生物課の業務を自然環境研究センターが請け負って，2010 年度よりアリ類を中心とした外来生物の侵入警戒モニタリングを国際空港や主要な港湾の踏査により実施している．2012 年度の踏査経路の総延長は 600 km を超えるものである．東京都大田区と大阪市住之江区の侵入地はこの調査で発見されたもので，そのうち東京の事例はその後の防除につながっている（図 9.3）．侵入検出のためには，

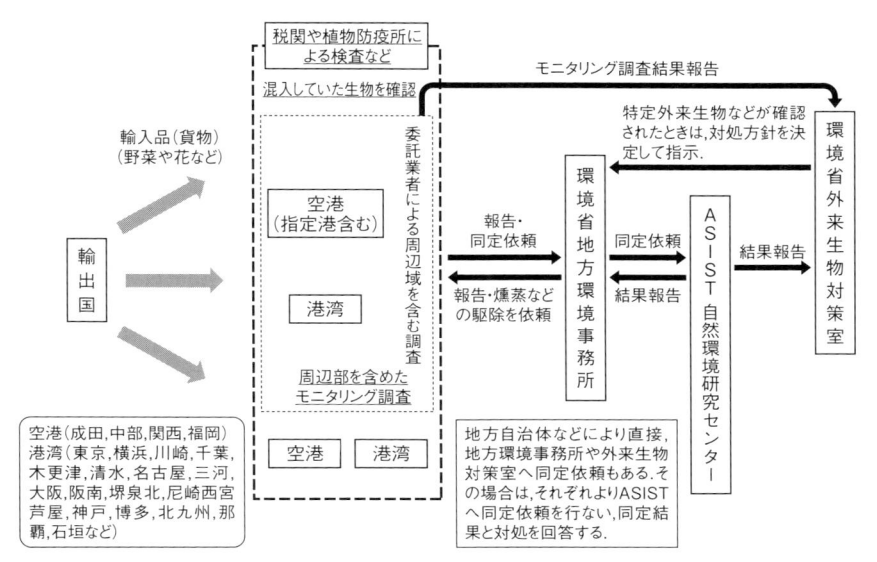

図 9.3 外来アリ類の侵入警戒体制図．ASIST は Alien Species Identification Support Team の略称．

行政，研究者のみならず，一般の市民やペストコントロール業者が最初に出会うことが多いと考えられるため，実際の発見に果たす役割が大きく，新規侵入地のいち早い検出のためにも，一般への普及・啓発は重要であろう．

9.3.2 分布拡大の防止

既侵入地ではほかの地域に分布が飛び火しないよう，分布拡大防止の措置をとることも重要である．アルゼンチンアリは，結婚飛行を行なわないために，自力での分散能力は低いものの，人間が介在した長距離の跳躍的分散（long distance jump-dispersal）により，侵入地で分布を拡げていく（Suarez *et al.*, 2001；第3章参照）．なかでも警戒すべきは，土砂や土のついた植栽木や園芸植物の移動である．行政や民間の事業レベルで行なわれる土木工事や植物の移植，伐採・剪定された木や枝，除草後の廃棄の際や，個人レベルの引越しにともなう物資の移動でも本種が随伴して移動・分散することも考えられる．そのため，侵入地からの物資の移動には注意が必要である．横浜の本牧埠頭では，筆者らによる防除活動実施中に道路の改修工事が行なわ

れたが，その際には拡散抑止の措置がとられた．具体的には，アルゼンチンアリの生息範囲で使用した重機や機材については，念入りに水洗処理を行なうこと，運び出す必要のある土砂やがれきについては直接沖合への海中投棄が実施されるなどの配慮がなされた．

9.3.3　防除計画の策定

アルゼンチンアリを防除するにあたり，まず，その目標を明確化する必要がある．実行可能性を考慮して，根絶を目指すのか密度低減を目指すのかにより，どのような戦略で防除を実施するかが異なる．目標設定のためには，被害の程度，予算，対象地域の面積，侵入初期かどうかという定着状況のほか，防除の主体はどこであるか，土地の利用形態と管理の状況，土地所有者からの同意や許可が得られるかどうかということなどを検討する必要がある．防除実施地域の設定には，アルゼンチンアリの再侵入の可能性を考慮すべきで，アルゼンチンアリの拡散経路になりにくい，広い舗装道路や河川，水路などの境界を障壁として活用することが有効である．計画策定に先立って当該地域の分布の詳細・生息状況を把握することは必須で，生息地域の全域が含まれるように防除区域を設定するか，もしくは分布拡大を妨げる障壁に囲まれた単位を防除区域として設定することが肝要である．防除の実施にあたっては，行政機関が中心となり予算確保のうえ，事業化されることが望ましいが，土地の管理主体，もしくは住民の協力による防除も十分可能と考えられる．防除計画の作成の際に防除主体や協力関係について整理しておくことも重要である．

9.3.4　防除の実施

防除の実施にあたっては1つの生息範囲を防除区域と定め，その区域全体で同時に集中的に防除を実施する「一斉防除」が効果的である．区域内の一部で防除を行なった場合はすぐに再侵入が起こるため，再侵入が起こらない単位で，一斉に防除を行ない一度に全体の個体群密度を下げることで，防除を効率的に行なうことが可能である．一斉防除の実際については環境省や自治体による実施マニュアルが作成され，公表されている（アルゼンチンアリ対策広域行政協議会，2011；環境省中部地方環境事務所，2012；環境省

自然環境局野生生物課外来生物対策室，2013）．

　現在のところ，密度低減・根絶にもっとも効果的な防除手法はベイト剤の設置である．設置の時期については，アルゼンチンアリの活動は 10-30℃ の間で活発になるという報告（Vega and Rust, 2001 ほか）があるため，気温が 10℃ 以下では防除効果が薄いと考えられる．そのため冬期に広範囲にベイト剤を設置することは非効率であるが，冬でも暖かくなる日には採餌を行なうため，冬でも巣の近くに少量設置するなどは，ほかに餌が少ない季節であるので，むしろ有効かもしれない．春になり個体数が急増するのを抑える効果や，5-6 月に羽化すると考えられる新女王候補の幼虫にベイト剤を届けるという効果を考慮するなら，早春暖かくなる 3-4 月のベイト剤設置はたいへん有効と考えられる．また，女王の産卵は 28℃ でもっとも活発になるため（Abril et al., 2008），温度がそこまで上昇する前に女王までベイト剤が届くように投与することが望ましい．

　アルゼンチンアリの個体群への防除効果を最大に考えつつも，環境影響や経済的なコストを減らす観点からは，できるだけ薬剤処理の量は少ないほうが望ましい．重要なことは，そこに存在するアルゼンチンアリ個体群の生息密度を「ある程度」に抑えつつ，無計画に長期間にわたり薬剤処理をし続けるよりも，短期に集中した薬剤処理を行ない，一斉にアリ密度を下げたうえで，モニタリングをしつつ必要な箇所で一斉防除を定期的に行なうという戦略のほうが，効果のうえでも環境負荷，経済性の観点からも，望ましいということである．

9.3.5　モニタリング

　防除の効果を確認するためには，定期的なモニタリングが有効である．モニタリングの手法としては，①目視による確認，②餌（ベイト）による誘引，の 2 つが考えられる（表 9.2）．①の目視による確認には，踏査による分布の確認，行列の密度確認が代表的な方法としてあげられる．②餌（ベイト）による誘引としては，直接計数，餌の消費量の確認，トラップによる確認などがある．

　踏査による目視確認は，アルゼンチンアリの確認範囲面積の推移で示すことができる．この方法は，防除対象地内を踏査し，アルゼンチンアリの分布

表 9.2 各モニタリング手法の特徴の違い.

方法		取得されるデータ	長所・短所などの特徴
①目視観察	a）踏査	分布の拡がり，生息範囲	・短時間に広域を調査可能. ・低密度の場合に検出が困難.
	b）行列の密度確認	定点における生息密度	・1回の調査で調査が完結する. ・低密度の場合に検出が困難.
②ベイトによる誘引	a）直接計数	餌に集まる個体数	・デジタルカメラによる簡便な記録が可能. ・餌の設置から数時間後に計数が可能. ・高密度の場合の正確な目視確認は困難.
	b）餌の消費量の確認	採餌行動の頻度から，相対的な密度を把握	・設置と回収の最低2回の調査が必要. ・液体の餌の場合は雨天には不適.
	c）トラップによる捕獲 c-1）ピットフォールトラップ	個体数	・正確な計数が可能. ・アリ以外の地上徘徊性の動物も計数可能. ・アスファルトやコンクリート面では使用不可. ・計数に時間がかかる. ・設置に時間がかかる. ・サンプルがよい状態で保存可能.
	c-2）粘着式トラップ	個体数	・正確な計数が可能. ・アスファルトやコンクリート面でも使用可能. ・アリ以外の地上徘徊性の動物も計数可能. ・計数に時間がかかる. ・サンプルの状態は悪くなる.

確認範囲をGPS端末などを利用，もしくは詳細な地図上に記録し，継時的に比較を行なうことで，分布の縮小もしくは拡大をとらえるものである．防除対象地域をメッシュで切った基図をつくっておくと，確認されたメッシュ数の推移でも防除の効果をわかりやすくとらえることができる．

行列の密度確認は，モニタリング箇所を固定して印をつけておき，その場所にみられるアルゼンチンアリの行列の密度を目視により記録するものである．30秒もしくは1分間での通過する個体数を記録し，個体数が非常に多い場合は概数で100以上，200以上などと記録する．

直接計数は，モニタリング箇所を固定して餌を置き，一定時間経過後に集

まったアルゼンチンアリの個体数を数えるものである．筆者は 30% ショ糖液（砂糖水）を 5 cm 角程度の脱脂綿にしみこませたものを設置し，1 時間後に見回り，集まった個体数を計数する方法をとっている．また，アスファルトやコンクリートの上に限定されるのであれば，紙皿を粘着テープで固定したものにショ糖液をぬりつけて同様に計数する方法も簡便で取り扱いが容易である．これらの計数は，個体数が多い場合は概数になってしまうこともあるが，デジタルカメラで撮影しておいて後から正確な数を計数することも可能である．

　餌の消費量の確認は，モニタリング箇所を固定して容器に一定量の餌を置き，一定時間経過後にその残量を計測することで消費量を割り出す方法である．具体的にはマイクロチューブなどにショ糖液や固形ベイトを一定量置き，12 時間程度の時間の後に回収し，重量を計測して消費量を把握するなどの方法がある．

　トラップによる確認は，プラスチックカップなどを地中に埋め，そこに石鹸水（界面活性剤の役割を果たす）や保存液もしくはショ糖液などの餌を入れるピットフォールトラップを利用する方法と，粘着トラップを設置する方法があり，それぞれ捕獲された個体数を計数するものである．ピットフォールトラップは保存液のみで餌を入れないものと餌を入れ誘引するものがある．この手法は，地表徘徊性の昆虫の定量的サンプリング法としてはもっとも一般的・代表的なものの 1 つである．しかし，日本における侵入地は都市部や工業地が多く，アスファルトやコンクリートに囲まれたこれらの場所ではカップを埋めることが物理的に不可能なことが多い（第 11 章参照）．また，ピットフォールトラップの結果はほかのモニタリング法に比べて日による変化が大きく，計数に時間がかかるため（Alder and Silverman, 2004），本種の防除効果を評価するモニタリング法としてはあまり適当ではないと考えられる．粘着式トラップは組み立て式のもので，粘着剤に付着したアリの個体数を数えることで生息状況をモニタリングすることができる．両面テープなどで地面に接着することができ，舗装された道路では有効な手段である．

9.4 国内の防除事例

9.4.1 東京都大田区

　東京都大田区の大井埠頭，ならびにその南東に隣接する城南島は1960年代から1970年代にかけて造成された埋立地で，国内有数の海上運輸の物流拠点である．前述の環境省が実施する外来生物の侵入警戒モニタリングにおいて，業務を受託した自然環境研究センターにより2010年10月に大井埠頭の東海4丁目で，少し離れた城南島海浜公園周辺では同11月にアルゼンチンアリの生息が確認された（環境省自然環境局野生生物課外来生物対策室，2013）．環境省，国立環境研究所およびフマキラー株式会社が連携し，根絶を目標とした事業が2011年の4月に開始された．まずは，計画策定に先立ち行なわれた生息範囲の調査により，大井埠頭では生息範囲が8.5 ha以内，城南島では16 ha以内と特定された．根絶の防除期間を3年に定め，フィプロニルを有効成分とするベイト剤および液剤を使用した化学的防除が開始された．月に一度フィプロニル含量0.005%のベイト剤を5 m間隔（高薬量設置区），もしくは10 m間隔（低薬量設置区）に設置した．薬剤の投与量は，個体群動態のモニタリングをあわせて実施し，その結果にあわせて個体群密度が高いときには薬量を増やし，個体群密度が低いときには薬量を減らすなど順応的な薬剤投与を実施した．さらに，大きなコロニーを発見した際には液剤（フィプロニル含量0.005%）の散布も補助的に行なった．途中経過ではあるが，2013年春の2年が経過した段階で，大井埠頭においては個体がまったく確認されない状態が続いており，城南島では個体の生存の確認される場所は数カ所に点在するのみとなっている．個体数のモニタリングから，ベイト剤設置後1年で，99.75%の防除効率を達成しており，完全根絶が期待される．また，この事業ではコスト算出も行なっており，高薬量設置区で約134000円/ha/年および低薬量設置区で約66000円/ha/年，2年目では，発生状況にあわせて薬剤を減量したため，それぞれ約68000円/ha/年，および約53000円/ha/年の薬剤の経費がかかると算出されている．

9.4.2 環境省防除モデル事業

環境省では 2005 年度より，特定外来生物の防除手法の検討，防除実施体制の構築を目指したモデル事業を実施し，その成果をマニュアルや事例集としてとりまとめて公表することで，地域の多様な主体（地元自治体，住民，民間など）による防除の推進を図っている．これまでに対象とされた特定外来生物は，アライグマ *Procyon lotor*，カミツキガメ *Chelydra serpentina*，オオクチバス *Micropterus salmoides* とアルゼンチンアリである．アルゼンチンアリの防除モデル事業は，2006-2008 年度の 3 カ年にわたり，広島県-山口県の定着地および愛知県田原市で，また，2009-2011 年度の 3 カ年にわたり，岐阜県各務原市で実施された．

広島から山口にかけての事業では，まず，広域にわたり詳細な分布情報が把握され，新規の侵入地では詳細な分布調査が実施された．また，小規模な孤立個体群の根絶試験として，広島県廿日市市の 0.48 ha の埋立地で年 2 回のベイト剤設置が行なわれたが，個体数は低レベルに抑えることはできたものの，周囲からの再侵入もあり根絶には至らなかった．田原市の事業でも，まず詳細な分布情報が把握された．また，この事業ではベイト剤の誘引性の試験，小規模な駆除試験を行なった後，わが国でははじめての一斉防除が地域住民の協力により実施された．住民によるベイト剤の設置，餌源となるアブラムシ・カイガラムシなどの防除，液剤の散布を組み合わせて実施された．防除直後には個体数が減少したものの，根絶には至らなかった．各務原市の事業でも，試験的な一斉防除が実施された．ここでは年 1 回の防除であれば，どの季節に実施するかを検討するために，4 月，6 月，9 月のそれぞれの時期にベイト剤設置を行ない，6 月の防除がもっとも個体数を減少できるという結果が得られている．

9.4.3 その他

自治体や協議会による防除も全国各地で行なわれ始めている．もっとも分布域の広い中国地方では，2008 年度からアルゼンチンアリ対策広域行政協議会（広島県，廿日市市，大竹市，山口県，岩国市，柳井市が参画）が，「アルゼンチンアリ防除モデル事業」を実施し，その後も「地域ぐるみのモ

デル防除試験」の実施，より地域に根ざした「アルゼンチンアリ一斉防除マニュアル」の作成などが推進されている．田原市では，市および関係自治会長などからなる田原市アルゼンチンアリ対策協議会により，平成2009年度から「田原市アルゼンチンアリ対策事業」が実施されている．各務原市でも2012年度から市と地元自治会による協議会が立ち上がり，一斉防除が進められている．上記の3つの事業では，環境省の防除モデル事業で得られた経験が活用されている．

静岡市清水区では静岡県が2013年度から定期的にベイト剤の設置を行ない，あわせてモニタリングを行なうという防除を開始している．京都市伏見区では京都市，京都府，環境省，国土交通省，地域住民，鉄道会社の協力によるベイト剤の設置が2012年から実施されている．京都の侵入地は住宅地のほか，民間企業の管理する工場，府が管理する公園，国土交通省が管理する河川敷，鉄道会社が管理する線路など，生息地にはさまざまな管理者がかかわっており，これらの連携・協力により事業が実施されていること，多くの住民ボランティアにより実施されている点で注目に値する．岡山市の新規侵入地でも環境省中国四国環境事務所により，防除に向けた調整が進められている．このように全国各地で防除が始まっており，成果が期待されるところである．

9.5　今後の課題

9.5.1　手法の開発

防除を効果的・効率的に推進するためには，防除手法の開発が欠かせない．現状では，もっとも有効な防除手法はベイト剤によるものであり，ベイト剤の開発においては，アルゼンチンアリの栄養要求および嗜好性についての研究が重要である．アルゼンチンアリの餌の好みは季節で変わるという報告（Markin, 1970 ; Krushelnycky and Reimer, 1998）があり，女王が多くの卵を生産する必要があるため，春から初夏にはタンパク質の要求が高く，それ以外の時期は糖分が好まれるので，防除においても，初夏にタンパク質のベイト剤を夏から秋にはショ糖の液体ベイト剤を与えるのがよいという提案も

なされている（Rust *et al.*, 2000）．また，侵入直後は昆虫を多く食べ，時間が経つと甘露などの液状の餌に変わるという報告もある（Tillberg *et al.*, 2007）．しかし，日本に侵入したアルゼンチンアリでは，このような研究報告はなされておらず，効率的な防除を確立するうえでも餌の好みに関する研究の進展が望まれる．アリの防除にあたり，女王を効果的に殺すことができるかが肝心であり，女王をすべて殺すことができればすべてのワーカーを根絶する必要がないというくらいである．アリの種によって好みの餌や生態が異なるため，ベイト剤はアルゼンチンアリに適したものを探索する必要がある．また，環境影響を考えたなるべく負荷の少ない手法の開発も望まれる．コラム-4で示されたIGRの利用や第10章と第11章のフェロモン剤を有効活用した防除法の開発が有望である．

ベイト剤をどの程度，どのくらいの頻度で置けばよいかということも追求するべき問題として残っている．東京や横浜での防除の事例では，5 m もしくは10 m間隔でベイト剤を設置し，ほぼ月1回の間隔でベイト剤の補充を行なうという方法を2年間進めると，根絶に近い状態にすることができている．予算や人員が限られている場合に，どの程度まで簡略化が可能かというのは，各地で実際に防除を進めるうえで重要な点となるだろう．

9.5.2　体制の構築

防除を実際に推進するにあたっては，実施体制の構築が重要となってくる．行政機関が中心となる場合，十分な予算を確保することができなかったり，複数年度にわたる予算の獲得が困難な場合がある．外来生物の防除全般にいえることだが，防除の当初は対象生物が目に見えて減少することが多いが，密度が低減してからの防除には時間もかかり，根気が必要となる．対策費が税金でまかなわれる場合には，被害が低減すれば予算が継続しないことも懸念されるが，残存個体群を残してしまうと，再度増加し被害が出ることは明らかなため，そのようなことがないよう予算獲得の努力が行政には求められる．また，地域での防除活動については，地方自治体，地域住民，関連行政機関，土地管理者の連携が不可欠である．今後は，個別の地域で防除を継続している事例を収集・分析し，防除実施体制を構築するための方策を検討する必要がある．防除を実施するにあたっては専門家の参画や連携も求められ

るところであるが，現在のところ，アルゼンチンアリの生態や防除についての専門家はごく限られており，人材の育成も必要である．本種の防除に関する知見と経験は，まだまだ不足しており，各地で実施されている防除・調査研究を通じて得られた最新の知見や技術にもとづいて，防除の現場で活用できるよう，成功も失敗も含めて防除主体の間で共有し，さらに効果的な防除を行なえるように，大きな枠組みの連携も必要であろう．

引用文献

Abril, S., J. Oliveras and C. Gómez. 2008. Effect of temperature on the oviposition rate of Argentine ant queens (*Linepithema humile* Mayr) under monogynous and polygynous experimental conditions. Journal of Insect Physiology, 54 (1) : 265-272

Alder, P. and J. Silverman. 2004. A comparison of monitoring methods used to detect changes in Argentine ant (Hymenoptera : Formicidae) populations. Journal of Agricultural and Urban Entomology, 21 : 142-149.

アルゼンチンアリ対策広域行政協議会．2011．アルゼンチンアリ一斉防除マニュアル．アルゼンチンアリ対策広域行政協議会．

Baker, T. C., S. E. Van Vorhis Key and L. K. Gaston. 1985. Bait-preference tests for the Argentine ant (Hymenoptera : Formicidae). Journal of Economic Entomology, 78 (5) : 1083-1088.

Brinkman, M. A., W. A. Gardner, R. M. Ipser and S. K. Diffie. 2001. Ground-dwelling ant species attracted to four food baits in Georgia. Journal of Entomological Science, 36 : 461-463.

Causton, C. E., C. R. Sevilla and S. D. Porter. 2005. Eradication of the little fire ant, *Wasmannia auropunctata* (Hymenoptera : Formicidae), from Marchena Island, Galápagos : on the edge of success? Florida Entomologist, 88 (2) : 159-168.

Daane, K. M., K. R. Sime, B. N. Hogg, M. L. Bianchi, M. L. Cooper, M. K. Rust and J. H. Klotz. 2006. Effects of liquid insecticide baits on Argentine ants in California's coastal vineyards. Crop Protection, 25 (6) : 592-603.

東　正剛・緒方一夫・ポーター，S. D. 2008．ヒアリの生物学――行動生態と分子基盤．海游舎，東京．

Holway, D. A. 1999. Competitive mechanisms underlying the displacement of native ants by the invasive Argentine ant. Ecology, 80 : 238-251.

Hooper-Bui, L. M. and M. K. Rust. 2000. Oral toxicity of abamectin, boric acid, fipronil, and hydramethylnon to laboratory colonies of Argentine ants (Hymenoptera : Formicidae). Journal of Economic Entomology, 93 (3) : 858-864.

Hooper-Bui, L. M., A. G. Appel and M. K. Rust. 2002. Preference of food particle size among several urban ant species. Journal of Economic Entomology, 95 (6) : 1222-1228.

Human, K. G. and D. M. Gordon. 1996. Exploitation and interference competition between the invasive Argentine ant, *Linepithema humile*, and native ant species. Oecologia, 105 : 405-412.

環境省中部地方環境事務所．2012．アルゼンチンアリ一斉防除マニュアル．環境省中部地方環境事務所，名古屋．

環境省自然環境局野生生物課．2009．平成20年度外来生物問題調査検討業務報告書．環境省自然環境局野生生物課，東京．

環境省自然環境局野生生物課．2011．平成22年度外来生物問題調査検討業務報告書．環境省自然環境局野生生物課，東京．

環境省自然環境局野生生物課．2012．平成23年度外来生物問題調査検討業務報告書．環境省自然環境局野生生物課，東京．

環境省自然環境局野生生物課．2013．平成24年度外来生物問題調査検討業務報告書．環境省自然環境局野生生物課，東京．

環境省自然環境局野生生物課外来生物対策室．2013．アルゼンチンアリ防除の手引き（改訂版）．環境省自然環境局野生生物課外来生物対策室，東京．

Klotz, J. H., L. Greenberg, H. H. Storey and D. F. Williams. 1997. Alternative control strategies for ants around homes. Journal of Agricultural Entomology, 14 (3) : 249-257.

Klotz, J., L. Greenberg and E. C. Venn. 1998. Liquid boric acid bait for control of the Argentine ant (Hymenoptera : Formicidae). Journal of Economic Entomology, 91 (4) : 910-914.

Klotz, J. H., L. Greenberg, C. Amrhein and M. K. Rust. 2000a. Toxicity and repellency of borate-sucrose water baits to Argentine ants (Hymenoptera : Formicidae). Journal of Economic Entomology, 93 (4) : 1256-1258.

Klotz, J., L. Greenberg and G. Venn. 2000b. Evaluation of two hydramethylnon granular baits for control of Argentine ant (Hymenoptera : Formicidae). Sociobiology, 36 (1) : 201-207.

Klotz, J. H., M. K. Rust, H. S. Costa, D. A. Reierson and K. Kido. 2002. Strategies for controlling Argentine ants (Hymenoptera : Formicidae) with sprays and baits. Journal of Agricultural and Urban Entomology, 19 (2) : 85-94.

Klotz, J. H., M. K. Rust, D. Gonzalez, L. Greenberg, H. Costa, P. Phillips, C. Gispert, D. A. Reierson and K. Kido. 2003. Directed sprays and liquid baits to manage ants in vineyards and citrus groves. Journal of Agricultural and Urban Entomology, 20 (1) : 31-40.

Klotz, J. H., M. K. Rust, L. Greenberg, H. C. Field and K. Kupfer. 2007. An evaluation of several urban pest management strategies to control Argentine ants (Hymenoptera : Formicidae). Sociobiology, 50 (2) : 391-398.

Krushelnycky, P. D. and N. J. Reimer. 1998. Bait preference by the Argentine ant (Hymenoptera : Formicidae) in Haleakala National Park, Hawaii. Environmental Entomology, 27 (6) : 1482-1487.

Markin, G. P. 1970. The seasonal life cycle of the Argentine ant, *Iridomymex humilis* (Hymenoptera : Formicidae) in southern California. Annals of Entomological Society of America, 63 : 1238-1942.

Meissner, H. E. and J. Silverman. 2001. Effects of aromatic cedar mulch on the Argentine ant and the odorous house ant (Hymenoptera : Formicidae). Journal of Economic Entomology, 94 (6) : 1526-1531.

Orr, M. R., S. H. Seike, W. W. Benson and D. L. Dahlsten. 2001. Host specificity of *Pseudacteon* (Diptera : Phoridae) parasitoids that attack *Linepithema* (Hymenoptera : Formicidae) in South America. Environmental Entomology, 30 (4) : 742-747.

Phillips, P. A. and C. J. Sherk. 1991. To control mealy bugs, stop honeydew-seeking ants. California Department of Agriculture, Occasional Papers, 45 : 26-28.

Rust, M. K., K. Haagsma and D. A. Reierson. 1996. Barrier sprays to control Argentine ants (Hymenoptera : Formicidae). Journal of Economic Entomology, 89 (1) : 134-137.

Rust, M. K., D. A. Reierson, E. Paine and L. J. Blum. 2000. Seasonal activity and bait preferences of the Argentine ant (Hymenoptera : Formicidae). Journal of Agricultural and Urban Entomology, 17 (4) : 201-212.

Rust, M. K., D. A. Reierson and J. H. Klotz. 2003. Pest management of Argentine ants (Hymenoptera : Formicidae). Journal of Entomological Science, 38 : 159-169.

Rust, M. K., D. A. Reierson and J. H. Klotz. 2004. Delayed toxicity as a critical factor in the efficacy of aqueous baits for controlling Argentine ants (Hymenoptera : Formicidae). Journal of Economic Entomology, 97 (3) : 1017-1024.

Shorey, H. H., L. K. Gaston, R. G. Gerber, P. A. Phillips and D. L. Wood. 1992. Disruption of foraging by Argentine ants, *Iridomyrmex humilis* (Mayr) (Hymenoptera : Formicidae), in citrus trees through the use of semiochemicals and related chemicals. Journal of Chemical Ecology, 18 (11) : 2131-2142.

Silverman, J. and T. H. Roulston. 2001. Acceptance and intake of gel and liquid sucrose compositions by the Argentine ant (Hymenoptera : Formicidae). Journal of Economic Entomology, 94 (2) : 511-515.

Silverman, J. and T. H. Roulston. 2003. Retrieval of granular bait by the Argentine ant (Hymenoptera : Formicidae) : effect of clumped versus scattered dispersion patterns. Journal of Economic Entomology, 96 (3) : 871-874.

Silverman, J. and R. J. Brightwell. 2008. The Argentine ant : challenges in managing an invasive unicolonial pest. Annual Review of Entomology, 53 : 231-252.

Sisk, C. B., H. H. Shorey, R. G. Gerber and L. K. Gaston. 1996. Semiochemicals that disrupt foraging by the Argentine ant (Hymenoptera : Formicidae) :

laboratory bioassays. Journal of Economic Entomology, 89 (2) : 391-395.
Stanley, M. C. 2004. Review of the efficacy of baits used for ant control and eradication. Landcare Research Contract Report : LC0405/044. Ministry of Agriculture and Forestry, Auckland.
Suarez, A. V., D. A. Holway and T. J. Case. 2001. Patterns of spread in biological invasions dominated by long-distance jump dispersal : insights from Argentine ants. Proceedings of the National Academy of Sciences of U.S.A., 98 (3) : 1095-1100.
Taber, S. W. 2000. Fire Ants. Texas A & M University Press, College Station, Texas.
Tillberg, C. V., D. A. Holway, E. G. LeBrun and A. V. Suarez. 2007. Trophic ecology of invasive Argentine ants in their native and introduced ranges. Proceedings of the National Academy of Sciences of U.S.A., 104 (52) : 20856-20861.
Vega, S. J. and M. K. Rust. 2001. The Argentine ant : a significant invasive species in agricultural, urban and natural environments. Sociobiology, 37 : 3-25.

コラム-4　アリ用ベイト剤の開発

内海與三郎

　アリ防除において，ベイト剤の有効性は公知となっている．ここでは，ベイト剤の利点，特長ならびに求められる要件について述べる．

ベイト剤の利点と特長
　ベイト剤は，エアゾール剤や粉剤などに比べ，遅効性ではあるものの，巣ごと駆除できる利点がある．また，処理方法の簡便さ，処理者あるいは居住者に対する安全性の高さのみならず，環境汚染や環境負荷の小ささが特長としてあげられる．
　市販ベイト剤の使用方法として，小型の容器に入れ設置するタイプやガラス瓶やシリンジから薬剤を直接取り出し，目的とする場所に処理する簡便なものに仕上げられている．ベイト剤を容器に入れて使うことにより，薬剤自体の流亡や吸湿・紫外線による劣化が抑えられる利点もある．また，アリを防除対象としているため，殺虫成分濃度が比較的低いこともあり，薬剤自体の安全性は高いといえる．剤型としては液体タイプもあるが，顆粒剤とジェル剤が主流で，薬剤の飛散による吸入のおそれはない．一般に，ベイト剤には，安息香酸デナトニウムやトウガラシエッセンスなどの誤食防止剤が配合され，安全使用に配慮されている．ベイト剤はスポット的に処理することが多く，ほかの薬剤に比べ環境におよぼす影響は小さい．
　アルゼンチンアリを防除対象とした場合，地表活動性の在来アリにも配慮する必要があるが，標的外生物におよぼす影響の小さいベイト剤の使用は適切であるといえる．横浜市および徳島市で実施されたアルゼンチンアリ防除事業（鈴木ほか，2009；内海ほか，2012）でもベイト剤が使用され，防除対象としたアルゼンチンアリの減少にともない薬剤処理域は縮小し，本種の侵淫区域で姿を消していたトビイロシワアリ *Tetramorium tsushimae*，ルリアリ *Ochetellus glaber*，クロオオアリ *Camponotus japonicus*，インドオオズアリ *Pheidole indica* などの在来種の回復がみられている．

アリ用ベイト剤に求められる要件
　アリ用ベイト剤の使用は，エアゾール剤や粉剤などのように，ワーカーを速効的に駆除することが目的ではなく，あくまでも巣の崩壊を狙ったも

のである．そのため，アリがベイト剤を好んで摂食して運搬し，確実に巣まで持ち帰らせる必要があることから，アリ用ベイト剤には，アリが好む基材と忌避性を示さない遅効性の殺虫成分が用いられなければならない．

①アリが好んで摂食・運搬する基材と剤型の選定

アリの食性としては，食蜜性，食肉性，食穀性などが知られ，ベイト剤の基材として，アリが好む天然物原料（動物性・植物性），糖類，油脂などが配合されるが，アリの種類によって基材に対する誘引性と嗜好性はさまざまである．同一基材で複数種を防除する場合，さまざまなアリに対し優れた誘引性と嗜好性を示すものを用いる必要がある．

アリが餌を巣まで運搬する手段として，餌そのものを大あごでくわえて運び込む場合と，いったん餌を胃のなかにためた状態で巣に戻り，巣の仲間に分け与える場合がある．また，同種であっても，巣の状態や季節により食性が変化することも経験している．市販のベイト剤のなかには，顆粒状とジェル状のベイト剤を同一容器内に併置しているものもあるが，複雑なアリの食性にうまく対応しているといえよう．

アルゼンチンアリの例では，それまでさかんに運搬していた顆粒剤であっても，猛暑の時期には見向きもせず，代わりに水分量の多いジェル剤に群がる様子を確認している．また，アリは水平面のみならず，樹幹やコンクリート壁面などの垂直面でも活動するが，垂直面でも落下せず，簡単に処理できるジェル剤の使用は有効である．

このように，複雑なアリの食性や行動に対応するために，1つの容器に異なる基材を入れたり，違った剤型を用いたりすることは，アリのベイト剤に対する接触機会を増やすことにつながり，防除効果を高めるうえで重要である．また，顆粒剤については，アリの運搬に適した大きさに仕上げる必要があり，ジェル剤については，すぐに乾燥しない工夫が必要である．

②アリが忌避性を示さない遅効性の殺虫成分の選定

ベイト剤に用いる殺虫成分の選定にあたっては，アリが忌避性を示さないことと，ある程度の遅効性を有することが必須で，アリが巣に戻る前に効果が発現してしまう速効性の殺虫成分はベイト剤には適さない．また，少量で食毒効果の大きいものが望ましい．

市販されているアリ用ベイト剤の殺虫成分としては，ヒドラメチルノン（アミジノヒドラゾン系），フィプロニル（フェニルピラゾール系），ジノテフラン（フラニコチニル系），イミダクロプリド（クロロニコチニル系），インドキサカルブ（オキサジアジン系），ホウ酸・ホウ砂，昆虫成長制御剤などがあげられる．遅効性の薬剤では連鎖的な殺虫効果が期待でき，ア

リを巣ごと駆除しやすい．なお，これら殺虫成分ごとにアリが摂食忌避を示す濃度が異なるため，十分な基礎および実地試験を行なって，適切な含量を設定し，効果を確認する必要がある．

昆虫成長制御剤としては，幼若ホルモン様物質やキチン合成阻害剤があげられるが，遅効性ではあるものの，いずれも微量で高い羽化・脱皮阻害効果や不妊効果を示すため，単独剤やほかの殺虫成分との合剤がアリ用ベイト剤に用いられている．徳島市で実施されたアルゼンチンアリ防除事業

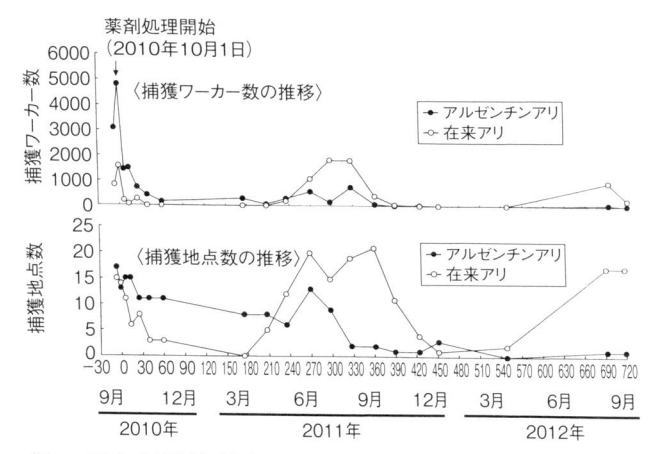

図1 昆虫成長制御剤（ビストリフルロン）とホウ酸を含有するベイト剤のアルゼンチンアリに対する防除効果（徳島市：内海ほか，2012）．

図2 アルゼンチンアリのワーカーによる顆粒状ベイト剤の運搬．

ではキチン合成阻害剤を含むベイト剤が使用され，優れた効果が得られている（図1，図2：内海ほか，2012）.

引用文献
鈴木　俊・砂村栄力・寺山　守・田付貞洋・坂本洋典・岸本年郎・森　英章・内海與三郎・福本毅彦．2009．横浜港におけるアルゼンチンアリ根絶防除の試み．第53回日本応用動物昆虫学会大会講演要旨集．
内海與三郎・濱田匡央・安藝良平・亀井伸浩・鈴江光良・渡辺　誠・乾　崇．2012．徳島市における新規ベイト剤のアルゼンチンアリに対する防除効果――その後の状況．第28回日本ペストロジー学会大会講演要旨集．

コラム-5　チリチリマタンギ島の防除事例

坂本洋典

　チリチリマタンギ島（Tiritiri Matangi Island）とはニュージーランド北島の，この国で最大の都市オークランドからハウラキ湾を挟んで，北東およそ30 kmの距離にある254 haほどの小島である．奇妙な名前は，この島を発見したマオリ族の「風吹く島」という言葉に由来する．伊豆大島の3％程度の面積しかない小さな島だが，入植により従来の自然を一度失った後に，在来の植生回復と外来哺乳類の除去がなされ，ニュージーランド全体で絶滅の危機に瀕している生物を放し，半自然的に保護・増殖する場として著名である．たとえば，タカヘ *Porphyrio mantelli* など，ニュージーランドを代表する飛べない鳥たちが庇護されている．こうした事情から，2000年にこの島でアルゼンチンアリが発見されたことは重要な出来事であった．そして，この島での防除は希少な成功事例として世界に知られることになる．

　防除は，2001年2月（南半球の夏）から5年計画された（Harris, 2002）．アルゼンチンアリの侵入地は，島面積のおよそ4％にあたる，沿岸付近の約11 ha（東京ドーム2.3個分の広さ）だったが，この全域にフィプロニル（遅効性の殺虫剤）を殺虫成分とするアルゼンチンアリ用に新たにつくられたベイト剤が，2-3 mの格子状という非常に高密度で設置された．集中的な防除の効果により，処理後2週間ほどで99％以上のアルゼンチンアリの駆除に成功した．処理後3カ月後には，わずかな残存個体しかみられなくなったとされる．この一斉防除を，2001年には春・秋の2回行ない，その後の期間は確認のためのモニタリングが行なわれた．その結果，生態系への影響が懸念される数のアルゼンチンアリはその後確認されていない．他方，残存個体が少数再発見されることも複数あり，継続的な観察はいまだ必要である．

　筆者は，この「アルゼンチンアリから守られた島」に強い関心を抱いていたが，2010年5月に島を訪れる機会を得た．オークランドより40分ほど，島に渡る船は小さな遊覧船で，多くのバードウォッチャーが双眼鏡を抱えて同乗していた．心地よい海風に吹かれ，船からみたこの島は，予想以上に小さくなだらかな島だった（図1）．アルゼンチンアリが当初発見されたのは，船着き場近くの海岸沿いの草地とのことだったが，草地はごくごく小さい面積で，島の中央に向け10分も歩く前に林によって隔離

図1　チリチリマタンギ島の全景.

図2　アルゼンチンアリが侵入した海岸.

され，森林を好まないこのアリの分散には適さない環境だと実感できた（図2）．筆者が長らく防除に携わった横浜と比較し，この島での侵入地はかなりせまいとの印象を強く受けた．また，南半球では初秋と割り引いても，草地は貧相で，多くの昆虫を育むようにはみえなかった．その原因と考えられる，やや寒いニュージーランドの気候は分散を防ぐうえでも幸いだったろう．他方，そうした環境であっても一度侵入したアルゼンチンアリを完全に根絶することはむずかしい．何度も再発見を繰り返す状況．ボランティアのレンジャーたちが厳しく目を光らせる姿から再度それも痛感した．彼らのなかでもとくに島の生物にくわしく，山道をひょいひょいと歩きつつアルゼンチンアリを警戒していた高齢の女性レンジャーにはとく

図 3 チリチリマタンギ島の女性レンジャー（右）と筆者（左）．

に感銘を受けた（図3）．彼女は，なんと86歳とのことだが，自らの手で自然を守り続ける姿は颯爽そのものだった．彼女のような自然に関心をもつ市民を増やすことこそが，在来の自然を守るうえで本質的に重要なのだろう．事実，ニュージーランドは，アルゼンチンアリと同様に世界中で猛威を奮う侵略的外来アリのアカヒアリ *Solenopsis invicta* の侵入を，二度にわたり，市民が早期に発見して撃退した国として知られる（東ほか，2008）．日本においても，アルゼンチンアリの拡散防止に，市民による早期発見が果たす役割は大きく，ニュージーランドは1つの見本となりうるだろう．

引用文献

Harris, R. J. 2002. Potential impact of the Argentine ant (*Linepithema humile*) in New Zealand and options for its control. Science for Conservation, 196 : 1-36.

東　正剛・緒方一夫・ポーター，S. D. 2008. ヒアリの生物学——行動生態と分子基盤．海游舎，東京．

第10章　道しるべフェロモンによる防除法

田付貞洋

　アリを特徴づける行動である行列は，道しるべフェロモンによって誘導され，餌採りを効率化する重要な役割をもつ．アルゼンチンアリの道しるべフェロモン成分としてはZ9-ヘキサデセナールが知られていたが，興味深いことにこの成分は，筆者らによって解明された，著名なイネ害虫ニカメイガのメス性フェロモン成分の１つでもあった．合成性フェロモンを用いたニカメイガの交信攪乱防除の技術をアルゼンチンアリの防除にも応用できないだろうか．世界でだれも試みたことがない，「合成道しるべフェロモンによる行列行動攪乱」がうまくいけば，世界的な難防除害虫であるアルゼンチンアリの防除にフェロモンを組み入れ，殺虫剤（おもにベイト剤）の使用量を少なくできる可能性がある．本章では，世界初の技術の可能性を探るために行なった，山口県岩国市における数年間にわたる野外実験の概要を中心に紹介する．

10.1　道しるべフェロモン成分——Z9-ヘキサデセナール

10.1.1　アルゼンチンアリの道しるべフェロモン成分

アリの道しるべフェロモン

　アリの行列は巣と餌場の間につくられることが多い．行列ができる原因はアリ道（以下，トレール）に道しるべフェロモン（トレールフェロモン：動員フェロモン）が着けられているからだ．個々のアリはトレール上に着けられたフェロモンを触角で触れながらトレールを前進する．行列をつくること

で餌採りは効率的になる．フェロモンは，餌がなくならないうちは，餌場から巣に帰るワーカーによってトレール上に着けられ，「道しるべ」が強化される．巣のなかではこのフェロモンが巣仲間を大量に動員する働きをもつ．餌がなくなるとトレールにフェロモンは着けられなくなり，動員もなくなって，やがて行列は消滅してしまう．このような機能を果たすため，道しるべフェロモンに使われる化合物は，適度な揮発性や分解性をもち，しかもきわめて低い濃度で作用するという特徴がある（Attygalle and Morgan, 1985；北條・尾崎，2011；序章参照）．

　道しるべフェロモンの化学構造を解明するには，トレールに付着したフェロモンを抽出するのが一番まちがいのない方法だろう．しかし，トレールに着けられるフェロモンがきわめて微量であるため，トレールから抽出・精製して分析することは一般に困難である．そこで，道しるべフェロモンの化学構造決定では，ワーカーの虫体や切除した分泌器官の抽出物から道しるべフェロモン活性をもつ物質をスクリーニングする方法が一般的である．

アルゼンチンアリの道しるべフェロモン

　アルゼンチンアリのパバン腺（腹板腺）に含まれる道しるべフェロモン成分 Z9-ヘキサデセナール（図 10.1）を最初に報告したのはオーストラリアの Cavill らである（Cavill *et al.*, 1979）．ただし，活性の生物検定で集合性を指標にしたため，この論文では「道しるべフェロモン trail pheromone」ではなく，あえて「集合因子 aggregation factor」という用語が使用されている．Cavill らの慎重な姿勢は評価すべきであるが，後にこの成分にはワーカーに行列を形成させる活性が明確に示され（Van VorhisKey and Baker, 1982；田中ほか，2008），道しるべフェロモン成分とすることに問題はないと思われる．ただし，合成した Z9-ヘキサデセナールの活性が天然物に比べ

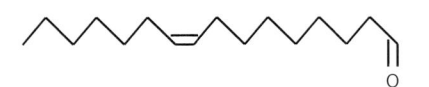

図 10.1　アルゼンチンアリの道しるべフェロモン成分，Z9-ヘキサデセナールの化学構造．

て低いことなどから，Z9-ヘキサデセナール以外に微量成分が存在する可能性が指摘されている（Cavill et al., 1979；Van VorhisKey and Baker, 1982）．実際には本種の道しるべフェロモンは複数成分の混合物かもしれない．これに関しては10.1.3項でも述べる．

10.1.2 ガや寄生蜂の性フェロモンにも使われる Z9-ヘキサデセナール

アルゼンチンアリの道しるべフェロモン成分である Z9-ヘキサデセナールは，じつは筆者自身がかかわったほかの昆虫数種ではメスの性フェロモン成分として同定された物質だった．だから筆者にはとりわけ因縁が深い物質なのである．ガ類（鱗翅目）では，著名な稲作害虫ニカメイガ Chilo suppressalis（ツトガ科，ツトガ亜科；Ohta et al., 1976；Tatsuki et al., 1983；後述）に始まり，熱帯の稲作害虫サンカメイガ Scirpophaga incertulas（ツトガ科，オオメイガ亜科；Tatsuki et al., 1985），およびナス科野菜の害虫タバコガ Helicoverpa assulta（ヤガ科；Sugie et al., 1991）の計3種からこの物質が性フェロモン構成成分として同定された．ガ類のメス性フェロモンは，道しるべフェロモンとは作用の仕方が異なっていて，同じ物質であっても空気中に放出されて，においとして作用する．ガ類以外では寄生蜂の一種ハマキコウラコマユバチ Ascogaster leticulatus（膜翅目：コマユバチ科）からもこの物質がみつかった（Kainoh et al., 1991）．このハチの性フェロモンは，ほかの多くの性フェロモンとは異なり，メスが植物の葉などに付着させたものをオスが歩きながら触角で触れて認識する．これは，道しるべフェロモンに似た作用の仕方である点で興味深い．筆者らの研究で成分の同定結果が Z9-ヘキサデセナールと出たときは，コンタミネーションではないかとたいへん気になった．それは，当時研究室でタバコガの性フェロモンとして同じ物質が同定されていたからである．合成品の活性を確認できてようやく安心した．目が違う2種の昆虫の，作用性が違う性フェロモンの成分が同じ物質だというのもおもしろいが，それが同じ研究室で相次いでみつかるというのはまれなことだろう．アリと寄生蜂はともに膜翅目昆虫という共通点があり，その2種がいずれも Z9-ヘキサデセナールを接触化学的に受容していることも興味深い．

10.1.3 アルゼンチンアリのトレールからみつかった別の道しるべフェロモン成分

2012年，米国のグループからやや衝撃的な報告が出された．アルゼンチンアリの虫体からではなく，実験装置につくらせたトレールから活性物質を抽出し分析したところ，Z9-ヘキサデセナールは検出されず，代わってイリドミルメシンとドリコジアールの2種のイリドイド（図10.2）がみつかり，これらの化合物に道しるべフェロモン活性が認められたというのである（Choe et al., 2012）．ただし，この論文の著者らは，検出限界以下のZ9-ヘキサデセナールが存在する可能性はあるとも述べている．これらイリドイドのフェロモン活性がZ9-ヘキサデセナールよりも低いことから，道しるべフェロモン活性の主体がZ9-ヘキサデセナールで，これらのイリドイドが副成分の可能性も考えられる．Z9-ヘキサデセナールが検出されなかったのは，この物質が非常に不安定であるうえにきわめて微量がトレールに着けられるからかもしれない．なお，イリドミルメシンとドリコジアールは古くから本種に含まれることがわかっており，防御物質として機能すると考えられていたものだが，最近同じ著者らにより，アリが死ぬと短時間のうちにこれらが消失するが，そのことが死体を巣の外に運ぶ行動を引き起こす，という興味深い報告がなされた物質でもある（Choe et al., 2009）．

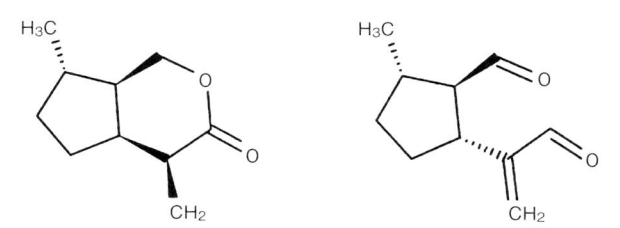

図10.2 アルゼンチンアリのトレールからみつかった新たな道しるべフェロモン成分．イリドミルメシン（左）とドリコジアール（右）の化学構造（Choe et al., 2012 より改変）．

10.2 ニカメイガのメス性フェロモン成分と交信攪乱防除への利用

ここでは，筆者がアルゼンチンアリにかかわることになった経緯を紹介する．

ニカメイガは1960年代までは「日本の稲作害虫の横綱」といわれた著名な害虫である．ところが前世紀後半になると被害は徐々に減少し，1970年代末には日本の大部分でかつての「大害虫」が「ただの虫」になってしまった．しかし，本種にはイネの栽培体系や殺虫剤の変化にいち早く適応してきた過去の歴史がある（桐谷・田付，2009）．そのため，減少しても動向を注視する必要がある要注意害虫，と認識されていた．筆者が所属していた理化学研究所でも，減少傾向にかかわらず1970年からニカメイガの性フェロモンの構造解明を開始した（桐谷・田付，2009）．数年後，フェロモン活性に必須の2成分Z11-ヘキサデセナールとZ13-オクタデセナールを同定できたが（Ohta *et al*., 1976），これら2成分では生きた処女メスの誘引力におよばないことがわかり，未知成分を探索したところ，フェロモン活性を著しく増強する成分Z9-ヘキサデセナールがみつかった（Tatsuki *et al*., 1983）．これにより，性フェロモンの利用にも道が開け，誘蛾灯によっていた発生予察に合成フェロモントラップが採用され（農林水産省，1994），合成性フェロモンを用いた交信攪乱法が確立された（田中ほか，1987；松尾，1999）．

ニカメイガの性フェロモンの第3成分Z9-ヘキサデセナールが，アルゼンチンアリの道しるべフェロモン成分と同じものであることは，文献で知って偶然の一致に驚いた．しかし，日本にいない種でもあり，研究対象にすることは考えなかった．ところが2002年末に，山口県岩国市でアルゼンチンアリが多発し，住民に被害が出て困っている，という情報が筆者のもとにもたらされた．筆者はアリに関しては素人だが，身近に本書の執筆者である寺山守氏の存在があった．同氏は日本を代表するアリの生態と分類の研究者である．こうして，ニカメイガ——Z9-ヘキサデセナール——アルゼンチンアリの偶然のつながりと人のつながりが筆者をアルゼンチンアリ研究に導いてくれることになった．

10.3 道しるべフェロモンで行列攪乱が可能か

10.3.1 行列攪乱防除のアイデア

　地元の要請で 2003 年 1 月に多発地域の現場を視察した寺山氏が見聞きしたのは，まさに「侵入地のアルゼンチンアリは難防除害虫」といわれる状況だった（田付・寺山，2005）．各戸別の殺虫剤散布やベイト剤処理による防除は一時的な効果しかなく，行政の対応も遅れているという．この状況を聞いた筆者には，アルゼンチンアリとニカメイガを結びつける Z9-ヘキサデセナールが浮かんだ．これが役立つかもしれない．ニカメイガで確立した性フェロモンによる交信攪乱の手法をうまく応用すれば，道しるべフェロモンでアルゼンチンアリの行列を攪乱することができるのではないかと考えた．ただし，交信攪乱法が世界中に普及している状況から，このアイデアもだれかが手をつけているかもしれないと思ったが，意外にも調べた限りだれもトライしていなかった．そこで寺山氏に話をしたところ，「おもしろい，ぜひやってみましょう」という前向きの返事に勇気百倍，準備に取りかかった．

10.3.2 岩国市の調査・実験フィールド

　調査と実験のフィールドは，市や地元自治会の方々の全面的な協力により，多発地の中心に位置する岩国市黒磯町の住宅数軒の庭と菜園（いずれもおよそ 100 m^2）が使えることになった．この一帯にはアルゼンチンアリの巣が拡がっており（後に単一のスーパーコロニーに所属することが判明），すでに，どこにでも普通な地表徘徊性の在来アリの姿がまったくみられなくなっていた．合成 Z9-ヘキサデセナールおよびこの成分を高濃度で安定して空中に放出できる攪乱製剤（以後，フェロモンディスペンサー）は信越化学工業株式会社から提供されることになった（コラム-7 参照）．2003 年 4 月から卒論研究をする田中保年がアルゼンチンアリのテーマを選び，いよいよ計画がスタートできる体制が整った．

　同年 5 月 16 日と 17 日の両日，岩国市での最初のフィールド実験が行なわれた．これが，以後数年間にわたる岩国での調査・実験の出発点になった．初回の目的は 2 つあった．第 1 は，岩国に定着したアルゼンチンアリが，

報告されている道しるべフェロモン成分である Z9-ヘキサデセナールに反応するかどうかのチェックである．これはむだなようだが，フェロモンには種内変異が存在する可能性があるので必要なステップである．第 2 は，反応が確認されたら高濃度のフェロモンを出すフェロモンディスペンサーが行列におよぼす影響を調べることである．以上の実験の様子はコラム-6 にくわしい．結果を要約すると，第 1 の実験で岩国のアルゼンチンアリにも Z9-ヘキサデセナールに道しるべフェロモン活性が認められ（田中ほか，2008；寺山，2008），第 2 の実験で高濃度の Z9-ヘキサデセナールが行列を攪乱する作用が明らかになった．

初回に行なった 2 つの実験から，筆者らは，「道しるべフェロモンによるアルゼンチンアリの防除」は試す価値が十分あると判断した．「一定の面積にフェロモンディスペンサーを処理すると，処理区内にある巣のアルゼンチンアリは行列をうまくつくれなくなり，そのために効率的な餌採りができず，処理区内の個体群が徐々に衰退する」というのが防除のシナリオである．これを検証するための実証実験を開始することになった．

10.4　岩国市での実証実験から横浜港での防除実験へ

初回の実験から，現地岩国市黒磯崎自治会のみなさまからは言葉に尽くせないほどさまざまにお世話になった．おかげでその後数年間にわたってこの地で多くの実りある調査・実験を実施できた．研究を担当する学生は田中の後，順次，西末浩司，砂村栄力に引き継がれたが，彼らはみな，現地の方々から家族同然に扱っていただいた．フィールドワークで地元の方からこのような恩恵を受けられるのはきわめてめずらしいことだ．本書が生まれる原動力は，黒磯のみなさまの力強い応援にあった，といってもけっして大げさではない．

ここでは，この間に行なわれ，その後の横浜港における防除実験（第 11 章参照）の基礎となった 2 つの重要な実験を紹介する．1 つは，フェロモンディスペンサーの短期的な影響を評価するための実験で，筆者らのシナリオの基礎となる，行動攪乱によってアリの採餌行動が抑えられるかどうかを調べたものである．もう 1 つは，フェロモンディスペンサーの長期的な影響

を評価するための実験で，フェロモンディスペンサーの持続的な処理によって個体群密度を減らせるかどうか，すなわち，フェロモンによる防除の可能性を調べたものである．

2003年と2004年は，おもに以上の実験を行なうにあたって必要な予備実験に費やした．前に書いたとおり，試験圃場は民家の庭と菜園で，いずれもおよそ10m四方，約100 m^2 の広さがあった．この面積に適切なフェロモンディスペンサーの設置密度，地上と作物上の両方にできる行列に効果的に作用するフェロモンディスペンサーの設置位置（高さ），フェロモンディスペンサーの効果持続期間，行列攪乱効果の評価法，など検討すべき事項は多数あった．けっきょく，フェロモンディスペンサーは格子状に1m間隔で地上約40cmの高さに設置し，ほぼ1カ月ごとに新しいものに交換すればよいことがわかった（図10.3）．行列攪乱効果は，シロップ（約50%の砂糖水）をぬりつけた紙皿9枚を各圃場の中心付近に2mおきに設置し，一定時間後に集まるアリの数を，フェロモンディスペンサーを設置している状態と除去した状態の間で比較して評価した．生息密度の評価は，間接的な方法になるが，フェロモンディスペンサーを設置していない条件下でシロップに集まるアリの数によった．

実験圃場はアルゼンチンアリの生息密度が高く，内部に多数の巣があることでは共通していたが，ほかの圃場条件，すなわち，形状，地質，作物の種類などは住宅の庭や菜園である関係上，大きくばらついていた．したがって，

図 **10.3** 家庭菜園にフェロモンディスペンサーを設置した実験圃場（岩国市黒磯町）．

各囲場に異なる処理を割り振っても，普通の実験のように囲場間で数値の比較を行なっても意味がなく，比較できるのは囲場ごとの推移のパターンに限られるところが，この研究を進めるうえでむずかしい点であった．

10.4.1　フェロモン処理は採餌行動を抑制するか――短期的影響

この課題はシロップ調査によってきわめてクリアな結果が得られた．調査の方法はつぎのとおりである．まず，フェロモンディスペンサーを設置した条件でシロップに集まるアリを数える．その後，フェロモンディスペンサーを取り外し，フェロモンがない状態にして同じ調査を行ない，さらに，再度フェロモンディスペンサーを設置してシロップに集まるアリを数える．このような調査を春から秋まで毎月繰り返したが，いずれの場合でもフェロモンディスペンサーの処理を行なっている条件下で餌に集まるアリの数は，フェロモンディスペンサーを除去している間に集まる数に比べて圧倒的に少なく

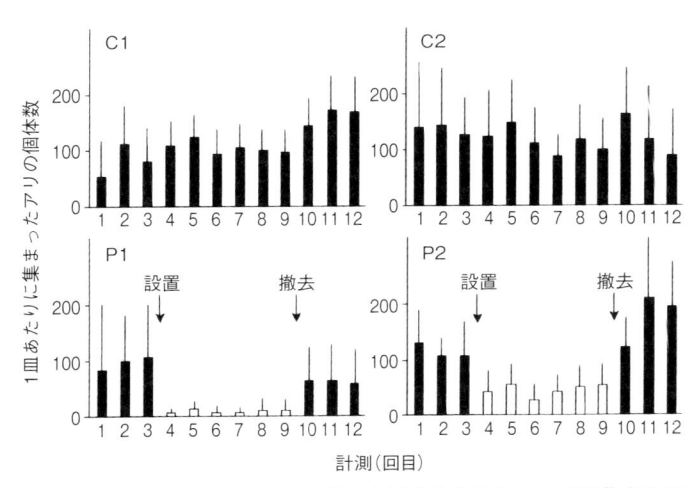

図 10.4　フェロモンディスペンサーを処理するとシロップに集まるアルゼンチンアリの数は顕著に減少した．4 試験区について，シロップに集まったアリ数を 6 日間計 12 回計測（横軸）．C1，C2 区ではディスペンサーを設置せず，P1，P2 区では 4 回目から 9 回目までディスペンサーを設置した．ディスペンサー設置時の結果を白抜きの棒で示した（Tanaka *et al.*, 2009 より改変）．

なった（Tanaka et al., 2009；図10.4）．この結果は，フェロモンディスペンサーから放出される高濃度の合成フェロモンの影響で，ワーカーが分泌する道しるベフェロモンによる巣からのアリの動員と行列の形成がともに抑制されたことによったものと考察できる（Tatsuki et al., 2005）．

10.4.2　フェロモン処理は個体群の減少をもたらすか——長期的影響

わずか $100\,m^2$ の面積を処理することでアルゼンチンアリの効率的な餌採りを抑制できることが明らかになった．それならば，この程度の面積でも長期間（春から秋までの約半年）フェロモンディスペンサーを設置し続ければ，処理した圃場の巣では餌が十分に集まらなくなるために繁殖に支障をきたし，生息密度が低下することが期待できる．

しかし，2005-2007年，3年続けてこれを確かめる実験をやってみたのだが，フェロモン処理圃場の生息密度（フェロモンディスペンサーを設置していない状態でシロップに集まるアリの数による）が無処理圃場と比較して有為に低下することはなかった（Nishisue et al., 2010；図10.5）．すなわち，

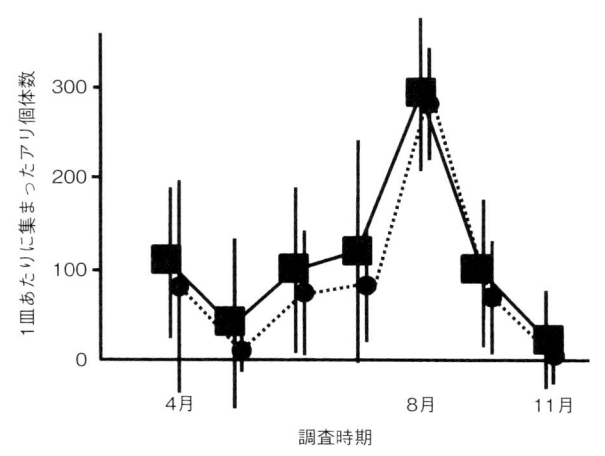

図10.5　フェロモンディスペンサーを小面積（約 $100\,m^2$）の圃場に約7カ月間継続して処理してもアルゼンチンアリの生息密度は無処理圃場と比較して低下することはなかった．■実線：フェロモン処理区，●点線：無処理区．

フェロモン処理で効率的な餌採りを抑制することはできるにもかかわらず，防除効果は得られないという結果になった．これは矛盾するように思えるが，侵入地のアルゼンチンアリの特殊な生態を考えれば納得できることであった．それは，原産地ではありえないスーパーコロニーの拡がりである．試験地の黒磯地区に生息するアルゼンチンアリは1つのスーパーコロニーに所属することをすでに述べた．その拡がりは，われわれの調査で，海岸沿いの南北に約1km，内陸に向かって東西に数百mにおよんでいた（西末ほか，2006）．実験圃場はそのなかのわずか100 m^2 である．攪乱処理によって，処理区内の巣では確かに餌不足により繁殖の抑制が起こっていた可能性が高いが，その周囲は高密度の生息地で囲まれていた．フェロモンディスペンサーから放出されたフェロモン蒸気は風があれば風下に流されるので，風下以外の方向から分巣した行列が処理圃場に侵入して新たな巣をつくる機会はフェロモンディスペンサーを設置していた半年間を通してつねにあったと考えなくてはならない．このように処理圃場内の新たな巣の形成を抑制しきれなかった可能性とともに，高密度の周辺部からの行列の侵入は抑制できても餌探索をする単独のワーカーの侵入が多ければ，フェロモンの影響が取り除かれた生息密度調査時（後述）に処理圃場内および周辺部から迅速に行列が形成され，シロップに集まったことも十分に考えられる．以上を考慮すれば，実験に使用した100 m^2 という圃場面積ではフェロモンディスペンサー処理によって生息密度を低下させることは困難だったことが理解できる．

10.4.3 フェロモンとベイト剤の併用は小面積でも防除効果をもたらす

高密度のスーパーコロニーが拡がっているなかでは，小面積にフェロモン処理を行なっても防除効果をあげることはむずかしいことが示された．筆者らは，フェロモンとはまったく異なる作用メカニズムをもつベイト剤をフェロモンと組み合わせることで，両者の併用効果（フェロモンは動員阻止と行列攪乱，ベイト剤は巣内での殺虫がそれぞれ基本）を引き出せれば小面積での防除も可能かもしれないと考えた．そこで，2006年と2007年の4月から11月に両者を併用する処理を加えて実験を行なった．4種の処理は，フェロモンディスペンサーだけ（P），ベイト剤だけ（B），併用する（P＋B），

無処理（C）である．フェロモンディスペンサーの設置およびシロップに集まるアリのカウントは前に述べたとおりである．アリ用のベイト剤は，すでにさまざまな形状の市販品があり，アリを誘引する餌（ベイト）と殺虫成分も製品により異なっていた（コラム-8参照）．筆者らは，とりあえず殺虫成分の検討は行なわないことにし，いくつかの製品を用いてアルゼンチンアリの餌の好みを検討し，「スーパーアリの巣コロリ」（アース製薬株式会社，殺虫成分：リチウムパーフルオロオクタンスルフォネート）を用いることにした．ベイト剤はB区とP+B区に格子状に2 m間隔で地上に設置し，1カ月ごとに新しいものと交換した．

前に述べたように，各圃場の条件が斉一でないため，処理の効果は圃場ごとの生息密度（フェロモンディスペンサーやベイト剤を設置していない状態でシロップに集まるアリの数による）の推移によって評価した．試験期間に原則毎月1回の調査およびフェロモンディスペンサーとベイト剤の交換を行なった．最初の試験開始時の生息密度を基準（対照）とし，毎回調査時の生息密度が基準より有為に多いか少ないかをスティール検定によって示したのが表10.1，実際の生息密度の推移を示したのが図10.6である．図で無処理区（C区）の生息密度をみると，両年とも春から初夏にかけては横ばいで，

表10.1 小面積（約100 m²）の圃場におけるフェロモンディスペンサーとベイト剤の単独および併用処理がアルゼンチンアリ個体群の推移におよぼす影響（スティール検定の結果）（砂村，2011より改変）．対照：各処理を開始した回の調査，NS：対照調査とアリ数が有意に異ならなかった調査（$P>0.05$），多/少：対照調査に比べてアリ数が有意に多かった/少なかった調査（$P<0.05$）．

年	試験区 α	1回目	2回目	2.5回目	3回目	4回目	5回目	6回目	7回目
2006	C	—	対照	—	NS	少	多	多	NS
	P	対照	NS	—	NS	NS	多	多	NS
	B	対照	NS	—	NS	NS	多	多	NS
	P+B	対照	少	—	少	少	NS	NS	少
2007	C	対照	NS	NS	NS	多	多	多	多
	P	対照	多	—	多	NS	多	多	NS
	B	NS	対照 β	少	NS	少	NS	多	少
	P+B	—	—	—	対照	少	少	少	少

α　C：無処理，P：フェロモン処理，B：ベイト剤処理，P+B：フェロモンとベイト剤の併用処理．
β　第2回以降，ベイト剤処理量を2倍にしたので，第2回調査を対照回とした．

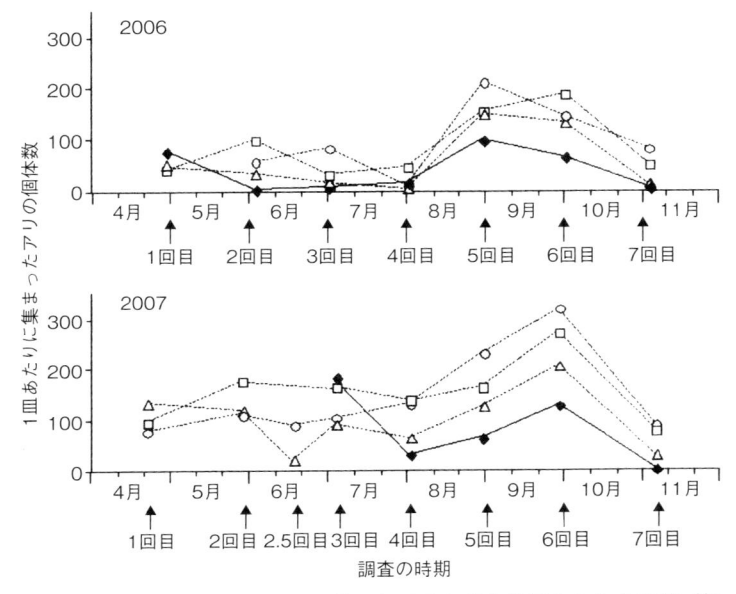

図 10.6 フェロモンディスペンサーとベイト剤を併用すると小面積（約 100 m^2）の囲場でもアルゼンチンアリの生息密度を低下させる効果が得られた．□点線：フェロモンディスペンサーだけ，△点線：ベイト剤だけ，◆実線：フェロモンディスペンサーとベイト剤を併用，○点線：無処理．2006 年（上），2007 年（下）．合成フェロモン不在条件下でシロップに集まったアルゼンチンアリ数（砂村，2011）．

夏の終わりから初秋に大幅に高まるという，日本における本種の標準的なライフサイクルが示されている（寺山，2008；Nishisue et al., 2010）．これと比較して各処理区の推移を図と表から読みとる．P区はC区の推移に近く，前と同様フェロモンだけでは生息密度抑制の効果はみられなかった．B区では生息密度が低く抑えられた時期もみられたが，夏の終わりからは開始時と比べて有意に高くなった．これらに対してP＋B区では，併用処理開始以降，生息密度はずっと低く抑えられ，無処理区で大幅な増加がみられる時期にも基準を有意に上回ることがなかった．以上のように，フェロモンとベイト剤を併用することにより，100 m^2 という小面積でも防除効果を上げることができる可能性が示された（Sunamura et al., 2011）．前述のように，フェロ

モンだけの処理では周辺で分巣した行列が処理圃場に侵入することを十分に抑制できないと思われるが，ベイト剤を併用することで，分巣群が侵入して営巣したとしても，ベイト剤によって巣の成長は抑えられるだろう．また，ベイト剤だけの処理では，周辺の生息密度が高い場合にはさかんに分巣群の侵入を受け，多数の巣がつくられる結果，ベイト剤の効果は薄れることになるが，フェロモンが併用されれば，分巣群の行列が攪乱されるために，多数の巣がつくられる事態には至りにくいと思われる．

フェロモンとベイト剤の併用は，本来はたがいに相容れにくい組み合せであると考えられる．ディスペンサーは餌採り効率を低下させるのだから，ベイト剤と併用すれば毒餌を効率的に巣に運ばせることがむずかしいからである．しかし，おそらく生息密度が高い条件下では，行列形成が抑制されても多くの単独のワーカーが巣に運ぶ毒餌が効果を発揮するのに十分なのだろう．

フェロモンとベイト剤の併用効果が小面積でも得られることがわかったが，さらに広い面積を対象にできればさらに効果が高まることが期待できる．フェロモン剤は一般に処理面積が広いほど防除効果が大きくなることが知られているからである（小川・ウィッツガル，2005）．これにベイト剤を併用すれば相乗効果もさらに大きくなり，殺虫成分の使用量を減らし，また，経済性も向上することが見込まれる．

10.4.4　横浜港本牧埠頭における「根絶」を目指した防除実験

2007 年 2 月，当時大学院生の砂村栄力は，たった 1 回の探索により横浜港本牧埠頭でアルゼンチンアリを発見した（砂村ほか，2007）．発見の経緯はコラム-8 および第 11 章で紹介されている．埠頭を管理する横浜港埠頭公社（現．横浜港埠頭株式会社）は特定外来種の生息を座視するわけにはいかず，筆者らに防除の可能性が打診された．おりしも，岩国での一連の実験が終了しようとしていたときであったので，新たに研究室に所属した鈴木俊が中心となり，岩国の成果を生かす根絶防除実験にトライすることになった（第 11 章参照）．

10.5　国内外への影響――普及の可能性

10.5.1　国内への影響と普及

　国内の多くの生息地では，すでに分布が市街地の広域に拡がり，しかも生息密度が高いために横浜や東京（大井埠頭；第9章参照）のような根絶を目標とする戦略をただちに適用するのは困難と思われる．筆者らの多年にわたる調査・研究フィールドである岩国市黒磯町の状況もこの例にあてはまる．このようなところでは，最初から根絶を目指すことは非現実的であり，「総合的有害生物管理」，いわゆる IPM の考え方を取り入れて，とりあえずは「被害を問題ないレベルに抑え込む」ことを考えるのが適切だろう（第9章，終章参照）．前節で述べたように，フェロモンとベイト剤の併用はこのような場面でも有効に使用できる可能性がある．毒性のあるベイト剤や殺虫剤にフェロモンのようなマイルドな方法を組み合わせることは，IPM の骨子でもある．愛知県田原市では市と住民による防除活動が進められているが（第9章参照），横浜港での道しるべフェロモンとベイト剤の併用による防除実績（第11章参照）を参考に，フェロモンとベイト剤の併用を採用して効果をあげているという（福本毅彦氏，私信）．

10.5.2　国外への影響

　道しるべフェロモンを使って行列を攪乱して生息密度を下げる，というアイデアを最初に公表したのは，2005年に韓国済州島で開催されたアジア太平洋化学生態学会議だったが，そのときの反響はそれほど大きくなかった．しかし，同会議に出席しており，後に意見交換することになったニュージーランドの Suckling 博士はこのアイデアを高く評価してくれた．彼らはその後，独自にハワイのマウイ島をフィールドとしてわれわれとは異なるタイプの攪乱製剤を用いた実験を繰り返して効果を確認している（Suckling *et al.*, 2008, 2010a）．また，彼らは巧妙な実験から，行列のアリ密度が高いほど攪乱に要するフェロモンも高い濃度が必要であるという重要な知見を報告し（Suckling *et al.*, 2011）．さらに，アカヒアリ *Solenopsis invicta* でも道しるべフェロモンを使った防除の可能性を探るなど（Suckling *et al.*, 2010b），道し

るべフェロモンの利用拡大に向けて熱心に活動している．

　ところで，再三述べているとおり，道しるべフェロモンによる行列の攪乱を初めて実験的に証明したのは筆者らのグループである（Tatsuki *et al.*, 2005；田中ほか，2008）．ところが，Suckling *et al.*,（2011）の記述により，古く，Brown（1961）がヒアリについてのエッセイのなかで，「トレール物質」が解明され，合成ができるようになれば，毒餌への誘導や，高濃度で拡散させて「コンフュージョン・ルアー」として使用できるかもしれない，という筆者らのアイデアに近い考えを述べていることがわかった．ただし，このアイデアはその後注目されることはなかったようである．それとは別に，Greenberg and Klotz（2000）は，Z9-ヘキサデセナールを混ぜたショ糖液をアルゼンチンアリに与えると，その後のショ糖液摂取量が増大するというおもしろい結果を報告している．

10.5.3　今後の課題

　最後に，国内外を通じて今後の普及を考えると，現在われわれが使っているフェロモンディスペンサーも，Suckling博士らが使っている製剤も，アリの行列や動員を効率的に攪乱するためには必ずしも十分なものではない．今後はアリ専用のディスペンサーの開発が重要課題として残される（コラム-7参照）．ベイト剤についてはすでに述べたが，広域に使用する場合には，使用性がよく環境負荷の低い新たな材質や形状，誘引性の高い餌，効果の高い選択性殺虫剤の検討が必要になるかもしれない（コラム-4参照）．攪乱剤の成分にも改良の余地はあるかもしれない．古くから示唆されながら未解明の微量成分や，最近道しるべフェロモン成分として報告されたイリドイド成分（10.1.3項）も利用の可能性をさぐる価値があるだろう（微量成分と考えられたものがイリドイドである可能性も考えられる）．

　以上では合成道しるべフェロモンによる動員・行列の攪乱を考えたが，それ以外にも，道しるべフェロモンを処理した人工のトレールに行列を導き捕獲する，あるいは毒餌を巣に持ち帰らせるなどの方法も実用化を検討する価値があると思われる．

引用文献

Attygalle, A. B. and E. D. Morgan. 1985. Ant alarm pheromones. Advances in Insect Physiology, 18：1-30.

Brown, W. L. 1961. Mass insect control programs：four case histories. Psyche, 68：75-111.

Cavill, G. W. K., P. L. Robertson and N. W. Davies. 1979. An Argentine ant aggregation factor. Experientia, 35：989-990.

Choe, D.-H., J. G. Millar and M. K. Rust. 2009. Chemical signals associated with life inhibit necrophoresis in Argentine ants. Proceedings of the National Academy of Sciences of U.S.A., 106：8251-8255.

Choe, D.-H., D. V. Villafuerte and N. D. Tsutsui. 2012. Trail pheromone of the Argentine ant, *Linepithema humile*（Mayr）（Hymenoptera：Formicidae）. PLOS ONE 7, Issue 9, e45016：1-7.

Greenberg, L. and J. H. Klotz. 2000. Argentine ant（Hymenoptera：Formicidae）trail pheromone enhances consumption of liquid sucrose solution. Journal of Economic Entomology, 93：119-122.

北條　賢・尾崎まみこ．2011．アリと化学生態学．（東　正剛・辻　和希，編：社会性昆虫の進化生物学）pp. 103-140．海游舎，東京．

Kainoh, Y., T. Nemoto, K. Shimizu, S. Tatsuki, T. Kusano and Y. Kuwahara. 1991. Mating behavior of *Ascogaster reticulatus* Watanabe（Hymenoptera：Braconidae），an egg-larval parasitoid of the smaller tea tortrix, *Adoxophyes* sp.（Lepidoptera：Tortricidae）. III. Identification of a sex pheromone. Applied Entomology and Zoology, 26：543-549.

桐谷圭治・田付貞洋（編）．2009．ニカメイガ――日本の応用昆虫学．東京大学出版会，東京．

松尾尚展．1999．性フェロモンによるニカメイガの交信攪乱――岐阜県の例．植物防疫，53：407-409．

西末浩司・田中保年・砂村栄力・寺山　守・田付貞洋．2006．岩国市黒磯町および周辺におけるアルゼンチンアリの分布．蟻，（28）：7-11．

Nishisue, K., E. Sunamura, Y. Tanaka, H. Sakamoto, S. Suzuki, T. Fukumoto, M. Terayama and S. Tatsuki. 2010. A long term field trial to control the invasive Argentine ant（Hymenoptera；Formicidae）with synthetic trail pheromone. Journal of Economic Entomology, 103：1784-1789.

農林水産省農蚕園芸局植物防疫課．1994．ニカメイチュウの発生予察法の改善に関する特殊調査．農作物有害動植物発生予察特別報告第 38 号．農林水産省，東京．

小川欽也・ウィッツガル，P．2005．フェロモン利用の害虫防除．農文協，東京．

Ohta, K., S. Tatsuki, K. Uchiumi, M. Kurihara and J. Fukami. 1976. Structures of sex pheromones of rice stem borer. Agricultural and Biological Chemistry, 40：1897-1899.

Suckling, D. M., R. W. Peck, L. M. Manning, L. D. Stringer, J. Cappadonna and A. M. El-Sayed. 2008. Pheromone disruption of Argentine ant trail integrity.

Journal of Chemical Ecology, 34 : 1602-1609.
Suckling, D. M., R. W. Peck, L. D. Stringer, K. Snook and P. C. Banko. 2010a. Trail pheromone disruption of Argentine ant trail formation and foraging. Journal of Chemical Ecology, 36 : 122-128.
Suckling, D. M., L. D. Stringer, B. Bunn, A. M. El-Sayed and R. K. Vander Meer. 2010b. Trail pheromone disruption of red imported fire ant. Journal of Chemical Ecology, 36 : 744-750.
Suckling, D. M., L. D. Stringer and J. E. Corn. 2011. Argentine ant trail pheromone disruption is mediated by trail concentration. Journal of Chemical Ecology, 37 : 1143-1149.
Sugie, H., S. Tatsuki, S. Nakagaki, C. B. J. Rao and A. Yamamoto. 1991. Identification of the sex pheromone of the Oriental tobacco budworm, *Heliothis assulta*（Guenée）（Lepidoptera : Noctuidae）. Applied Entomology and Zoology, 26 : 151-153.
砂村栄力. 2011. 侵略的外来種アルゼンチンアリの社会構造解析および合成道しるべフェロモンを利用した防除に関する研究. 東京大学博士論文.
砂村栄力・寺山　守・坂本洋典・田付貞洋. 2007. 横浜港のアルゼンチンアリ――東日本で初の生息確認. 昆虫と自然, 42 : 43-44.
Sunamura, E., S. Suzuki, K. Nishisue, H. Sakamoto, M. Otsuka, Y. Utsumi, F. Mochizuki, T. Fukumoto, T. Ishikawa, M. Terayama and S. Tatsuki. 2011. Combined use of synthetic trail pheromone and insecticidal bait provides effective control of an invasive ant. Pest Management Science, 67 : 1230-1236.
田中福三郎・矢吹　正・田付貞洋・積木久明・菅野紘男・服部　誠・臼井健二・栗原政明・内海恭一・深見順一. 1987. 交信攪乱法によるニカメイガの防除. 日本応用動物昆虫学会誌, 31 : 125-133.
田中保年・砂村栄力・西末浩司・寺山　守・坂本洋典・鈴木　俊・福本毅彦・田付貞洋. 2008. 高濃度の合成道しるべフェロモン成分に対するアルゼンチンアリの反応――侵略的外来アリの新規防除法開発への可能性. 蟻, 31 : 43-50.
Tanaka, Y., K. Nishisue, E. Sunamura, S. Suzuki, H. Sakamoto, T. Fukumoto, M. Terayama and S. Tatsuki. 2009. Trail-following disruption in the Argentine ant with a synthetic trail pheromone component（Z）-9-hexadecenal. Sociobiology, 54（1）: 139-152.
Tatsuki, S., M. Kurihara, K. Usui, Y. Ohguchi, K. Uchiumi, J. Fukami, K. Arai, S. Yabuki and F. Tanaka. 1983. Sex pheromone of the rice stem borer, *Chilo suppressalis*（Walker）（Lepidoptera : Pyralidae）: the third component, Z-9-hexadecenal. Applied Entomology and Zoology, 18 : 443-446.
Tatsuki, S., H. Sugie, K. Usui, J. Fukami, M. H. Sumartaputra and A. N. Kuswadi. 1985. Identification of possible sex pheromone of the yellow stem borer moth, *Scirpophaga incertulas*（Walker）（Lepidoptera : Pyralidae）. Applied Entomology and Zoology, 20 : 357-359.

田付貞洋・寺山　守．2005．アルゼンチンアリの生態と対策．植物防疫，59：173-176．

Tatsuki, S., M. Terayama, Y. Tanaka and T. Fukumoto. 2005. Behavior-disrupting agent and behavior disrupting method of Argentine ant. Patent pub. No. US2005/0209344A1.

寺山　守．2008．アルゼンチンアリの生態と防除．Pest Control Tokyo, 55：17-24．

Van Vorhis Key, S. E. and T. C. Baker. 1982. Trail-following responses of the Argentine ant, *Iridomyrmex humilis* (Mayr), to a synthetic trail pheromone component and analogs. Journal of Chemical Ecology, 8：3-14.

コラム-6　岩国市での予備実験

西末浩司・田中保年・寺山　守

　合成フェロモンを用いての野外実験は 2003 年の春から始まったが，最初は試行錯誤の連続であった．2003 年の春から夏にかけては，合成フェロモンがアルゼンチンアリに効果をおよぼすかどうかの予備実験が行なわれた．まず，ヘキサンに溶かして濃度を変えた Z9-ヘキサデセナール溶液（合成フェロモン）を画用紙に線状にぬり，アリの行動を調べた．0.5-50 ng/20 cm の濃度では，道しるベフェロモンとしてアリを引きつけ，アリは線上をよくたどったが，それよりも高い濃度では線上をたどらず，むしろ撹乱物質として作用することが判明した．より詳細な同様の実験は 2004 年 10 月に実施された（田中ほか，2008：図 1）．この実験の後，高濃度の合成フェロモンを発散させることができるチューブ型のフェロモンディスペンサー（コラム-7 参照）をアルゼンチンアリの行列に近づける実験を行ない，行列が大きく乱れることを確認した．この際，アリたちは四方八方に散ったが，そのまま逃走することはなく，行列のあった位置から数十 cm から 1 m 前後の範囲にアリの塊ができ，その内部を右往左往

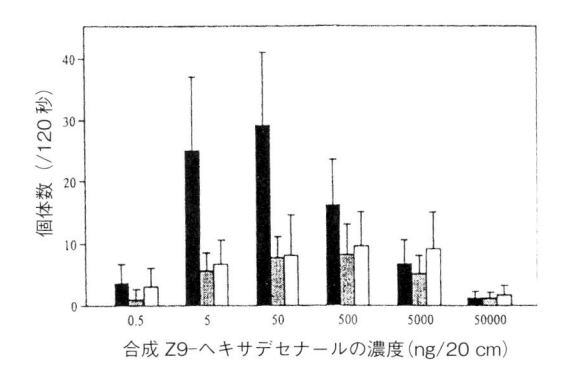

図 1　合成 Z9-ヘキサデセナール溶液に対するアルゼンチンアリの反応性．所定量の合成フェロモン溶液を線上に引き，用紙に登ったアルゼンチンアリ個体数（平均 ±SD）を示した．合成フェロモンをぬった直線からの距離（d）を 3 段階（黒色：0 cm ≦ d < 1 cm，灰色：1 cm ≦ d < 2 cm，白色：2 cm ≦ d）に分け示してある（田中ほか，2008）．

するのが観察された．つまり，高濃度フェロモンは行列を攪乱するが，忌避作用は示さず，むしろ一定の範囲内にアリを拘束する作用があると思われた．

2003年の春からの実験で，1 m×1-4 mの小面積の地表にフェロモンディスペンサーを置いた場合，その周辺ではアリが行列をつくれず，かつこれが1カ月間続くことを確認した．同時に，カンキツ類などの樹木の幹にフェロモンディスペンサーを巻きつけたり，ジャガイモ畑にディスペンサーを設置したりした．ジャガイモ畑では，ディスペンサーを設置した畝のジャガイモが，ディスペンサーを設置していなかった畝のものに比べて明らかによく成長していた．設置していなかった畝ではアブラムシが大量に発生しており，多くのアルゼンチンアリがアブラムシを訪れていた．おそらくは，アルゼンチンアリにアブラムシが強く守られ，大発生をきたしたために，作物が大きなダメージを受けていたと推定した．ジャガイモの成長の差は，合成フェロモン剤の有効性を確信させるものであった．

同年10月から，$100 m^2$の区画を用いて実際の圃場でのフェロモンディスペンサーのアルゼンチンアリの採餌活動におよぼす影響を調べる実験を開始した．採餌活動の評価は，直径15 cmの撥水性の紙皿に約50％のショ糖溶液1ミリリットルを直径5 cmの円状にぬったものを複数個置き，そこに集まってくるアリの数を数えることで行なった．実験は良好な結果を示し，ディスペンサーを設置すると，紙皿に集まるアリの個体数が大きく抑制され，それが少なくとも1カ月間続くことが明らかになった．

翌春，実験区に設置するフェロモンディスペンサーの数を変える実験をスタートさせた．$100 m^2$あたり9本から100本までの数を違えたフェロモンディスペンサーを設置するという実験を繰り返したが，実験結果の振る舞いがたいへん奇妙であった．たくさんいるはずなのにアリがほとんど出てこなかったり，突然湧き出すように出現したりするのである．この異常な振る舞いには，少なくとも温度と湿度はさほど影響していないようであったが，原因は不明だった．

そこで筆者らは意を決して昼夜連続の出現数調査に踏み切った．1時間おきに5カ所ある実験区のアリを延々と数えていくのである．調査は，7月2日の14時から始め，3日の12時まで連続して計測し，さらに3日の16時，18時，そして4日の1時から4時までの合計30時間，アリを計測するという作業になった．1時間ごとに1人がアリを1000頭以上も数える，荒行のような調査であったが，おかげで非常に重要な知見が得られた．アルゼンチンアリは昼も夜も活動する，と論文には書いてあった．実際に昼間も多くの行列がみられた．しかし，この実験からアルゼンチンアリは直射日光を嫌い，活動は夜間が主体であることが判明した．昼間の

282　第10章　道しるべフェロモンによる防除法

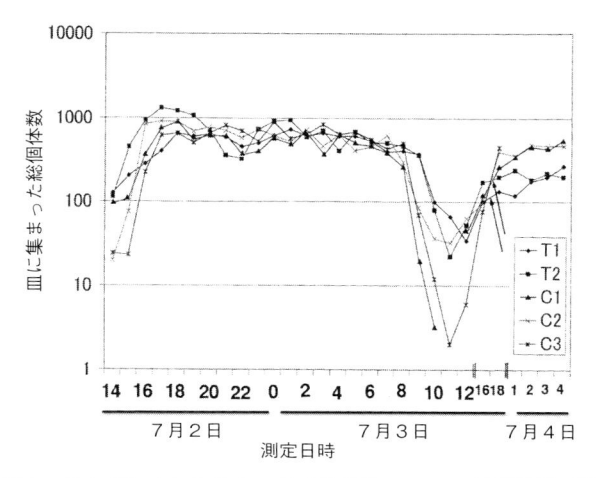

[グラフ: アルゼンチンアリの1日の活動性。Y軸「皿に集まった総個体数」(対数、1〜10000)、X軸「測定日時」(7月2日14時〜7月4日4時)、系列 T1, T2, C1, C2, C3]

図2　アルゼンチンアリの1日の活動性．T1-C3は実験区（各100 m^2）を示す．T1とT2では，途中からフェロモンディスペンサーの設置（1本/1 m^2）を行なっている（矢印）．無処理区のC1, C2に比べ，アルゼンチンアリの地上での活動を抑えていることがわかる（Y軸は対数座標であることに注意）．

表1　日なたと日陰の計測皿に集まったアルゼンチンアリの数（2004年7月3日10：00, 11：00, 12：00に測定）．数値は個体数の平均±SD，カッコは皿数．

測定時間	日陰	日なた
10：00	13.86±5.38（n=7）	0.69±1.84（n=29）
11：00	13.43±4.16（n=7）	0.21±0.76（n=29）
12：00	11.17±4.45（n=6）	2.70±6.19（n=30）

出現個体数は夜間のわずか100分の1程度であった（図2）．思い返してみると，確かに昼間の行列はことごとく日陰の部分にみられ，直射日光のあたる場所にはほとんどみられなかった．

　実験の最中にこのことに気づき，確認のため7月3日の10時から12時までの調査では，直射の部分と日陰の部分を確認しながら計測を行なった．結果は明白で，直射の部分ではアルゼンチンアリが巣から出てこず，計測用の皿に集まってこないのである（表1）．

　この実験以降，野外での計測調査は日が暮れてから実施するようになり，

安定した結果が得られるようになった.

引用文献

田中保年・砂村栄力・西末浩司・寺山　守・坂本洋典・鈴木　俊・福本毅彦・田付貞洋. 2008. 高濃度の合成道しるべフェロモン成分に対するアルゼンチンアリの反応——侵略的外来アリの新規の防除法開発への可能性. 蟻, 31: 43-50.

コラム-7　フェロモンディスペンサーの開発

福本毅彦

フェロモンディスペンサーとは

　昆虫フェロモンを害虫防除に直接利用する試みは，これまでほとんどの場合，性フェロモンが用いられており，その方法は大量誘殺法と交信攪乱法に大別される．とくに後者の場合，性フェロモンを媒介とした雌雄の交尾行動を連続的に阻害するために，つねに相当量の合成フェロモンを圃場に放出する必要がある．当然，有機化学の手法を用いた大量合成の技術開発が必須となるが，それと同じ，あるいはそれ以上にフェロモンを空気中に安定して蒸散させる技術が重要となる．このような用途に開発した装置や容器をフェロモンディスペンサーと呼んでいる．フェロモンディスペンサーに望まれる特性をまとめると下記のようになる．
　①安定性：長期間の野外暴露から有効成分を保護する．
　②徐放性：有効成分を長期間安定に放出させる．
　③設置作業性：だれでも簡便に設置ができる．
　④経済性：比較的安価に入手できる．
　歴史的には，綿花や果樹の，いずれも飛翔するガ類の害虫に関して研究開発が行なわれてきた．1970年代から各社が競ってフェロモンディスペンサーの開発を始め，筆者らも二連のポリエチレン製中空チューブにそれぞれアルミニウム製針金と油状液体の合成フェロモンを内包させたフェロモンディスペンサーを完成させた（図1）．フェロモン化合物の安定性と長期間の徐放性を確保しつつ，平行して添えた針金の賦形性が設置作業性を向上させている．また，チューブという大量生産に適した容器を採用して経済性をもたせている．

アルゼンチンアリの道しるべフェロモンとディスペンサー

　アルゼンチンアリの道しるべフェロモン成分 Z9-ヘキサデセナールは，不飽和脂肪族アルデヒド化合物に分類され，酸素や紫外線の作用により容易に酸化や重合する不安定な物質である．フェロモン攪乱剤を開発する際，商品開発の第1段階は，そのフェロモン成分の長期間の安定放出特性を検討することである．しかし，幸いなことに Z9-ヘキサデセナールは過去に交信攪乱実験が行なわれていたニカメイガ *Chilo suppressalis* の性フェロ

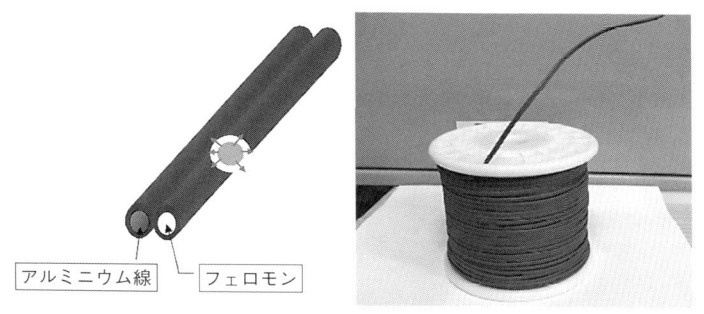

図1 フェロモン攪乱剤の写真とその模式構造.

モンでもあったため（第10章参照），筆者らはこの不安定な物質に適したフェロモンディスペンサーの設計（図示したチューブタイプ）をそのまま生かしてアルゼンチンアリの実験に適用することができた．

　綿花や果樹のガを対象とする場合であれば，フェロモンディスペンサーは虫の交尾場所である枝に直接取り付けて使用する．一方，道しるべフェロモンが作用する場所はおもに行列を形成する地面である．行列を攪乱するには，フェロモンディスペンサーは，地上もしくは地表面に近いところに設置する必要があると考えられた．しかし，地表付近に設置したフェロモンディスペンサー表面にはゴミや土の付着が増えると予想され，場合によっては，そこから微生物が繁殖し，アルデヒドが分解されてしまうおそれがある．また，夏場の地表面の厳しい温度上昇，直射日光の暴露など，ガの交信攪乱と比較して，きわめて過酷な条件で使用されることになると思われた．将来，アルゼンチンアリ用に実用化するには，散布剤方式，回収不要な生分解製剤方式など，このような厳しい条件でも，長期間，安定してZ9-ヘキサデセナールを放出し続けるフェロモンディスペンサーが必要になろう．

アルゼンチンアリの行列行動攪乱剤

　横浜港で実施した試験では，図1に示したチューブを50mのロープ状に成型し，線状であるアリの生息範囲に沿って「線」として設置した（第11章参照）．チューブ状のフェロモンディスペンサーを使う限りこのような使用方法にならざるをえないが，横浜港以外の多くの多発地のような「面」の拡がりをもつアルゼンチンアリの生息場所をカバーするには，必ずしも好ましいとはいえない．横浜港の例のような港湾や河川など，アリが行列を形成する場所が限られた特殊な条件でのモデル実験としてならチ

ューブ状の製剤は利用できるが，汎用の防除資材とはいいがたい．アリへの効果を重視し，面として設置するフェロモンディスペンサーにすると，それが人の日常生活にじゃまになるといった別の問題が生じるかもしれない．このようにアルゼンチンアリの道しるべフェロモンを用いて，その行動を攪乱し，連続的にワーカーの行動（道しるべ）を攪乱して，アルゼンチンアリの巣への食料供給を抑制し，巣を衰退させるという戦略に適したフェロモンディスペンサーの開発はまだその途上である．アルゼンチンアリの行動攪乱剤の開発は始まったばかりである．

第11章　根絶を目指す防除——横浜港の事例

鈴木　俊

　本章では筆者らが 2008 年より取り組んできた，横浜港におけるアルゼンチンアリの防除活動についてまとめる．この活動は，侵入地の特殊な生息状況から根絶を目指すことが可能と判断して，筆者らが積み上げてきた新規の防除法（第 10 章参照），すなわち相乗効果が認められたベイト剤とフェロモン剤の併用という手法を取り入れて実施したものである．具体的には，ベイト剤によって個体数の減少を図り，フェロモン剤を用いることでその効果を高めるとともに，生息範囲拡大の抑制を図った．2008 年より実施した活動により，最初の 1 年間で個体数を劇的に減らすことに成功し，その後の経過観察では，残存個体がスポット的に発生する場面もあったが，それに対しては細かい対応をすることによって，横浜港のアルゼンチンアリ個体群をほとんど根絶に近い状態にまで追い込むことに成功した．

11.1　横浜という侵入地

11.1.1　横浜港でのアルゼンチンアリの発見

　筆者らの研究グループがアルゼンチンアリの研究を開始した 2003 年には，国内のアルゼンチンアリは神戸以西の西日本でしか生息が知られていなかった．その後，2005 年に中部地方（愛知県）で生息が確認されたが，いずれの生息地も東京から出張してフィールドで調査や実験を行なうことにはさまざまな制約があった．そのようななか，筆者らのグループの砂村が 2007 年，東日本で初となる横浜港のアルゼンチンアリ生息地をみつけた．発見に至る

までのいきさつはコラム-8 にくわしく記されている.

11.1.2　本牧埠頭 A 突堤

　横浜港は東京湾の北西部（北緯 35 度 19-29 分，東経 139 度 37-45 分）に位置する国内有数の貿易港である．本牧埠頭 A 突堤は，岩壁から北東に 1.5 km ほど海に突き出るようにつくられており，貨物船からコンテナを荷卸しするコンテナヤードや荷捌きのための施設などが立地する場所である．埠頭に着いたコンテナはここから陸路で輸送されるため，毎日数多くのトレーラーが行き交う交通量の激しい場所である．もともと埋立地なので，地面はほとんどコンクリートやアスファルトで舗装されており，自生している植物はきわめて少ない．わずかに建物の周辺や道路沿いに草木が植えられていたり，コンクリートの割れ目などにセイタカアワダチソウなどの雑草が生えている程度だ．突堤の根元側には運送業者の事務所や倉庫などが立地しており，その南東には市街地が拡がっている．アルゼンチンアリは A 突堤のちょうど中央付近で発見された．幸い，発見当初の大まかな調査でアルゼンチンアリの生息範囲は A 突堤の内部に限られていたが，生息密度はかなり高く，そのまま放置すれば生息範囲が拡大する可能性があった．

　なお，本牧埠頭 A 突堤は横浜港埠頭公社（現，横浜港埠頭株式会社）および横浜市などの管理下にあり，一般の立ち入りは禁止されている．そのため本章で紹介する筆者らの活動は，日時，人員，活動の範囲と内容を限定して特別な許可を受けて実施した．後述する防除実験も同公社と東京大学の間で結ばれた受託契約にもとづいて行なわれたものである．

11.1.3　生息域と生息密度

　防除活動を開始するにあたり，あらかじめアルゼンチンアリの生息範囲や密度を把握することは不可欠な作業である．侵入した個体群の状況を把握することは，今後の対処方法を決める際の有効な判断へつなげることができる．

　2007 年 2 月に本牧埠頭 A 突堤にてアルゼンチンアリが発見された後，筆者らは，本牧埠頭を中心に大黒埠頭を含む横浜港における詳細な調査を実施した．方法は目視による観察で，調査者が地面をみながら埠頭内を歩き，アリをみつけたら，その場所とアリの種を記録した．とくにアルゼンチンアリ

が巣をつくりそうな場所（雑草の周囲や廃材の下など）は念入りに観察を行なった．また，現場での同定がむずかしいアリはアルコールに保存して持ち帰り，後日種を確認した．同様の調査を 2008 年 2 月と 3 月にも実施した．2008 年 3 月には，上記に加えて本牧埠頭 A 突堤で前回，前々回の調査でアルゼンチンアリが確認されなかった場所を中心にシロップ（ショ糖の濃厚水溶液）を紙皿に塗布したものを設置し，そこに集まるアリの種と頭数を記録する調査も行なった．これは目視だけではある程度の見落としが避けられないため，調査精度を高めることが狙いである．

これらの調査の結果，横浜港においてアルゼンチンアリが生息しているのは本牧埠頭 A 突堤の一部に限られ，生息域は突堤内の道路沿いや建造物の周囲などで線状に最長で約 1 km にわたって連続していることがわかった（図 11.1）．道路の脇や建物の外周に沿って多くの行列が形成されており，

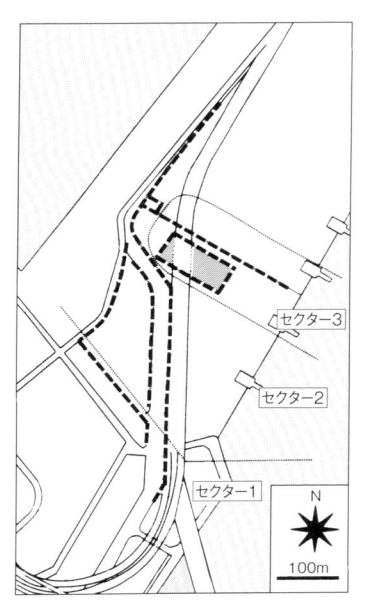

図 11.1 調査対象範囲（アルゼンチンアリの生息域）の地図．アルゼンチンアリは図中の太い破線上に巣や行列を形成して生息していた．セクター 1，3 へは 5 m に 1 つの間隔で，セクター 2 へは 10 m に 1 つの間隔で破線に沿ってベイト剤を設置した．フェロモン剤はセクター 1 の破線に沿って処理した．セクター 1，2 は 2008 年 4 月から，セクター 3 は同年 10 月より処理を開始した．

巣はコンクリートの割れ目や，石の下，投棄された木材の下などに見受けられた．また，生息域は限定されているものの，生息密度は，国内において10年以上前から侵入・定着が確認されている岩国市に比べて高いことがわかった．さらに，聞き取り調査を行なったところ，アルゼンチンアリと思われるアリが数年前から日常的に警備員事務所などへ侵入し，食べものなどに集合する被害が生じていたこともわかった．

11.2 根絶防除プラン

11.2.1 根絶防除実施への動機づけ

すでに述べたように，横浜港の個体群は発見された2007年には生息範囲が本牧埠頭の1つの突堤内部にとどまり，市街地には達していなかった．市街地からみれば完全に隔離された生息地である．また，神戸や広島などの生息地に比べると生息域は小さく，しかも活動範囲が道路沿いや建物の周囲など線状に限定されていた．ただし，生息密度の高さから，もし放置すれば分巣により自力で生息範囲を拡大し，市街地にまでおよぶおそれが大きかった．そうなってしまえば防除がむずかしくなることは明白である．以上の状況から，調査を行なっていた東京大学が埠頭管理者である横浜港埠頭公社（当時）から防除を要請されることになった．筆者らは，侵入地のアルゼンチンアリ個体群の防除がきわめて困難であることを十分認識していたが，上に書いた横浜港の個体群の，隔離されたうえに線状に限定された特殊な生息状況からみて，根絶に導く防除の可能性もあると考えた．

侵略的外来アリは侵入・定着して一端増殖してしまうと，防除することがとてもむずかしいといわれているが，一部で根絶に成功した事例もある．たとえば，ガラパゴス諸島のマルチェーナ島で行なわれたコカミアリ *Wasmannia auropunctata* の防除研究では，島内に侵入した個体群に対してベイト剤を網目状に配置して処理することで根絶に成功にした（Causton *et al.*, 2005）．オーストラリアのカカドゥ国立公園ではツヤオオズアリ *Pheidole megacephala* とアカカミアリ *Solenopsis geminata* に対してベイト剤を使った防除を行ない，成功の報告がなされている（Hoffman and O'Connor,

2004).また，アルゼンチンアリの防除については，ニュージーランドのチリチリマタンギ島で成功した一例がある（コラム-5 参照）．

以上の防除活動においては殺虫成分を含んだベイト剤や液剤のスプレーが多用されており，とくにベイト剤は侵略的外来アリ防除には不可欠の有効な資材であることが示されている．しかしながら，生物多様性保護の観点からみると，ベイト剤の多用は在来生物を含めた広い範囲の生物に影響がおよぶことが避けられない．ベイト剤だけに頼ることはけっして最善の手段とはいえない．そこで，ベイト剤と組み合わせることでベイト剤の投下量を抑えつつ，しかも標的となる種に限定した効果が得られる資材として，道しるべフェロモン剤が浮上した．

第 10 章で紹介したとおり，筆者らのグループはアルゼンチンアリの防除方法として，人工的に合成した道しるべフェロモン（成分：Z9-ヘキサデセナール）の利用可能性を世界にさきがけて示した．さらに，ベイト剤と道しるべフェロモンを併用することで，より効果的な防除が可能であることも実験的に示した（Sunamura *et al.*, 2011）．そこで，筆者らは横浜個体群の根絶を目指す防除実験にあたり，それまでの成果を生かして，ベイト剤とフェロモン剤を併用する方法を採用することを考えた．この方法には，標的とする種以外に殺虫成分がおよぼす影響を小さくしつつ防除効果をあげられるメリットがある．

ベイト剤とフェロモン剤，それぞれの使用目的は以下のとおりである．ベイト剤は，これを生息範囲の全域で使用することにより短時間で個体数を減少させることを狙いとした．フェロモン剤は，行列を攪乱することで，採餌活動を鈍らせて巣を弱体化させる効果と分巣による生息範囲の拡大を阻止する 2 つの効果があるが，ベイト剤と完全に重複した処理をすると，行列形成によるベイト剤の摂取を鈍らせるおそれが考えられた．そこで，フェロモン剤の目的は後者に重きを置いて，生息域と市街地の境界付近に集中して設置することで，アルゼンチンアリの行列による分巣を抑制して埠頭から市街地への進出を防ぐことをおもな狙いとした．これら 2 つの防除資材の相乗効果によって，外部への進出を防ぐとともに，ベイト剤の使用をできるだけ少なくすることを目指したのである．

11.2.2 根絶までの段階的な防除

具体的な進め方として，アルゼンチンアリの生態や，筆者らの目的に即して，防除活動を3つの段階に分けて実施することを着想した．それぞれの段階において，達成すべき目的と，それに必要な処理を以下に説明する．

【第1段階】ベイト剤処理：アリの活動期前における生息密度の抑制（2008年4-5月）

アルゼンチンアリは春から夏にかけて個体数が爆発的に増加する（序章，第2章参照）．防除活動は4月より開始することとしていたため，ベイト剤を処理することで，季節的な生息密度の増加をできるだけ抑える．ベイト剤は，生息域内の道路沿いおよび建造物の周囲に設置するが，とくに生息域の境界付近には2倍量を処理して，生息密度増加によって生じるおそれがある市街地への生息域拡大を予防する．

【第2段階】フェロモン剤処理：生息域境界の活動抑制と生息域縮小（2008年5-10月）

ベイト剤に加えて生息域の境界付近にフェロモン剤を処理する．とくに市街地への生息域拡大阻止を目的とするが，その他，アリの採餌効率の低下，ならびに生息域の縮小も図る．

【第3段階】ベイト剤の大量処理：A突堤からの根絶の試み（2008年10月以降）

生息域が十分に縮小し，生息密度が低下したことを確認後，ベイト剤を第1段階より高密度に設置することで，根絶に追い込む．なお，この段階ではフェロモン剤は使用しない．

11.2.3 いつ，どこで，なにを使うか

防除対象地域

先述の段階に即して，生息域をセクター1から3の3つに区分した（図11.1）．次項で述べるように，これらのうちセクター1と2では2008年の春，セクター3については，活動許可が得られた2008年10月に防除活動を開始した．なお，筆者らは防除活動を実験と位置づけているが，締結された委託契約では，アルゼンチンアリを防除することが目標であるため，防除

圧をかけない対照区の設定ができないという問題点があった．対照区がとれない以上，どのような結果が得られても厳密な意味での効果の検証はできないが，これについては岩国市での広範な予備実験で得られた結果も援用して結果を考察することとしたい．

ベイト剤

ベイト剤には市販の「アリの巣コロリ」（有効成分：ヒドラメチルノン，アース製薬株式会社；図11.2）を使用した．「アリの巣コロリ」は多くのアリを対象とした汎用性のあるベイト剤で，有効成分を含む顆粒をワーカー（働きアリ）が巣に持ち帰り，巣内のアリが食すことで殺虫効果を発揮する．以前の調査において，アルゼンチンアリの喫食性が高く，高い殺虫効果をもつことを確認していた．有効成分のヒドラメチルノンは，アリ駆除用の殺虫剤として広く使われている遅効性の殺虫剤で，海外でも侵略的外来アリの防除に使用されている．アリ以外の地上徘徊性節足動物にも作用するおそれがあるが，侵入したアルゼンチンアリの生息域拡大によって引き起こされる生

図11.2 「アリの巣コロリ」の写真．5 cm×8 cm×1 cm の緑色半透明プラスチックケース内部に有効成分を含んだ顆粒（タンパク質を基調とする）が入っている．ケース側面に8つの穴（直径5 mm）が開いており，その穴を通じてアリがケースを出入りすることで，顆粒を巣に持ち帰ることができる構造をしている．

態系へのマイナスの影響と比較すれば，使用することによる問題は小さいと考えられる．

ベイト剤はアルゼンチンアリの生息が確認された全域に設置した．生息密度が高かったセクター1と3については5mに1つの間隔で，セクター2については10mに1つの間隔で布粘着テープを使って地面に固定した（全域で計298個を設置）．

セクター1と2については2008年4月の第1段階から設置したが，セクター3については2008年3月には立ち入り許可が得られなかったので調査できず，同年10月に生息状況の確認を行なった後，第3段階から設置をした．2008年4月から2009年8月にかけて，原則として2週間に1回ベイト剤を調査し，アリに食され空になったものや汚れがめだったものを新品に交換した．上記の期間に合計1039個のベイト剤を使用した．

2009年以降はアルゼンチンアリが確認された場所に絞って，ベイト剤の設置と交換を実施した．

フェロモン剤

フェロモン剤には，信越化学株式会社のフェロモンディスペンサー（ポリエチレンチューブ製剤）を使用した．これは第10章で紹介したものと基本的には同じ構造であるが，ここでは20 cm長ではなく，1ロール50 mのロープ状のものを使用した（コラム-7参照）．野外でのZ9-ヘキサデセナールの蒸発量は1 mあたり7.0-9.5 mg/日と見込まれた．

フェロモン剤の設置は市街地に隣接するセクター1に限定し，2008年5月から10月までの第2段階だけで使用した．生息域と市街地の境界付近のコンクリート塀や金属フェンスなどの地上約15 cmの高さ，総距離420 mに布粘着テープで固定した．フェロモン剤の効果を確実にするために，設置から約2カ月後の7月と9月に新品と交換した．

効果のモニタリング

防除効果の判定のため，目視によるモニタリング調査を実施した．アルゼンチンアリの生息域内に20 mに1カ所，計86カ所のモニタリングポイントを設定し，各ポイントを30秒間に通過するアルゼンチンアリの個体数，

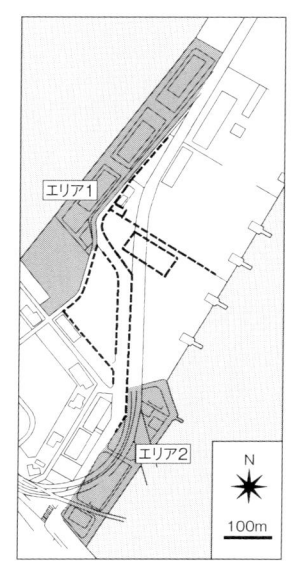

図 11.3 生息域の外側においてアルゼンチンアリの生息の有無を調べた範囲（エリア1とエリア2）．破線は防除活動の範囲（図 11.1 と同様）．

およびその周囲 1 m 以内で確認された在来アリの種名を記録した．モニタリング調査は 2008 年 4 月に開始し（ただし，セクター 3 については 2008 年 10 月から），冬期を除き 1-2 週間に 1 回の頻度で実施した．

上記の調査のほかに，生息域の拡大をチェックするため，生息域に隣接する 2 つの区域（エリア 1 と 2）で目視とシロップを使った調査を行なった．シロップをぬった皿は，エリア 1 では建物を取り囲むように 24 カ所，エリア 2 ではランダムに 38 カ所に設置した（図 11.3）．それと並行して目視による調査を行ない，それぞれアリの種と位置を記録した．エリア 1 の調査は 2009 年 4 月に，エリア 2 の調査は 2009 年 7 月に実施した．

11.3　防除の実際と効果

11.3.1　2008 年

第 1 段階

2008 年 4 月にセクター 1 とセクター 2 で第 1 段階の防除活動を開始した．開始時の生息状況を，各モニタリングポイントを 30 秒間に通過するアルゼンチンアリの頭数で示すと，セクター 1 が 237 頭，セクター 2 が 61 頭であった（表 11.1，図 11.4）．ベイト剤の設置により，1 カ月後の 5 月には，とくに初期の生息密度が高かったセクター 1 で大きく密度が低下した（70 頭）．セクター 2 では初期密度がそれほど高くなかったこともあって，セクター 1 のような顕著な減少はみられなかったが（52 頭），第 2 段階でフェロモン剤を設置することになるセクター 1 で生息密度を大きく抑制できたことで，5 月から第 2 段階に移行することに決定した．防除対象となる生息域全体における防除開始から 1 カ月間の減少の様子は図 11.4 からも明らかである．

第 2 段階

第 2 段階では，2008 年 5 月からベイト剤に加えてセクター 1 の市街地側の境界に沿ってフェロモン剤の設置を行なった．

セクター 1 では 5 月以降も，生息が確認されたポイント数も生息密度も順調に減少し続けた（図 11.4）．これにともなって，もっとも懸念された生息域の拡大（セクター 1 から南側市街地への侵出）はまったく確認されなかった．この結果にフェロモン剤の効果がどのくらい寄与したかは，対照区

表 11.1　モニタリング調査において確認されたアルゼンチンアリ個体数（各ポイントを通過した個体数の合計）の一覧表．カッコ内の数字は各セクターにおけるモニタリングポイントの数を表す．—はデータがとれなかったことを表す．

セクター		2008						2009					
		4 月	5 月	6 月	8 月	9 月	10 月	11 月	3 月	4 月	5 月	6 月	7 月	8 月	10 月
1	(22)	237	70	57	4	10	5	—	0	0	0	0	0	0
2	(39)	61	52	48	132	128	53	—	0	0	0	0	0	0
3	(25)	—	—	—	—	—	516	34	7	3	1	0	0	0

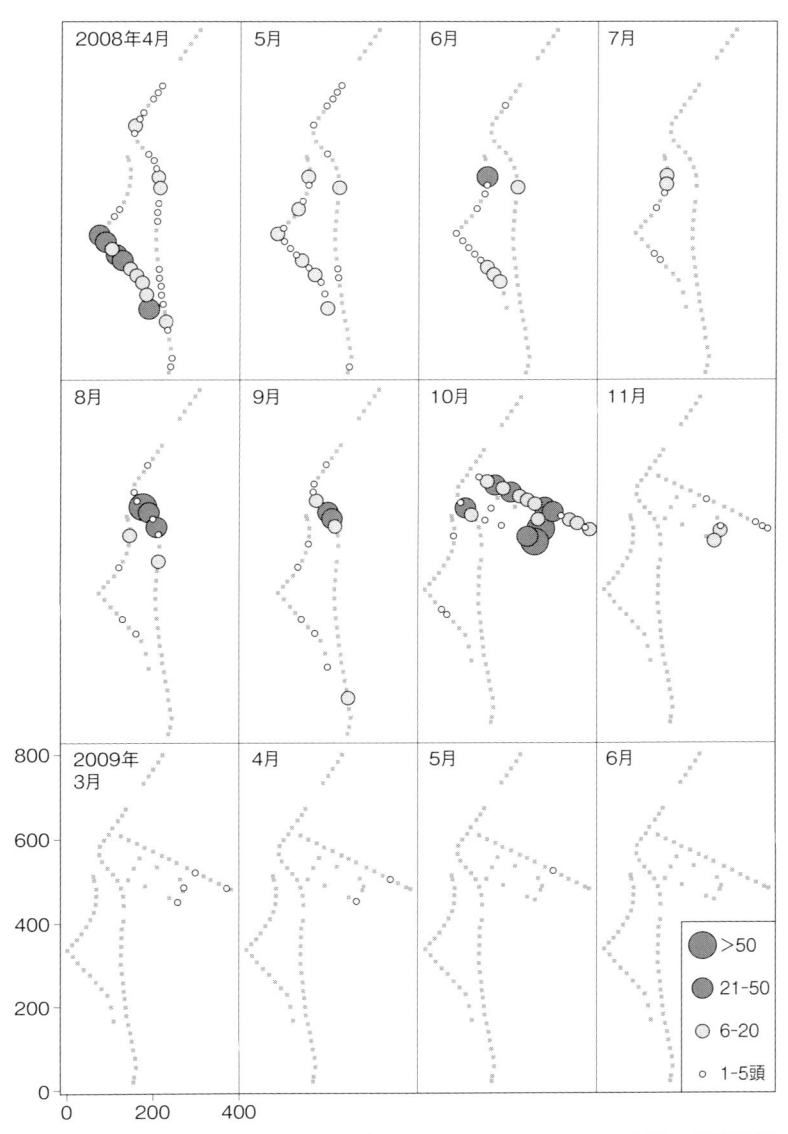

図 11.4 モニタリング調査によって確認されたアルゼンチンアリ頭数の月別概観図．灰色の四角および灰色の丸はモニタリングポイント（図 11.1 の破線上に設定した）の位置を表す．モニタリング調査で各ポイントを 30 秒間に通過したアルゼンチンアリの概数を丸の大きさと色で示す．縦軸と横軸は距離を表す（単位：m）．

を設けることができないという制約から明確にはできないが，岩国市での予備実験の結果（第10章参照）からすると，生息域の拡大を防ぐうえで重要な役割を果たしたことは推測できる．フェロモン剤が効果を発揮したとすれば，フェロモン剤を設置した範囲においては，アルゼンチンアリの行列形成は大きく抑制され，そのためフェロモン剤設置範囲をまたいでの巣の移動ができなくなり，生息域の拡大を防ぐことができたのであろう．その他，ベイト剤による個体数の減少により，フェロモン剤設置範囲を超えるほどの規模の大きな行列をつくれなくなったことも要因となったと考えられる．

セクター2でも，セクター1と同様，7月までの2カ月間は徐々に減少がみられたが，8月に突如として中央付近で高い密度の群が確認された（図11.4）．この状況は9月になっても変わらなかった．この原因は不明であったが，そのときは立ち入りが許可されていなかった隣接するセクター3の内部に発生源がある可能性が考えられた．その後セクター3の調査許可が得られ，2008年10月にモニタリング調査を行なったところ，セクター3にある大きな建物の周囲に非常に高密度の群が確認された．その際のモニタリングポイントの個体数は516頭であり，4月のセクター1の2倍ほどの密度であることが推測された．この群に対して5m間隔でベイト剤を処理したところ，1カ月後には大きく減少し，11月のモニターの頭数は34頭になった．8月と9月にセクター2の中央部で確認された大きな群は，高密度になったセクター3の群が行列を形成して流れ込んだことが原因と考えられた．セクター3の群が減少するにともなって，セクター2の群も減少していることが図11.4からみてとれる．

第3段階

第2段階では，8月以降にセクター2の中央部で局地的・突発的な群の出現があったが，それ以外の生息範囲では，図11.4で明らかなように全体的に順調な生息密度および生息範囲の減少がみられた．セクター2中央部での出現の原因は，10月に入ってセクター3の調査が開始されるとすぐに明らかになり，高密度のベイト剤処理により対応したところ，急速に生息密度が低下した．このようなことから判断して，2008年10月からいよいよ根絶を目指す第3段階を開始した．ただし，第3段階は開始時からすでにア

ルゼンチンアリの生息範囲はごく限られ，生息密度も低くなっていた．開始直後の 11 月の調査では，86 のモニタリングポイントのうち生息を確認したのは 6 ポイントで 34 頭であった．このことに加えて季節が秋から冬に向かって気温が低下し，アルゼンチンアリの活動が徐々に不活発になっていった．そのため，第 1 段階，第 2 段階で実施してきたモニタリングポイントでの生息調査は実施する意味が薄れたので，冬期間は調査を行なわず，第 3 段階の結果は，翌 2009 年の春以降，アルゼンチンアリの活動が活発になる時期を待って判断することにした．

11.3.2　2009 年以降の状況——根絶への道とスポット的な出現

2008 年の春から秋までの防除活動の対象となった生息地では，2009 年 3 月以降の活動が注目されたが，夏期になっても，そのほとんどの部分においてアルゼンチンアリは確認されなかった（図 11.4）．すなわち，セクター 1 では 2009 年 3 月の調査以降アルゼンチンアリは確認されず，おそらく前年からの越冬個体がいなかったと思われた．セクター 3 では一部の個体が越冬したが，2009 年 6 月以降確認されなくなった．2009 年 7 月に実施した調査では，セクター 1 の生息域に隣接する外側も調べたが，アルゼンチンアリはまったくみられなかった．これ以外にも，調査の際には注意深く生息域の外側も観察したが，およそ 2 年以上にわたって生息域の外側でアルゼンチンアリが確認されることはなかったので，生息域の拡大は完全に阻止できたと考えられた．一方，生息範囲の一部では，スポット的に生息が確認されることがあった．1 つは 2009 年 4 月に，生息域の外側（図 11.3 のエリア 1）において目視とシロップを使った調査で確認された小さな群である．これは，発見直後からベイト剤を処理することで短期間のうちに除去することができ，その後の追跡調査においても二度と確認されることはなかった．ほかは，セクター 2 の中央部に位置する場所で，断続的にアルゼンチンアリが確認された．そこは 20 m 四方程度の開けた場所で，埠頭内のほかの場所に比べると植生が比較的豊富であり，セイタカアワダチソウやクズなどの雑草が茂っていた．筆者らが調査を開始した 2007 年にはもっともアルゼンチンアリの生息密度が高い場所の 1 つであった．第 3 段階のモニタリング調査では，2008 年 11 月以降確認されなくなったが，2009 年 8 月に数頭の

アルゼンチンアリが確認された．即時ベイト剤を処理したところ，その後数カ月は確認されなかったが，2010 年 8 月になって再び発見された．以後の調査結果は，生息と非生息の繰り返しとなり，この場所は防除が非常にむずかしい生息地として残された．しかし，2011 年になってその場所がアスファルト舗装されると，以後はまったくアルゼンチンアリは確認されなくなり，ここの群は絶滅に至ったと判断された．これ以後，筆者らが防除の対象とした範囲では 2012 年夏までは，まったくアルゼンチンアリの姿をみることはなくなり，本牧埠頭 A 突堤に生息する横浜港個体群は根絶された可能性が高くなった．

ところが，2011 年の夏，突堤の先端に近いモニタリングポイントのいくつかでアルゼンチンアリが複数みつかった．いずれも図 11.4 の図では最上部に位置するポイントで，図に示されている 2008 年 4 月から 2011 年春の間はまったくアルゼンチンアリがみられなかった場所である．急遽ベイト剤処理を行なったところ，同年秋と翌年 2012 年春の調査ではまったくアリが確認できなくなった．おそらく根絶できたものと思っていたが，2012 年 10 月の調査で，再び同じポイントでアルゼンチンアリがみつかった．これらのポイントに接する南東側には筆者らの立ち入りが許可されなかったエリアがあり，ほかの場所と同様にコンテナの積み下ろしや荷捌きをするための建物が散在している．ここでの生息が強く疑われたため，2012 年 11 月に立ち入り許可を受けて調査を実施したところ，いくつかの建物の周囲の草地や荷物の上でアルゼンチンアリが確認された．この群の由来はいまのところ不明であり，筆者らが防除対象とした群から派生したものなのか，あるいはそれとは別に新たに突堤に侵入したものかはわからない．いずれにしても，最近になって生息密度が高くなった群であることは，4 年以上にわたってモニタリングポイントで姿が確認されていなかったことからも明らかだろう．この群に対しても当然ながら早急な防除が必要であり，それにより根絶が期待できる．

11.3.3 在来アリの回復

防除活動を開始して以降，アルゼンチンアリが急速に減少した一方で，在来アリの顕著な回復を確認した．2008 年 4 月から 2009 年 10 月までの間に，

モニタリング調査で確認された在来アリは 13 種に上った．頻繁に確認された種は，サクラアリ *Paraparatrechina sakurae*，トビイロシワアリ *Tetramorium tsushimae*，ルリアリ *Ochetellus glaber*，オオハリアリ *Pachycondyla chinensis*，ウメマツオオアリ *Camponotus vitiosus*，クロオオアリ *Camponotus japonicus* だった（表 11.2，表 11.3）．在来アリは防除が開始されてから 1 年後の 2009 年 4 月以降に顕著に増加した．モニタリング調査においても，在来アリが確認されたモニタリングポイントの数が著しく増加していることが記録された．アルゼンチンアリが確認されたモニタリングポイントの数とあわせてグラフにまとめると，アルゼンチンアリのポイントが減少することに

表 11.2 セクター 1 において確認された在来アリの一覧．確認された種を + で表す．

	2008						2009						
	4月	5月	6月	8月	9月	10月	3月	4月	5月	6月	7月	8月	10月
サクラアリ *Paraparatrechina sakurae*	+	+	+	+	+	+				+			+
トビイロシワアリ *Tetramorium tsushimae*	+		+	+	+			+	+	+	+	+	+
アミメアリ *Pristomyrmex punctatus*			+						+	+	+	+	+
ウメマツオオアリ *Camponotus vitiosus*	+	+	+	+				+	+	+	+	+	+
ルリアリ *Ochetellus glaber*			+	+	+	+	+	+	+	+	+	+	+
クロオオアリ *Camponotus japonicus*	+	+	+	+						+		+	+
オオハリアリ *Pachycondyla chinensis*	+	+	+	+			+	+	+	+			+
ムネボソアリ *Temnothorax congruus*		+		+									+
クロヤマアリ *Formica japonica*											+	+	+
カワラケアリ *Lasius sakagamii*				+									+
ハダカアリ *Cardiocondyla kagutsuchi*													
イエヒメアリ *Monomorium pharaonis*													
クサアリモドキ *Lasius spathepus*													+

表 11.3 セクター 2 において確認された在来アリの一覧．確認された種を+で表す．

	2008						2009						
	4月	5月	6月	8月	9月	10月	3月	4月	5月	6月	7月	8月	10月
サクラアリ *Paraparatrechina sakurae*	+	+	+	+	+	+		+	+	+	+	+	+
トビイロシワアリ *Tetramorium tsushimae*	+	+	+	+	+	+		+	+	+	+	+	+
アミメアリ *Pristomyrmex punctatus*													
ウメマツオオアリ *Camponotus vitiosus*									+				+
ルリアリ *Ochetellus glaber*					+				+			+	+
クロオオアリ *Camponotus japonicus*			+	+							+		
オオハリアリ *Pachycondyla chinensis*				+							+	+	
ムネボソアリ *Temnothorax congruus*				+						+	+	+	
クロヤマアリ *Formica japonica*										+		+	+
カワラケアリ *Lasius sakagamii*											+	+	+
ハダカアリ *Cardiocondyla kagutsuchi*												+	+
イエヒメアリ *Monomorium pharaonis*											+		
クサアリモドキ *Lasius spathepus*													

呼応して，在来アリが確認されるポイントが増えていることがわかる（図11.5）．

なお，生息域の外部においては，非常に多くの在来アリが確認された．2009年に実施した2回の調査では11種もの在来アリを確認している．

在来アリの回復は，今後，侵略的外来種の再侵入を予防するうえで非常に重要な意味をもつ．防除開始前，アルゼンチンアリ生息域の中心部分であるセクター2において在来種はサクラアリとトビイロシワアリの2種しか確認していなかった．サクラアリは体長が 1.0-1.5 mm の小さなアリで，アルゼンチンアリの侵入に耐えられることはすでに知られている．一方のトビイ

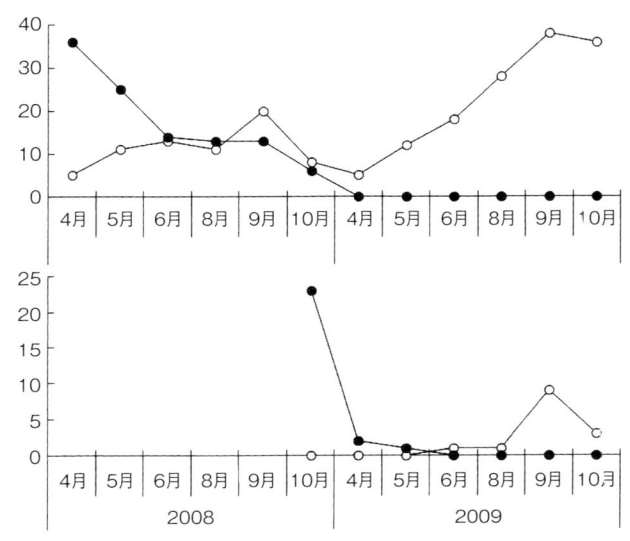

図 11.5 2008年4月から2009年10月にかけて，アルゼンチンアリ（黒丸）と在来アリ（白丸）が確認されたモニタリングポイントの数を表したグラフ．上図はセクター1と2の結果をあわせたもの（モニタリングポイントは全61ヵ所），下図はセクター3の結果（全25ヵ所）．2008年11月から2009年3月は冬期のため調査を省略した．

ロシワアリについては，アルゼンチンアリの侵入により強く排除される種であるとされているが（第8章参照），本埠頭のような侵入からまもない環境においては共存することもできるように感じられた．アルゼンチンアリ生息域の境界であるセクター1では，セクター2に比べ多くの在来アリを確認している．このセクターでみつかったアリのうち，ムネボソアリ *Temnothorax congruus* とオオハリアリは散見的にみつかり，巣もみつかっていないことから，外部から迷い込んできたものと推測される．

2009年のモニタリング結果は，アルゼンチンアリの減少によってもたらされた生態的ギャップ（ecological gap）は在来アリの回復によってすぐに埋められることを示しているといえる．たとえば2008年にセクター1に生息していた一部の種（オオアリ類など）は，2009年にはセクター2へ移動したことが考えられる．それ以外にも2009年春にはセクター3にてトビイ

ロシワアリが確認されている．セクター3は，2008年にはアルゼンチンアリしかみつかっていないため，それらのトビイロシワアリは結婚飛行によって移入してきたことが考えられる．

11.3.4 筆者らの防除活動の影響

アルゼンチンアリの減少

横浜のアルゼンチンアリは2009年6月までにおおむね駆除されたが，根絶を確認するためにはその後も経過観察を続ける必要があった．侵略的外来アリの根絶に成功した研究はごくわずかな例しかないが，それらは自然保護区域などにおいて生態系の保護を目的としたものだった．筆者らの知る限りでは，市街地においてアルゼンチンアリの根絶に成功した事例はDavisらによるもの（Davis et al., 1998）だけである．筆者らの研究は港湾地域でアルゼンチンアリを防除するための好適な参考例となることが期待される．

効果的なベイト剤の使い方

筆者らの研究においては，ほかの防除事例に比べて，ベイト剤の使用は比較的少量ですんだ．侵略的外来アリを防除した過去の事例では，対象となる地域全域に対して多量の殺虫剤を投下することがほとんどだった．たとえばガラパゴス諸島のマルチェーナ島で行なわれたコカミアリ防除では，根絶に至るまでに20.5 haに対し396 kgのベイト剤が使用され，ニュージーランドのチリチリマタンギ島でのアルゼンチンアリ防除（第9章，コラム-5参照）では，ほぼ根絶に至るまでに11 haに対し61.9 kgが使用されている．一方で，筆者らの研究ではベイト剤の処理方法を工夫し，つぎのようなやり方で進めていた．①ベイト剤はアルゼンチンアリが巣をつくりそうな場所を中心に設置する．②ベイト剤は中身が食べつくされたときや，塵が混じり使用に耐えられなくなったときにのみ交換を実施する．そのため，2008年4月からほぼ根絶の状態になった2009年8月での期間で使用されたベイト剤は最長部分で約1 kmの生息域に合計1039個で，ベイト剤の重量に換算して2.6 kgであり，これは当初予想したよりも大幅に少なかった．

ベイト剤の使用が少量ですんだほかの要因としては，つぎのことが考えられる．1つめは，ベイト剤がプラスチックケース内に毒餌が収納されるタイ

プだったため，地面に毒餌を直播きする場合に比べて，殺虫効果を長い期間持続させることができたこと．2つめは，港湾地区は植生が乏しいことからアリにとって食料資源が少ない環境であるため，自然保護区などで同じような防除を実施する場合に比べ，ベイト剤への誘引力が強かったことが考えられる．3つめは，これがもっとも大きな要因かもしれないが，生息が線状に限定されていたことで，生息地に沿って設置されたベイト剤にアリが接触しやすかったことである．

モニタリング調査の有効性

防除を進めるなかで，アルゼンチンアリの活動状況を正確に把握することは効率的に進めるために非常に重要である．アリの生息調査については，餌となるものを置いてそれに集まるアリを観察する方法，地面に落とし穴をあけてアリを捕まえる方法（ピットフォールトラップ）と，目視で観察する方法の3つが慣例的に実施されている．この研究ではおもに目視による調査を行なうこととし，モニタリング調査においてはモニタリングポイントを設定し，観察にあたっては雑草の周囲や廃材の下といったアルゼンチンアリが巣をつくりそうな場所を徹底して調べた．目視による調査を行なった理由は2つある．本埠頭は大部分がコンクリートやアスファルトで舗装されていて，地面に穴をあけることができないためピットフォールトラップを設置できなかったことが最初の理由．続いて，餌を置く方法については，何回か実施して有益なデータをとることはできたものの，日々多くのコンテナが荷捌きされる港湾では，トレーラーなどの交通も激しいことから，アルゼンチンアリの生息域全域に網の目状に等間隔で餌を設置して，そこに集まるアリを観察するのは現実的な方法ではなかった．そのため，当地での調査では，目視による調査を中心として，補足的に餌を使った調査を取り入れることがもっとも適していると考えた．この組み合せは，短い調査時間のなかで生息域全体をくまなく調べられたことと，1回の調査にかかるコストが少なくすんだことなどから長期間継続してデータを得られるなど，非常に有効に働いた．しかしながら，2009年に入ってアルゼンチンアリの個体数が減少してからは，いるのか，いないのかを上述の方法によって判別することは困難になった．そこで，結果の信頼度を高めるために以下のような工夫をこらした．①アル

ゼンチンアリの密度がもっとも高くなる夏期に集中して調査を行なう．②アリの生息できる雑草の周囲や餌資源の近く（自販機ゴミ箱の近くなど）では目視の時間を長くする．③シロップを置く場合にはたんに地面に置くだけではなく，アリが行列をつくりやすい場所を選び，置いてからの観察時間を長くする．

引用文献

Causton, C. E., C. R. Sevilla and S. D. Porter. 2005. Eradication of the little fire ant, *Wasmannia auropunctata* (Hymenoptera : Formicidae), from Marchena Island, Galápagos : on the edge of success? Florida Entomologist, 88 : 159-168.

Davis, P. R., J. J. van Schagen, M. A. Widmer and T. J. Craven. 1998. The trial eradication of Argentine ants in Bunbury, western Australia. Intern. Rep. Soc. Insect Res. Sect, Agric. West Aust.

Hoffmann, B. D. and S. O'Connor. 2004. Eradication of two exotic ants from Kakadu National Park. Ecological Management and Restoration, 5 : 98-105.

Sunamura, E., S. Suzuki, K. Nishisue, H. Sakamoto, M. Otsuka, Y. Utsumi, F. Mochizuki, T. Fukumoto, Y. Ishikawa, M. Terayama and S. Tatsuki. 2011. Combined use of a synthetic trail pheromone and insecticidal bait provides effective control of an invasive ant. Pest Management Science, 67 : 1230-1236.

コラム-8　横浜港におけるアルゼンチンアリの発見

砂村栄力

　2006年末の時点で，日本国内で知られるアルゼンチンアリの生息地は，山口・広島・兵庫・愛知の4県だったが，筆者は2007年2月に神奈川県横浜港で生息を発見し，これが本種の関東初記録となった．本コラムではその経緯を紹介する．

　筆者はアルゼンチンアリの侵入経路を研究してきた．研究の結果，日本へは海外から複数回の侵入が示唆され，とくに兵庫県神戸港は国内外から4回以上の侵入が示唆された（第4章参照）．このように港湾地域である神戸が高い侵入圧にさらされていることが明らかとなり，神戸港以外の主要な港でも，まだ認識されていないだけで，じつはすでにアルゼンチンアリが侵入している可能性が危惧された．筆者の活動の拠点であった東京から近い距離にある横浜港は，神戸港と共通点が多い．ともに五大港に数えられる国際貿易の拠点であり，横浜ベイブリッジと神戸大橋，横浜中華街と神戸南京町，異人館，と構造や文化にも類似するところが多い．そこで，横浜港にアルゼンチンアリがいないか，調べる価値があると思われた．

　2月11日は建国記念日であるが，2007年のこの日，大学院修士課程1年生だった筆者は，休み明けに控えたセミナーの発表準備に行き詰まり，気分転換のため横浜港へ行くことにした．冬なのでアルゼンチンアリがいたとしても発見確率は低いと予想していたが，春以降の生息調査にそなえて現地を視察するのが目的であった．昼過ぎにJR桜木町駅に着き，そこからみなとみらい，山下公園，本牧方面へと移動していった．神戸では三宮から神戸大橋を渡ったポートアイランドにアルゼンチンアリが生息しており，横浜港では本牧埠頭からベイブリッジを渡った大黒埠頭が神戸の生息地を連想させたため，ベイブリッジの付け根である本牧埠頭A突堤を目指したのである．A突堤へ進んでいくと，観光地であるみなとみらい-山下公園とは景色ががらりと変わり，街路樹もなくコンクリートで舗装された道路が続く，コンテナがずらりと並ぶ地域に入った．一般人が立ち入ることはまずなさそうな雰囲気を感じながらも突堤の先端近くまで歩いたが，そこからベイブリッジを徒歩で渡ることは不可能であることがわかり，引き返すことになった．そのとき，周辺ではめずらしく土があり草木が植わっている建物を通りかかった．その塀に目をやると，アリが歩いているではないか！　寒さのため動きこそ緩慢なものの，数十個体からなる行列

が形成されており，色や形態からアルゼンチンアリだと思った．筆者はアルゼンチンアリらしきアリをみつけたとき，つぶしてにおいをかいでアルゼンチンアリかどうか確認することにしている．アルゼンチンアリをつぶすと，爪垢が強烈になったような独特のにおいがするのである．そして，今回みつけたアリのにおいは，まちがいなくアルゼンチンアリのそれであった．また，行列をよくみると，小型のクモの死骸を運ぶ個体や吸汁によって腹部が膨張した個体が歩いており，餌採りをしていたのだとわかった．冬でもある程度活動するというのも，アルゼンチンアリの生態の特色の1つである．発見した個体の一部をサンプルとして持ち帰り，それらは序章ほかの執筆者寺山によってアルゼンチンアリと同定された．

　その後2月19日には田付，寺山，坂本，および筆者の4名で現場を訪れた（図1）．その際は最初の発見場所を中心に道路沿い約1 kmの範囲で断続的な生息を確認できた．最初の発見場所付近では，地面に置かれた材木の下や板切れの下で多数のアルゼンチンアリがみられた．その他の場所でも，道路の縁，コンクリート壁，草むらなど日当たりのよい場所や，排水口付近でアルゼンチンアリがみられ，行列も複数観察できた．一連の調査結果は速やかに雑誌『昆虫と自然』に報告した（砂村ほか，2007）．

　A突堤は一般の立ち入り禁止の場所であることがわかり，2007年4月からは，埠頭を管理する横浜港埠頭公社（現．横浜港埠頭株式会社）から正式な許可を受けたうえで，学部4年生として新たに研究室に所属した鈴木（第11章の執筆者）が中心となって調査を進めることになった．調査は生態研究から駆除実験に発展し，その成果が彼の執筆する第11章に記されている．

　鈴木の調査によって，2月に確認した断続的な生息がじつは連続であること，2月に確認したより広範囲に生息がおよんでいることがすぐに明らかとなった．ただし，当初生息を予想した大黒埠頭や，周辺のほかの地域では，アルゼンチンアリは確認されなかった．冬に，たった数時間の調査

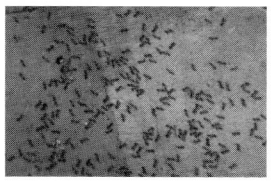

図1　2007年2月19日の調査の様子．左：最初にアルゼンチンアリが発見された建物の周囲．右：地面に落ちていた板切れをひっくり返すと多数のアルゼンチンアリがみつかった．

で，横浜からアルゼンチンアリが発見されたのは奇跡だったのかもしれない．しかし，侵入予測・モニタリングから早期発見・駆除を実践するという意味で，横浜港のアルゼンチンアリは外来生物の水際防除の模範例となることが期待される．

引用文献
砂村栄力・寺山　守・坂本洋典・田付貞洋．2007．横浜港のアルゼンチンアリ──東日本で初の生息確認．昆虫と自然，42（7）: 43-44．

終章　これからのアルゼンチンアリ

田付貞洋

　終章では，これまでに本書で述べられてきたことを総括することで，これからの分布拡大，今後の効果的な対策のあり方についてあらためて考える．そのうえで，残された研究課題としてなにがあり，それらを進めることによって将来のアルゼンチンアリ対策にどのように生かされるかを考察する．

1　国内でのこれからの分布拡大

　日本でのアルゼンチンアリの分布は，過去20年の様子からすると，効果的な対策がとられない限り今後も拡大し続けると考えるのが自然だろう．アルゼンチンアリの分布拡大が問題になるのは，自力での分巣によるものよりは，非意図的にヒトが運んでしまう場合がほとんどである．これには，これまで同様に，国内の生息地から運ばれる場合と，新たに国外から運ばれる場合の両方の可能性があるが，いずれにしても侵入して定着できるかどうかは，運ばれた先の環境要因にかかっている．

（1）生息の制限要因は意外にわずかなのか

　一般に生物の分布をもっとも基本的に決めるのは地史的要因である．しかし，アルゼンチンアリはすでに原産地から遠く離れて世界中に拡がっている種なのでこの要因は無視できる．つぎに分布を制約する強い要因として地理的障壁がある．広い海や大きな川，高い山脈などが移動を制約する．だが，この点もこのアリの長距離移動がもっぱらヒトによる非意図的運搬によって達成されることを考えると大きな意味はもたない．今後も分布拡大の問題の

ほとんどは，分巣によるローカルなものではなく，物流や交通機関に付帯したものをヒトが運んでしまうものだろう．そのようにして移動した先で定着を左右する環境要因のうちで主要なものは，非生物的要因として温度，水，営巣場所が，生物的要因として食物ならびに競争者や天敵が考えられる．このうち，温度と水がとくに重要であることが第2章ほかで示されている．

温度

分布制限要因としての温度については，すでに第3章で詳細に述べられている．アルゼンチンアリは南米原産のイメージに反し，比較的耐寒性が高い．また休眠性をもたないことにより，日本の生息地では冬期でも日ざしのある温かい日中や屋内で活動がみられる．ただし，長期間の積雪や連続した0℃以下の低温には弱いので，雪の深い中部地方以北の日本海側や東北地方北部から北海道，および標高の高い山地帯への定着はむずかしいかもしれない．ただし，冬期には屋内に営巣する例もあるので，上の地域にもそのようなケースが出てくる可能性は留意したほうがよい．そこまで寒さが厳しくない関東地方北部から東北地方南部の低地での定着は容易であろう．反対に高温にはあまり強くないようで（岩国市などでの観察でも盛夏には日中の活動性が低下し，とくに日当たりのよいところでは行列がみられない），熱帯域でも分布は限られている．しかし，国内では南西諸島や小笠原諸島でも十分生息できると思われるので注意が必要である（第8章参照）．なお，将来いわゆる「温暖化」が進行すれば東北北部，北海道や高地への侵入も可能になるだろう．

水

アルゼンチンアリは水を得やすい比較的湿度の高い環境を好む．これは原産地でも侵入地でも共通していて，とくに水が得られることは重要な生息の条件になるようだ．河川の近くに生息地が多いことはこれを裏づける．反対に極度に乾燥している場所や水が得にくい場所では侵入したとしても定着はしづらいだろう．いずれにしても，降水量が多い日本で水条件が大きな制限要因になることは，普通は多くないと思われる．

営巣場所

多くのアリと異なり，アルゼンチンアリは営巣場所として土中だけでなく地表のさまざまな空間を利用できるので，強い制限要因にはならない．ただし，まったく土のないところでは生息がむずかしいようだ．これには水条件が関係するのかもしれない．たとえば，横浜港の生息地である埠頭では，大部分がアスファルトやコンクリートで舗装されていて，土が露出して植生がみられるのは道路沿いや建物の周囲に限定されている．アルゼンチンアリの営巣がみられるのはこのような部分の土中やコンクリートの割れ目，資材の下などに限定されていた（第11章参照）．

食物

食性の幅がきわめて広いため，餌メニューも多彩で野生の動植物（生きているものから遺骸まで）とそれらの生産物からヒトの食物やその残滓に至っている．したがって，自然環境でも人工的な環境でも，豊富に得られるかどうかの差異はあるにしても，ほとんどどこでもなんらかの食物を得ることは可能だと思われる．小型であることで個体あたりの必要量が少なくてすむことも，多くの個体を養うのに有利である．温度と水の条件が比較的マイルドな日本では，特殊な場合を除いて食物要因が定着を左右することは考えにくい．

競争者と天敵

競争者や天敵は分布制限要因としてきわめて重要である．原産地で多発に至らないのは，複数のスーパーコロニーが共存してたがいの競争が強いためと考えられている（第5章参照）．これまでに述べられているように，日本ではもちろん，原産地でもアルゼンチンアリに特化した有力天敵は知られていない．日本ではアリを好んで捕食するアオオビハエトリ *Siler vittatus*（ハエトリグモの一種）が知られているが（第2，8章参照），増殖力が高くないので多発生を抑制するほど強力な天敵にはならない（Touyama *et al.*, 2008）．国内で競合する動物の筆頭は，生活空間，餌および採餌方法が大幅に重なる在来種のアリだろうが，少なくともすでに多発している場所では制限要因にならず，ほとんどが駆逐されている．しかし，国内に有力な競争者

や天敵がいないわけではなさそうだ．後に述べるように，アルゼンチンアリの多発域（住宅や畑が存在）に隣接する森林にアルゼンチンアリの姿がみられず，代わって多くの在来アリが生息している事実は，林内に強い天敵圧が存在する可能性を示すものといえよう．

（2）市街地が提供する好適な生息環境

国内外を問わず，侵入先でアルゼンチンアリが多発することが多い港湾や市街地（住宅，学校，工場，公園など）は，ヒトによる生態系攪乱が徹底しており，多くの生物にとっては住みにくい．実際に生物多様性は貧弱である．一方で，そういう環境でヒトに依存して繁栄している少数派がしばしばヒトにとって有害な生物となる．侵入地のアルゼンチンアリはまさにこのような生物の代表だろう．このアリにとっては，水，食物，営巣場所を得やすく，かつ天敵が少ないという，「理想的な」条件が整っている．また，遠距離移動の主要な手段とみられる交通機関による運搬では，出発点も到着点もたいがいこのような場所に立地していることも分布拡大を助ける大きな要因だろう．

以上述べたことから国内でのアルゼンチンアリの分布拡大可能な範囲を考えると，強い制限要因となる温度条件をクリアできるところであれば，人工的な環境（港湾，空港，市街地，工場用地，都市公園など）のどこにでも定着の可能性があると考えなければならない．さらに，市街地が好適な生息環境である本種は，今後ヒトに頼る度合いを高めることで野外の低温すら克服する可能性がある．

2007年に岐阜県（各務原市）で生息地がみつかるまで，国内の生息地はいずれも海岸沿いに限られていたため，海に近いことが生息の条件のように思われていた．しかし，岐阜県での発見以後も京都府など内陸部の生息地がみつかっているので，今後は内陸部の河川沿いや，ある程度標高の高い場所への移動・定着も十分視野に入れなければならない．また，先に森林には侵入がむずかしいことを述べたが，これは必ずしも自然環境に入りにくい，ということを意味しない．ハワイの生息地のように自然公園内に定着している例もあり（第5章参照），日本でも火山の山麓や砂丘のような，地質や植生

が極端な環境には侵入の可能性があると思われる．

2　これからの対策

　アルゼンチンアリは特定外来生物なので，侵入・定着が判明すれば，防除の対象にされるが，いまだに効果的な防除法がない難防除害虫である．しかし，近年，生息地域全体の一斉防除が一定の防除効果をあげることや，生息範囲が限定されていれば根絶の可能性があることもわかってきた．このようなことから，これからの対策は生息状況に応じて柔軟に行なわれるべきである．そのためには，生息状況や侵入の有無を正確に把握できることが重要になるが，それは必ずしも容易なことではない．侵入に対しては，物流の拠点となる貨物ターミナル，港湾，空港などに効果的な監視体制を構築するとともに，一般への普及・啓蒙活動もきわめて重要である．高密度に拡がっている地域では，根絶を目指す前に「一斉防除」により生息の密度・範囲を抑制して，まず実害のないレベルを目指すことが現実的だろう．その結果を吟味し，可能な場合はつぎの段階として根絶防除の実施に向かうことになる．なお，上と並行して未生息地にアリを「輸出」させない努力も大切である．

（1）効果的な監視体制――高度化と普及・啓蒙

　新たな侵入・定着を防止するためには，物流のハブとなる場所や港湾，空港などで効果的な監視体制を構築することも重要なポイントである．これは，いわば水際での侵入防止で，ここを突破されると二次的，三次的な分布拡大につながる可能性が高まる．農産物や園芸植物の輸入に際しては植物防疫法にもとづく植物検疫が行なわれるが，その際に特定外来生物であるアルゼンチンアリも防除対象にされるようになった意義は大きい（第9章参照）．しかし，植物検疫の対象以外の輸入物については的を絞っての監視はむずかしい．だからといって，広範囲の貨物全体に限られた人数が監視の目を光らせるのは無理である．麻薬探知犬の存在は周知だが，この原理でトコジラミやシロアリの探知犬も海外では登場したそうである（坂本洋典氏，私信）．アルゼンチンアリ探知犬が主要な港湾や空港に配備される，というのも夢物語ではないだろう．もちろん，コストの問題をクリアする必要がある．

監視体制とともにアルゼンチンアリの啓蒙活動も重要である．一部自治体などですでに始められているが，どういうアリで，侵入・定着がどんな問題をもたらすかを，マスメディア，パンフレット，インターネットサイトなどさまざまな手段を活用して，物流，港湾，空港で働く人々はもちろん，一般市民にも広く知ってもらう努力をする．これは非常に重要であるにもかかわらず，意外に効果があがりにくいのが実態のようだ．それは，アルゼンチンアリが，アカヒアリ Solenopsis invicta のように人命にかかわる危険な生物ではなく，少々存在する分にはなんの問題も引き起こさないことがおもな理由だろう．それとともに，被害の現れ方が多様で的が絞れないことも啓蒙活動をむずかしくしているようだ．

　アルゼンチンアリはとくにめだつ形態的特徴がないため，形態から種を同定するのがむずかしいアリである．地域，行政，専門家をつないで正確・迅速に同定できるルートを各地に整備できればよい．小型で褐色のアリが異常に多数の行列をつくっていたり，群がって活発に活動していたら，本種を疑って同定ルートに乗せられるようなシステムである．また，そのような場合の簡易同定法に道しるべフェロモンが利用できるかもしれない．たとえば，合成フェロモン成分 Z9-ヘキサデセナールを含ませた油性インクで紙などに線を引き，そこに行列を誘導してアリが線に沿って往来したら，アルゼンチンアリである可能性がきわめて高い．このような目的でボールペン様の器具を作成することはさほどむずかしいことではないのではなかろうか．

（2）侵略的外来種対策の基本は「根絶」

　侵略的外来種は，第1に在来の生態系を攪乱して生物多様性を劣化させる可能性が高い外来の生物である．そのため，原則としては侵入した個体群の根絶を目的とした対策がとられなければならない．しかし，人命の危険を回避する，あるいは社会や経済に与える重大な障害を除去するなどの目的と違って，生態系攪乱を抑止するという目的に対しては，ただちに目に見える効果が現れないためどうしても防除コストは低く抑えられてしまう．そのため，下に述べるように多大のコストを要する根絶防除には多くの場合，すぐに着手するのはむずかしい．これには生態系攪乱のリスク評価が社会に受け入れられにくいという問題を別途取り上げる必要があるだろう．ともかく現

状で根絶を目指した防除が可能なのは，侵入・定着してまもないなどで，生息範囲が限定的であるなどの場合だろう．アルゼンチンアリでは，定着後の時間が経過して活発な増殖が続くと分巣による生息範囲の拡大がどんどん進行する．本種の防除手法の根幹がベイト剤処理であることから，とくに市街地での個体群の根絶には「経済的な問題」に「生活環境の安全」が加わるため，根絶防除はいっそう困難である（第9章参照）．実際，市街地に侵入したアルゼンチンアリ個体群を根絶できたという事例は世界中をみてもほとんどなく，ほぼ根絶にまで追い込んだ例も横浜や東京の事例などわずかしかない（第9，11章参照）．

個体群の根絶を目指す防除を実施することは容易ではない．わが国が世界に誇れる成功例に「南西諸島のウリミバエ *Bactrocera cucurbitae* とミカンコミバエ *B. dorsalis* の根絶」がある．これらの事例は南西諸島全体を対象としたきわめて大きなスケールで行なわれたものであり，用いられた防除手法もまったく異なるので，アルゼンチンアリの根絶防除とただちに比較できるものではない．しかし，この事業に費やされた時間と費用，そして多様な分野の大勢の研究者，技術者が心血を注いだエネルギーの大きさは，個体群を根絶に導くことの困難をじつに明白に物語っている（小山，1994）．さらに，根絶防除は苦労の末に目的が達成できてもそこで終わりにはならない．その後の再侵入（万が一の生き残りによる再発も理論的にありうる）にそなえての厳重な監視活動が半永続的に続くことを覚悟しなければならないのだ．

（3）とりあえずは「ただの虫」に，そして「根絶」へ——IPMに学ぶ

前項では侵略的外来種対策の基本は「根絶」であるが，実際に侵略的外来種の定着が確認されても，ただちに根絶を目指した防除を実施することには困難が多いことを述べた．アルゼンチンアリの場合，たとえば第11章で取り上げた横浜の事例では，生息できる範囲が線状に限定され，しかも生息地全体が市街地から隔離されているという条件があったので根絶も現実的目標になりえた．しかし，これまでに確認された国内の生息地の多くは市街地にあり，生息範囲がそのなかに面的，あるいはモザイク状に拡がってしまっているため，全体を対象に根絶を目指した防除を実施することは，「費用対効果」と「生活環境の安全」の両面からむずかしい．したがって，このように

拡がった多発地の場合は，いっきょに根絶を目指すのではなく，段階的な手順を踏んでの防除が現実的ではないかと思われる．

「害虫」を「ただの虫」にする第 1 段階

環境省が主導して進められたいくつかの防除事業や自治体が住民と一体になって実施した防除活動などを通して，多発したアルゼンチンアリに対しては地域ぐるみの一斉防除が有効であることが示されている（第 9 章参照）．また，これらを通じて効果的な防除手法，防除時期なども徐々に明らかになってきた．ただし，これらは根絶を前提とした防除ではなく，どうやったらアリの数，ひいては住民の被害を減らせるかを目的としたものであった．根絶を目指す防除の第 1 段階はこれとほとんど同様の考え方で進めることができると思われる．初めに，この段階の目的と防除手段を改めて明確にしておこう．

第 1 は，いままで述べてきたようにアリの数を減らすことだ．ここでは根絶までは考えず，目安は在来アリ類の復活である．それが達成されれば大量のアルゼンチンアリの行列が住居など建物に侵入する害は大幅に減り，在来アリが共存することにより，アルゼンチンアリが普通のアリの一員となることが期待できる．生息密度が低下すれば，分巣による生息範囲の拡大も起こりにくくなる．この考え方は，害虫防除における IPM（総合的有害生物管理）に学ぶものである．IPM では害虫の根絶を第 1 目標とはせず，経済的な視点を盛り込んで害虫個体群密度を経済的に被害が許容できる水準（経済的被害許容水準）以下に管理することが目標となる．これによって，防除コストのカットとともに殺虫剤多用に起因する健康や環境におよぼす弊害も軽減できる．アルゼンチンアリの場合は，経済的被害許容水準ではなく，住民が被る実質的被害を許容できる水準以下に管理することを目指すことになる．もちろん，そうなるには適切な防除手段を講じなければならない．これまでの実績から，ベイト剤を主体とした定期的な地域一斉防除が効果的と考えられる．地域一斉の「地域」は，アルゼンチンアリが連続的もしくは隣接して生息するエリア全体である．実際にアリを減らすのにどの程度のベイト剤を必要とするかは，厳密にはエリア内の生息密度やその他の生態的な諸条件によって決められるのだろうが，アルゼンチンアリでは個体数を推定する

簡便な方法がないため，これまでの経験とアリによるベイトの消費状況によりベイト剤の設置密度や交換の間隔を決めていくことになる．アリの減少は定点観察（目視）によるアリの数や餌（シロップなど）に集まるアリの数から判断できる．

　第2は，生息エリアの拡大を阻止することだ（障壁処理，第9章参照）．これにはエリアの外縁に沿って道しるべフェロモン剤を処理するのが有効であることを横浜での実績が示している（第11章参照）．この場合は一斉防除と別に処理を長期間（数カ月）継続する．なお，この目的には残効性の高い殺虫剤の帯状処理によっても同様の効果が得られるだろう．ただし，在来アリが多く生息するエリア外との境界領域であることを考慮すると，できればアルゼンチンアリにだけ有効なフェロモンの使用が望ましい．

　以上のように，まずはアルゼンチンアリを「やっかいな害虫」から「ただの虫」に変化させることを目指す．もちろん「侵略的外来アリ」を「ただのアリ」にするのは容易なことではないが，一斉防除を繰り返すことで不可能ではないと考えられる．並行して生息エリアの拡大を阻止する努力が実れば，結果的には拡大を阻止するだけでなくエリアの縮小が期待できる．ただし，このようにうまくいったからといって，手を緩めれば元の木阿弥になることも明らかである．「ただのアリ」を維持するためには，継続的なアリ数の調査（上述）を行ない，その結果にもとづいて適切な防除圧をかけ続ける必要がある．

根絶を目指す第 2 段階

　第 1 段階が功を奏すれば，アルゼンチンアリの生息範囲は縮小し，生息密度が低下することが期待できる．こうして「ただの虫」になってからの生息状況（生息範囲，生息密度）を詳細に把握するとともに，経済性や住民の意向などさまざまな要因も検討して，本来の目的である第 2 段階，「根絶」の当否を判断することになる．技術的には第 11 章の横浜の例における「根絶防除の第 3 段階」に相当し，この段階での防除手段はもっぱらベイト剤になるだろう．第 1 段階より小さな面積を対象とするが，防除の中身は第 1 段階の一斉防除と比べてより濃厚になる（投下するベイト剤の量，処理地点数，処理の時間間隔）のはいうまでもない．この段階では第 1 段階よりも

綿密な監視体制が必須であり，その結果にもとづいて随時防除圧を決めていくことになる．なお，監視の対象にはアルゼンチンアリだけでなく在来アリも含める．

すべての観測点でアリのカウント数0が続くようになれば，根絶の可能性が出てくる．しかし，「根絶」の推定には慎重な態度が必要である．前出のミバエ類の根絶事業に際しても，「カウント数0」が何回連続すれば根絶できたといえるかは重要な問題で，これに対して数理的裏づけのある方法が提出されているが（久野，1978；Kuno, 1991），実際には生き残る確率を小さくとるほど必要なカウント0の回数は増大する（確率0では無限回）．横浜のアルゼンチンアリ根絶防除では，発生の最盛期を中心に年に数回（1回の調査ポイント数は八十数ヵ所），3年間の調査ですべて「カウント0」になったら事実上根絶と考えることにした．なお，上に示したように，根絶という結論に達しても再発する可能性は0ではない．さらに，新たな侵入の可能性がつねにあることにも留意しなければならない．

3　残された研究課題

地球はどんどんと「狭くなって」いく．ヒトもものも世界の隅々まで容易に移動できる時代である．今後もますますグローバル化は進行するだろう．こうした時代にあって，野生生物だけを原産地にとどめておくことは，実際には困難というより無理なのかもしれない．あるシンポジウムで「ヒトも自然界の一員なのだから，ヒトの活動によって引き起こされる『外来生物』もまた，自然現象として受け入れるべきではないか」という意見を聞いたことがある．また，「外来種に絶滅させられた在来種はいないのだから，外来種はむしろ日本の生物多様性増加に貢献している」と述べた専門家もいる（西廣，2010）．これらは今後の外来生物に対する考え方を根底から変えさせる意見であるのかもしれないが，アルゼンチンアリの現実を思い浮かべると筆者には容易に与することはできない．本節では，アルゼンチンアリと対決していくための新たな防除手法開発の可能性をさぐり，最後にアルゼンチンアリという種の未来について考えたい．

（1）新たな防除法の可能性——森林生態系に学ぶこと

アルゼンチンアリが多発し，在来アリ類のほとんどが駆逐されてしまった岩国市黒磯町の生息地での経験である．そこは海岸沿いに国道が走り，海から緩やかな傾斜地が山に向かって続き，だんだんとその傾斜がきつくなって数百 m も進めば山林に入る（第 3 章の図 3.5 に地図がある）．アルゼンチンアリは海岸近くの住宅の敷地内や家庭菜園，それらに接するミカン畑，水田やレンコン畑の畦などに高密度に生息していた．地表には在来アリの姿がまったくみられず，山に向かって進んでも，人家と畑がある限りはアルゼンチンアリの世界だった．ところが，畑に接して現れた山林に一歩踏み入れると，一転してそこにはアルゼンチンアリの姿がまったくみられず，代わって信じがたいほど多くの在来アリが生息しているのに驚愕した．林内にアルゼンチンアリがみられなかった理由は明らかではないが，そこには林地に特有の天敵圧が存在したと考えるのが自然ではないだろうか．もし推察が妥当であるならば，「侵略的外来種」であるアルゼンチンアリにも破ることができない生物的バリアの存在を示唆する．こうしたバリアが単独あるいは少数の天敵や競争者によるものなのか，多様な生物種による総合的なものなのか，あるいはまた未知の非生物的な要因も働いているのか，など，生態学的な調査によってぜひとも解明してほしいことである．結果いかんによっては，まったく新しいアルゼンチンアリの防除法に結びつく可能性があるのではないかと筆者はひそかに期待している．

（2）ゲノム情報から

コラム-1 で紹介されているように，アルゼンチンアリでも近年ゲノム情報が公開された．解読されたゲノムから多数の遺伝子の存在が推定され，そこからみえてくる研究推進の可能性についてもコラム-1 に書かれているが，おそらく研究が進むにつれてその範囲は無限に拡がっていくだろう．

初めに，同じ社会性昆虫であり，すでにゲノム解読がされているセイヨウミツバチ *Apis mellifera* や数種のアリに加えてアルゼンチンアリのゲノムが解読されたことで，社会性昆虫特有のゲノム構造がいっそう明確になることが期待される．たとえば，コラム-1 で重要性が述べられている「社会的免

疫システム」や，それに関連して免疫にかかわる遺伝子数がキイロショウジョウバエ *Drosophila melanogaster* よりも少ないことは，セイヨウミツバチとも共通している．味覚や嗅覚にかかわる遺伝子が多いこともミツバチと共通しているが，これはミツバチやアリがカーストやコロニーの識別を多様なフェロモンを介して行なっていることから当然ともいえる．その他，多くの社会的行動の制御に関連する遺伝子の比較も興味深い．

　つぎに，アルゼンチンアリの特異性の解明である．本書の「はじめに」に書かれているように，わずか 150 年の間に「史上最強の侵略的外来種」になれたのはアルゼンチンアリ最大の謎である．これはこのアリが過酷な原産地の環境に適応することによって特別に身につけたであろう多くの「進化産物」によると思われるが，これらの多くがほかのアリ類のゲノムとの比較から解き明かされるのではないか．そのなかで，アルゼンチンアリが特別にもつタフネスにかかわる遺伝的基盤も浮かび上がってくるのではないかと期待される．

　昆虫のホルモンやフェロモンの生産，老廃物や異物の解毒など，広く体内の酸化的代謝にかかわるシトクローム P450 ファミリーに属す酵素が 100 種以上存在すると推測されている．殺虫剤抵抗性にこの酵素群がかかわる例も多いが，アルゼンチンアリは各種殺虫剤に対して比較的感受性であるので，殺虫剤の解毒代謝には重要な機能をもたないのかもしれない．キイロショウジョウバエでは体表炭化水素の生合成に P450 が重要な役割をもつことがわかっている（Qiu *et al.*, 2012）．アルゼンチンアリのスーパーコロニー識別に重要な役割をもつ多数の体表炭化水素の合成にもこの酵素群がかかわっているならば，炭化水素プロファイルのスーパーコロニー特異性発現を遺伝子レベルで解明できるかもしれない．

　以上のように，社会性昆虫の共通性やアルゼンチンアリのタフネスの遺伝的基盤が解明されてくれば，弱みもみえてくる可能性が高い．そこを突く，まったく新しい考え方にもとづく防除法が生まれることが期待できる．

（3）アルゼンチンアリという種の未来

　侵入地のアルゼンチンアリがすさまじい増殖力により多くの在来アリを駆逐し，「一人勝ち」している実態を目の当たりにすると，国中の市街地にこ

のアリだけがあふれ返る様が脳裏に浮かんでしまう．すでに本書の各所で強調されてきたように，このアリはほかの多くのアリがもっているさまざまな「普通の」性質を捨てて，ひたすら増殖のために有利な多くの「奇妙な」性質を進化させた．もちろんこれはこのアリが世界制覇を目指して準備したものではなく，原産地の攪乱されやすい環境に適応して長い時間かけて獲得したものに違いない．しかし，この「準備」と，過去150年間に急速に発達した「ヒトの活動の変化（機械文明の急速な発達）」とが触れ合った結果，史上最強とまでいわれる「侵略的外来アリ」が誕生してしまった．つまりこの間のアリ側に起こった大きな変化は完全にヒトに因っており，このアリの歴史からすればほんの一瞬前に起こったことである．おそらく進化とはほとんど無縁のものなのであろう．侵入地のアルゼンチンアリが示す特異な生態は，実際にはヒトに強制されることで初めて現れた反自然的なものである．また，侵入地には通常1種類のスーパーコロニーが定着してコロニー内交配だけで増殖するのだから，いかに個体数が膨大であるにしても近交弱性や遺伝的多様性の低下によるコロニーのリスクは無視できないかもしれない．とりあえずは侵入先で好適な環境を得て原産地におけるよりも大きく繁殖できた（＝侵略的外来アリになった）が，それはごく近い過去（150年間）だけの話であり，長いスパンで将来を考えると気候変動や疫病の流行，その他環境の大きな変化に出会えばまことに心もとない．第6章では，スーパーコロニー制は裏切り者を出現させにくいシステムであり，だから世界の各所のメガコロニーの体表炭化水素が100年以上経っても変わらぬままなのではないか，と述べられているが，これとて進化的にはきわめて短い一瞬にあてはまることのように思われる．

　以上のような「悲観的」観測とは反対に，世界中に拡がったスーパーコロニーの多くは，生息地にほかのスーパーコロニーが存在しないことによってスーパーコロニー内交配がいっそう強化され，ゆくゆくはスーパーコロニーごとに遺伝的に異なった集団に変化していくということも考えられる．非常に広範囲に拡がっているということは，それぞれのコロニーが受ける淘汰圧も異なっていることでもあるので，コロニーの存続を危くするような環境の変動に遭遇しなければ，非常に遠い将来には「ヒトが手を貸した」多くの新種に分化している，という状況になっているかもしれない．

なお，原産地のアルゼンチンアリについても，コロニー内交配が主体となることから，スーパーコロニーごとに別の種類になっていく（いる）という考え方があるが，これについては第7章で否定的な考えが述べられている．

引用文献
小山重郎．1994．530億匹の闘い．築地書館，東京．
久野英二．1978．ゼロ・サンプルの連続から被害率の低下程度を判別する方法について．日本応用動物昆虫学会誌．22（1）：45-46.
Kuno, E. 1991. Verifying zero-infestation in pest-control : a simple sequential test based on the succession of zero-samples. Researches on Population Ecology, 33：29-32.
西廣　淳．2010．生物多様性を守る——保全生態学という科学．UP，453：14-19.
Qiu, Y., C. Tittiger, C. Wicker-Thomas, G. Le Goff, S. Young, E. Wajnberg, T. Fricaux, N. Taquet, G. J. Blomquist and R. Fevereisen. 2012. An insect-specific P450 oxidative decarbonylase for cuticular hydrocarbon biosynthesis. Proceedings of the National Academy of Sciences of U.S.A., 109：14858-14863.
Touyama, Y., Y. Ihara and F. Ito. 2008. Argentine ant infestation affects the abundance of the native myrmecophagic jumping spider *Siler cupreus* Simon in Japan. Insectes Sociaux, 55：144-146.

おわりに

　偶然の重なりからアルゼンチンアリに取り組むことになって 10 年目を迎えたころ，東京大学出版会編集部の光明義文さんから，そろそろこれまでの活動の成果をまとめることはできませんか，というたいへんありがたいお誘いをいただいた．さいわい，研究の最初から強力な仲間や優秀な学生諸君，それに本書のなかでも触れたように，非常にありがたい実験フィールドに恵まれたこともあったので，光明さんのお誘いに応えることができそうに思った．そしていまは，執筆者一同の尽力が実って，思いどおり，いや期待以上の本が完成しようとしていることに編者としてこのうえない喜びを噛みしめている．しかし，ここに至るまでの道のりはかなり険しかった．編者の仕事が至らず，なかなか当初の予定どおりには進行できなかったことを申しわけなく思っている．にもかかわらず，終始忍耐強く，かつ適切に編者を導いてくださった光明さんのおかげで刊行に到達できたことに深く感謝している．

　ごくありふれてみえるアリが，じつは普通のアリがもっている多くの性質を捨て去る代わりに，さまざまな超能力ともいえる性質――多女王制，巣内交尾，分巣，スーパーコロニー制，など――を身につけたのは，原産地の過酷な自然環境で生き延びるための適応だと考えられている．これらの特殊な性質が，現代世界という人間によってグローバルに攪乱された過酷な環境にもみごとにマッチした結果が，世界中への分布拡大，侵入地での異常多発，在来アリをはじめとする自然生態系の攪乱といった，人間にとって好ましくない現象となって現れている，という解釈もできる．だとすれば，「侵略的外来種」だの「史上最強の外来生物」とまでいわれるようになった原因が 100％ 人間にあることは明白だ．そもそも「害虫」の存在自体が人間によってつくられたのであるから，これはあたりまえなのだが，アルゼンチンアリは人間の近代に入ってからの急速かつ大規模な進歩のためにひときわ大きな犠牲？を払わねばならなかった哀しい生物にも思える．一方で，アルゼンチンアリの多発が生息地域の住民に筆舌に尽くしがたい苦難を与えている事実

を目の当たりにすると，侵入地の本種はなんとかして根絶させなくてはならないと思う．事実，そのような気持ちが研究グループの活動を強く推し進める原動力になったのは確かである．このような入り混じった感情をもちつつ研究を続けてきたことが，あるいは本書にもにじみ出ているかもしれない．

　東京大学を中心とする編者らの研究グループはアルゼンチンアリの英名を縮めて自らを「ARGANT」と称してきた．読みは「アルガント」であり，小さいアリにしてはおどろおどろしい響きがあるところが，侵略的外来種らしいといえなくもない．編者はチーム ARGANT の「元締め」を自称してきたが，じつはアリには素人同然である．そのような人間がアルゼンチンアリ研究グループの元締めを務めることになったいきさつは本書に書いた．10 年以上にわたって本書の執筆者を中心とする研究グループが活動を続けられて，それなりの成果を得ることができたのは，非常にたくさんの方々からさまざまな形でご協力・ご支援をいただいたおかげである．巻末にお世話になった方々のお名前を掲げさせていただいているが，実際はそれ以外にも多くの方々からお力添えをいただいた．本書の刊行にあたってこれらすべてのみなさまに厚くお礼を申しあげたい．

　世界的害虫のアルゼンチンアリについては，欧米を中心に，基礎から応用まで膨大な研究成果が蓄積されてきた．編者らの研究もそれらを土台として推進できたのはもちろんであり，多くの先人や現役研究者の方々にも深い感謝の念をいだくものである．

　本書の刊行が，日本におけるアルゼンチンアリの理解と効果的な防除法確立に役立つことを心から祈っている．

田付貞洋

事項索引

ant tape 230
DNA 100
IBM 16
IGR 231,255
IPM 16,231,275
PCR 100
r 戦略 61,115
Z9-ヘキサデセナール 15,262,265,266,280,284,291

ア行

亜階級（サブカースト） 24
アソーレス（アゾレス）諸島 132
アフリカ 136
アリ散布植物 203
アリの巣コロリ 293
アルゼンチンアリ一斉防除マニュアル 248
アルゼンチンアリ防除モデル事業 247
一斉防除 242
遺伝子 122
遺伝子プール 144
遺伝子流動 174,187,188,190
遺伝的浄化仮説 130
遺伝的多様性 123
遺伝的浮動 122
イベリア半島 144
イミダクロプリド 235,255
イリドミルメシン 264
インドキサカルブ 255
エアゾル（エアゾール）剤 232,237,254
営巣 42
栄養段階 58
液剤 232,234,236,246
餌剤 10
エライオソーム 203
オアフ島 124
オークランド 135
オーストラリア 134
オセアニア 134
温量指数 80

カ行

階級（カースト） 23
外周処理 230
外来生物法 154,240
家屋害虫 119
化学的防除 231
カカドゥ国立公園 290
ガスクロマトグラフ 151
ガスクロマトグラフィー 96
ガスクロマトグラフ質量分析計 96
ガスクロマトグラム 151
カースト 183
カタロニアン（カタラン） 130,144
カナリア諸島 132
河畔林 119
カリフォルニア州 118
カリフォルニアン・ラージ 120
灌漑農地 119
環境省防除モデル事業 247
環太平洋諸国 103
甘露 57
キチン合成阻害剤 257
忌避剤（リペレント） 230,238
休眠 60
行列 44
行列行動攪乱剤 285
キラウエア火山国立公園 128
クライストチャーチ 135
経済的被害許容水準 16
血縁者 122
血縁度 169
結婚飛行 48,241
ゲノム解読 109
限界含水率 61
好蟻性昆虫類 206
神戸A 91
神戸B 91
神戸C 94
国際自然保護連合（IUCN） 1,197
コスタ・ブラバ 148
コルシカン 132

コロニー　5, 51
根絶　290, 317
昆虫成長制御剤（IGR）　231, 255
コンフュージョン・ルアー　276

サ行

在来アリ　12, 53, 207, 233, 254, 300
殺虫剤　230
サラゴサ市　147
サラテ　115
産卵　49
ジェル剤　255
嗜好性　255
シトクロム P450　109
ジノテフラン　255
ジャパニーズ・メイン　11, 94
集団遺伝学　88, 174
主成分得点　98, 185
主成分分析　85, 98
種類名証明書　155
飼養等許可証　155
障壁処理（バリア処理）　230
女王処刑　47
女王の間引き　47
徐放性　284
人為的長距離移動　2
信号化学物質　238
真社会性昆虫　85
侵入予測　309
侵略的外来種　68
巣　5
スティッカム　230
ストックホルム条約　235
巣内交尾　48
巣仲間　85
巣仲間認識　87
スーパーアリの巣コロリ　272
スーパーコロニー　5, 51, 91, 118, 120, 144, 150, 173
スーパーコロニー制　87
スルフルラミド　234
生殖カースト　174
生殖虫　174
生態的ギャップ　303
性フェロモン　284
生物的防除　231
絶滅　128
前適応　115

早期発見　309
総合的生物多様性管理（IBM）　16
総合的有害生物管理（IPM）　16, 231, 275
創始者効果　164

タ行

体表炭化水素　86, 183
体表炭化水素パターン　86
多型　100
多女王制　24, 47
多巣制　24, 45
ただの虫　265, 317
炭化水素　86
タングルフット　230
単コロニー性　51
単女王制　47
チアメトクサム　235
地中海性気候　119
跳躍的分散　2, 50, 241
チリチリマタンギ島　135, 230, 258, 291, 304
敵対性　187, 188
敵対性試験　92, 146, 178
天敵　62
特定外来生物　73
ドリコジアール　264
トレール物質　276

ナ行

苗木　120
難防除害虫　2, 229
西ケープ州　136
ニューオーリンズ港　119
ニュージーランド　135
粘着剤　230
粘着トラップ　245
農薬取締法　235

ハ行

ハザードマップ　80
バダロナ市　145
パラナ川　32, 115, 42
バルセロナ市　145
ハレアカラ火山　124
ハワイ島　123, 124
繁殖戦略　174
ピットフォールトラップ　245, 305
ヒドラメチルノン　234, 255, 293
ピレスロイド系薬品　239

ファルネソール　238
フィプロニル　234, 246, 255, 258
フィンボス　136, 198
ブエノスアイレス　115, 141
フェロモン剤　294
フェロモンディスペンサー　16, 266, 280, 284
物理的防除　231
ブラジル　119
フルオン　92
粉剤　232, 234, 236, 254
分巣　49
ベイト剤　10, 231-233, 246, 248, 254, 291, 293
ベイト剤処理　230, 292
ボーア戦争　136
ホウ砂　255
ホウ酸　234, 255
防除計画　242
放浪種　68
保持時間　151
ポテンシャルマップ　80
ポートアイランド　91
ボトルネック仮説　123
ボトルネック効果　122
本牧埠頭A突堤　288, 307

マ行

マイクロサテライト　100

マイレックス　234
マウイ島　124
マカロネシア　132
マデイラ諸島　132
摩耶埠頭　94
マルチェーナ島　290, 304
水際防除　309
道しるべフェロモン　15, 45, 261, 280, 284, 291
南アフリカ共和国　136
メガコロニー　5, 141, 162
メチルユージノール　238
メルボルン　134
モニタリング　243, 246, 258, 294, 309
モニタリングシステム　17

ヤ行

誘引性　255
有用生物　237
横浜港　288, 307
ヨーロピアン・メイン　130, 144

ラ行

利他行動　122
ロザリオ　165

生物名索引
（和名の確定していないものは学名を掲載した）

Acromyrmex echinatior 109
Atta cephalotes 109
Camponotus floridanus 109
Ceuthophilus sp. 200
Desmocerus californicus 200
Dorymyrmex insanus 213
Eucalyptus sideroxylon 205
Euphorbia characias 204
Forelius mccooki 213
Formica occidua 207
Harpegnathos saltator 109
Heteroponera imbellis 213
Hypoclinea 属 28, 29
H. humilis 30
Iridomyrmex 属 28-30
I. humilis 30
I. humilis arrogans 30
I. riograndensis 30
Leucospermum conocarpodendron 205
Linepithema anathema 35
L. aztecoides 34
L. fuscum 28
L. gallardoi 28, 34, 35
L. iniquum 29, 30
L. leucomelas 30
L. micans 35, 36
L. oblongum 35
L. pulex 34
Liometopum occidentale 207
Metaphycus anneckei 215
M. hageni 215
Mimetes cucullatus 203
Monomorium ergatogyna 212
Myrmeleon exitialis 203
M. rusticus 203
Notiosorex crawfordi 8, 202
Planococcus citri 216
Pogonomyrmex barbatus 109
Prenolepis imparis 207, 212
Protea nitida 205
Pseudococcus adonidum 216
P. maritimus 216
P. viburni 216
Saisettia oleae 215
Solenopsis sp. 213
Tapinoma sessile 207
Temnothorax andrei 212
Viburnum tinus 78

ア行

アオオビハエトリ 13, 63, 203
アカカミアリ 69, 70, 124, 214, 240, 290
アカヒアリ 17, 109, 141, 233, 240, 260
アカマルカイガラムシ 216
アシナガキアリ 69, 70, 188
アズマオオズアリ 37, 38
アブラゼミ 200
アミメアリ 37, 38, 209, 212
アリ科 25-27
アルゼンチンアリ属 23, 28, 29, 33, 36
アワテコヌカアリ 219
イエヒメアリ 14, 218
イセリアカイガラムシ 237
インドオオズアリ 254
ウスヒメアリ 70
ウメマツオオアリ 210, 213, 301
ウリミバエ 317
エンピツビャクシン 239
オオアリ属 205
オオシワアリ 70
オオズアリ 37
オオハリアリ 210, 301
オサムシ科 200

カ行

カイガラムシ 57
革翅目 8, 200
カタアリ亜科 23, 26-28, 36, 37
カタカイガラムシ科 215
カタクリ 203
カリフォルニアブユムシクイ 8, 202
カワラケアリ 37, 38
キイロオオシワアリ 70
キイロシリアゲアリ 213

キイロハダカアリ　70
キバハリアリ亜科　27
キマダラルリツバメ　206
ギンケンソウ（銀剣草）　128
クビレハリアリ亜科　26
クマゼミ　200
クモ目　8,200,202
クリタマバチ　237
クロオオアリ　206,254,301
クロシジミ　206
クロヒアリ　17
クロヒメアリ　210,213
クロヤマアリ　209
ケバエ科　205
ケブカアメイロアリ　37,70
囓虫目　202
コガネムシ科　205
コカミアリ　115,141,240,290
コーストツノトカゲ　8,202
コナカイガラムシ科　216
コナジラミ科　216
コヌカアリ　70
コヌカアリ属　37
昆虫網　23

サ行

サクラアリ　210,213,301
サトアリヅカコオロギ　206
サンカメイガ　263
鞘翅目　8,200,202
セイヨウミツバチ　205
セグロアシナガバチ　200
双翅目　8,200
双尾目　202

タ行

タカヘ　258
タバコガ　263
チャバネゴキブリ　89
チュウゴクオナガコバチ　237
直翅目　200
ツヤオオズアリ　69,70,133,200,214,290
等脚目　200
同翅類昆虫　57
トビイロケアリ　37,38,209
トビイロシワアリ　37,38,206,209,210,212,254,301
トフシアリ　213

ナ行

ナナホシテントウ　14
ナミカタアリ属　36
ニカメイガ　263,265,284
ニホンアマガエル　63
粘管目　8,200,202
ノミバエ類　237

ハ行

ハマキコウラコマユバチ　263
ハリアリ亜科　26
ハリブトシリアゲアリ　206,213
ハリルリアリ亜科　26,27
半翅目　202,214
ヒゲナガアメイロアリ　70,124,219
ヒメハキリアリ　115
ヒラフシアリ属　37
フタフシアリ亜科　37
ベダリヤテントウ　237
ホテイアオイ　115
ホトケノザ　204
ボルバキア　237

マ行

膜翅目　23,25
マルカイガラムシ科　216
ミカンコミバエ　317
ミカンスアルゼンチンアリ　142
ミカンワタコナジラミ　216
ミツバチ　8,9,217
ムネボソアリ　54,210,303
ムラサキツバメ　206
モンシロチョウ　13

ヤ行

ヤドリヒアリ　237
ヤマアリ亜科　26-28,37
ヤマモガシ科　203,205

ラ行

鱗翅目　8,200,202
ルリアリ　37,209,254,301
ルリアリ属　36,37

執筆協力者一覧

(敬称略，五十音順，外国人名はアルファベット順)

秋野順治	頭山昌郁	Ángel Barrera
石川幸男	時藤公彦	Victor Bernal
伊藤文紀	中島智子	Juan Briano
井上真紀	永田健二	Grzegorz A.
岩橋統	長谷川智可	Buczkowski
大西一志	東正剛	Luis Calcaterra
大西修	星崎杉彦	José Carlos García
大村尚	本郷智明	Marco García
小川尚史	本田計一	Kiko Gómez
亀山剛	増田あきこ	Paul Krushelnycky
北出理	三浦智恵	Juan Jesús López
木野村恭一	村岡幹郎	Ferran Morera
久米慶典	村上貴弘	Carolina Paris
五箇公一	望月文昭	Núria Roura
坂本佳子	山口芽衣	Max Suckling
佐藤一樹	山中武彦	Neil D. Tsutsui
島田拓	環境省自然環境局	Francesc Vallverdú
杉丸勝郎	野生生物課外来	James K. Wetterer
杉山隆史	生物対策室	Rafael Yepes

本書の執筆に際しまして，上記の方々にさまざまなお力添えをいただきました．紙面の都合により最後になりましたが，厚くお礼申し上げます（執筆者一同）．

執筆者一覧（五十音順）

内海與三郎（アース・バイオケミカル株式会社）
シャビエール・エスパダレール Xavier Espadaler（バルセロナ自治大学）
岸本年郎（一般財団法人自然環境研究センター）
坂本洋典（玉川大学脳科学研究所）
鈴木　俊（東京大学大学院農学生命科学研究科）
砂村栄力（東京大学大学院農学生命科学研究科）
田付貞洋（東京大学名誉教授）
田中保年（東京大学大学院農学生命科学研究科）
寺山　守（東京大学大学院農学生命科学研究科）
西末浩司（東京農工大学大学院農学研究院）
福本毅彦（信越化学工業株式会社）
森　英章（一般財団法人自然環境研究センター）

編者略歴

田付貞洋（たつき・さだひろ）

1945 年	京都府に生まれる．
1970 年	東京大学大学院農学系研究科修士課程修了．理化学研究所技師，筑波大学農林学系助教授，東京大学大学院農学生命科学研究科教授などを経て，
現　在	東京大学名誉教授，農学博士，平成 24 年度日本農学賞・読売農学賞受賞．
専　門	応用昆虫学・昆虫生理学．
主　著	『環境昆虫学——行動・生理・化学生態』（共編，1999 年，東京大学出版会），『昆虫生理生態学』（共編，2007 年，朝倉書店），『ニカメイガ——日本の応用昆虫学』（共編，2009 年，東京大学出版会），『最新応用昆虫学』（共編，2009 年，朝倉書店）ほか．

アルゼンチンアリ——史上最強の侵略的外来種

2014 年 3 月 20 日　初　版

［検印廃止］

編　者　田付貞洋

発行所　一般財団法人　東京大学出版会

代表者　渡辺　浩

153-0041　東京都目黒区駒場 4-5-29
電話 03-6407-1069　Fax 03-6407-1991
振替 00160-6-59964

印刷所　三美印刷株式会社
製本所　牧製本印刷株式会社

Ⓒ 2014 Sadahiro Tatsuki *et al.*
ISBN 978-4-13-060224-2　Printed in Japan

JCOPY 〈㈳出版者著作権管理機構　委託出版物〉
本書の無断複写は著作権法上での例外を除き禁じられています．複写される場合は，そのつど事前に，㈳出版者著作権管理機構（電話 03-3513-6969，FAX 03-3513-6979，e-mail : info@jcopy.or.jp）の許諾を得てください．

ニカメイガ
日本の応用昆虫学
桐谷圭治・田付貞洋-編
A5 判・296 ページ・7000 円

昆虫の保全生態学
渡辺　守
A5 判・200 ページ・3000 円

群集生態学
宮下　直・野田隆史
A5 判・200 ページ・3200 円

保全生物学
樋口広芳-編
A5 判・264 ページ・3200 円

保全遺伝学
小池裕子・松井正文-編
A5 判・328 ページ・3400 円

ここに表記された価格は本体価格です．ご購入の際には消費税が加算されますのでご了承下さい．